国外优秀数学著作
原 版 系 列

组合极值问题及其应用

（第3版）
（俄文）

[俄罗斯] 瓦列里·伊万诺维奇·巴拉诺夫
[俄罗斯] 鲍里斯·谢尔盖耶维奇·斯捷奇金 著

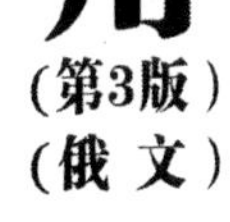

哈爾濱工業大學出版社
HARBIN INSTITUTE OF TECHNOLOGY PRESS

黑版贸审字 08－2020－098 号

Автор В. И. Баранов, Б. С. Стечкин Название Экстремальные комбинаторные задачи и их приложения ISBN 978－5－9221－0744－0

图书在版编目(CIP)数据

组合极值问题及其应用:第 3 版:俄文/(俄罗斯)瓦列里·伊万诺维奇·巴拉诺夫,(俄罗斯)鲍里斯·谢尔盖耶维奇·斯捷奇金著. —哈尔滨:哈尔滨工业大学出版社,2021. 3

ISBN 978 - 7 - 5603 - 9364 - 3

Ⅰ. ①组… Ⅱ. ①瓦… ②鲍… Ⅲ. ①组合-研究-俄文 Ⅳ. ①O122. 4

中国版本图书馆 CIP 数据核字(2021)第 038453 号

策划编辑 刘培杰
责任编辑 刘家琳 穆 青
封面设计 孙茵艾
出版发行 哈尔滨工业大学出版社
社　　址 哈尔滨市南岗区复华四道街 10 号 邮编 150006
传　　真 0451 - 86414749
网　　址 http://hitpress. hit. edu. cn
印　　刷 哈尔滨圣铂印刷有限公司
开　　本 880 mm×1 230 mm 1/32 印张 9. 25 字数 309 千字
版　　次 2021 年 3 月第 1 版 2021 年 3 月第 1 次印刷
书　　号 ISBN 978 - 7 - 5603 - 9364 - 3
定　　价 98. 00 元

ОГЛАВЛЕНИЕ

ГЛАВА 1

НЕКОТОРЫЕ СВЕДЕНИЯ ИЗ КОМБИНАТОРИКИ

ГЛАВА 2

ЭКСТРЕМАЛЬНЫЕ ЗАДАЧИ О ВЛОЖИМОСТИ РАЗБИЕНИЙ ЧИСЕЛ

ГЛАВА 3

ЭКСТРЕМАЛЬНЫЕ ЗАДАЧИ О ГРАФАХ И СИСТЕМАХ МНОЖЕСТВ

ГЛАВА 4

ЭКСТРЕМАЛЬНЫЕ ГЕОМЕТРИЧЕСКИЕ ЗАДАЧИ

ГЛАВА 5

ПРИМЕНЕНИЕ РЕЗУЛЬТАТОВ РЕШЕНИЯ ЭКСТРЕМАЛЬНЫХ КОМБИНАТОРНЫХ ЗАДАЧ

ПРИЛОЖЕНИЯ

ПРЕДИСЛОВИЕ КО ВТОРОМУ ИЗДАНИЮ

После выхода первого издания книги в 1989 г. был опубликован издательством KLUWER в 1995 г. сильно переработанный и увеличенный в объеме ее английский перевод.

Книга неоднократно использовалась как учебное пособие для преподавания начал дискретной математики в университетах и институтах России и за рубежом. Этот опыт не остался замкнутым. В частности, он проявил увеличение интереса к основаниям дискретной математики и ее простейшим понятиям, следуя чему в настоящем издании мы постарались дополнить соответствующие разделы, для этого в ряде случаев даже снимая тексты доказательств, отсылая за ними в предыдущие издания.

Вообще, на наш взгляд (сознавая, что для многих на сегодня — спорный) комбинаторика перестает быть прежде всего «служкой» практических нужд, но начинает отважно претендовать на место одного из фундаментальных разделов математики. Надеемся, книга поспособствует объективизации этого вопроса.

Настоящее издание пополнено приложением, в целом посвященном идейному развитию понятия «Анализа Положений», введенному Г. Лейбницем, в котором большую роль сыграла работа Л. Эйлера, русский перевод которой приводится здесь впервые.

Мы по-прежнему стремились сохранить общий внутренний строй книги как учебного пособия, справочника и оригинальной монографии. И если это в какой-то мере удалось, то во многом благодаря нашим коллегам, друзьям и помощникам. Спасибо им большое.

Данная книга служила учебным пособием для курса «Дискретная математика» в течение трех последних лет в МГТУ им. А. Н. Косыгина, за что авторы выражают свою признательность проф. А. С. Охотину и проф. П. А. Севостьянову.

Настоящее издание осуществлено при поддержке Российского фонда фундаментальных исследований (грант № 02-01-14061), которому авторы выражают особую признательность.

Москва, 2003 г. В. И. Баранов, Б. С. Стечкин

ПРЕДИСЛОВИЕ К АНГЛИЙСКОМУ ИЗДАНИЮ

Английская версия русскоязычного издания существенно дополнена новыми материалами и почти на пятьдесят процентов больше первоначальной по объему. Часть новых материалов была подготовлена в сотрудничестве с коллегами. Это:

А. Климов, А. Косточка, И. Кан, И. Райвал, В. Шматков, К. Рыбников, А. Малых, С. Сальников, Н. Зауер, А. Сидоренко, Ж. Макинтош, В. Кокей, К. Додсон, С. Радзисовский, В. Редл, Р. Вильсон, Д. Катона.

В частности, Жак Макинтош предложил использовать слово «packability» для нового русского термина «вложимость».

Особую благодарность выражаем переводчику. Нами неоднократно предпринимались попытки перевода комбинаторной литературы на русский язык, и мы знаем, насколько трудно корректно передать мысли, которые часто выражаются тяжелым языком и перегружены значением. Однако мы полагаем, что даже настоящий абзац был переведен вполне успешно.

Мы благодарим издательство «КЛЮВЕР», которое отважилось осуществить этот проект, хотя мы и считаем, что риск был существенно снижен благодаря превосходной координации всей работы со стороны Маргарет Дейгнан, которой мы выражаем нашу глубочайшую признательность. Для второго автора подготовка английской версии книги осуществлялась частично за счет гранта по алгебраической комбинаторике Российского фонда фундаментальных исследований № 93-011-1442.

Москва, 1993 г. В. И. Баранов, Б. С. Стечкин

ИЗ ПРЕДИСЛОВИЯ К ПЕРВОМУ ИЗДАНИЮ

Данная книга является результатом тесного сотрудничества инженера и математика по разработке методов решения задач, возникающих при создании автоматизированных систем управления (АСУ). Основным результатом этого сотрудничества явилась представленная в книге комбинаторная модель — вложимость разбиений чисел.

Исследованию вложимости разбиений чисел предшествовал анализ ряда практических задач, возникающих при проектировании эффективных методов управления распределением памяти ЭВМ, разработке методов анализа структуры программных средств АСУ и т. д. Выбор комбинаторных методов для исследований предопределил разработку новой, важной для практики тематики — экстремальных комбинаторных задач о вложимости разбиений чисел. Это комбинаторное направление оказалось полезным не только для формализации и решения ряда инженерных задач — с его помощью решен класс экстремальных задач о графах.

Целью данной книги является знакомство инженеров и математиков с разработанными авторами методами решения ряда прикладных и математических задач. Материал книги представлен пятью главами.

Глава 1 представляет собой краткий справочник по необходимым комбинаторным понятиям. В частности, наряду со всеми элементарными комбинаторными схемами излагается предлагаемая авторами схема списка, позволяющая унифицировать простейшие комбинаторные схемы.

Глава 2 содержит основные математические результаты исследований вложимости разбиений чисел и составляет наиболее полную на сегодняшний день сводку результатов в этом направлении. В качестве иллюстрации применимости этих результатов отмечена их связь со старинной задачей о взвешиваниях и другими постановками. В виде упражнений приводятся задачи и утверждения о вложимости разбиений чисел.

Глава 3 посвящена знакомству с экстремальными задачами о графах и системах множеств; показана их связь с результатами о вложимости разбиений чисел.

Глава 4 представляет некоторые экстремальные геометрические задачи и применения результатов их решения.

В главе 5 показаны методы использования результатов решения экстремальных комбинаторных задач о вложимости разбиений чисел при проектировании АСУ. Здесь приведены комбинаторные модели для исследования процессов управления выполнением заданий АСУ и распределения памяти ЭВМ. Демонстрируется применение теорем о вложимости для расчета размера оперативной памяти ЭВМ, приводятся определения ряда новых инженерных понятий, связанных с применением методов комбинаторного анализа для исследования функционирования АСУ. Предлагается новый способ оценки эффективности алгоритмов, характеризуемых экстремальными границами.

Авторы выражают признательность всем специалистам, которые способствовали получению результатов, изложенных в книге, а именно: О. В. Вискову, Р. Л. Грэхему, Я. Деметровичу, Д. Катоне, Ю. В. Матиясевичу, С. Г. Сальникову, П. Эрдёшу; авторы также благодарят А. Ф. Сидоренко, пополнившего материал гл. 3 результатами о запрещенных подграфах и числах Рамсея и принявшего участие в написании первых двух параграфов гл. 4. Авторы выражают глубокую благодарность А. А. Гущину, В. К. Кривощекову и А. А. Цыпкину за большую помощь, оказанную при составлении компьютерных программ для получения численных результатов гл. 2.

Особую благодарность авторы адресуют рецензентам, замечания которых не только способствовали улучшению книги, но и повлияли на ее структуру.

Москва, 1989 г. В. И. Баранов, Б. С. Стечкин

ВВЕДЕНИЕ К АНГЛИЙСКОМУ ИЗДАНИЮ

Насколько нам известно, это — первая русская книга по общей комбинаторике, которая переводится на английский язык. Последние десятилетия имел место обратный процесс: на русский язык переводились и печатались большими тиражами западные монографии, труды конференций и некоторые сборники статей по комбинаторике.

В послевоенный период в России происходило очень активное развитие комбинаторных исследований: переводные издания наряду с книгами на русском языке, труды конференций и статьи и специализированный журнал по комбинаторике. Стало быть, российские комбинаторики были лучше информированы, чем их западные коллеги. При чтении настоящей книги может создаться впечатление, что мы недостаточное внимание уделяем иностранным результатам. В действительности мы несколько удивлены появлению этого перевода, поскольку изначально книга адресовалась российским читателям с российскими целями.

Одна из таких целей — привлечь молодых людей к тематике экстремальных задач и к комбинаторике как к предмету исследований. Таким образом, отчасти настоящая книга имеет особенности как учебника, так и справочника, и подходит для студентов — математиков и начинающих инженеров. Мы рады тому, что эта цель достигнута хотя бы в том, что работа одного из студентов представлена в английской версии продвижениями по проблеме Фробениуса.

Другая цель состоит в нашей попытке расширить экстремальные подходы к решению большого класса задач, включая рассматривавшиеся ранее как исключительно алгоритмические. К сожалению, проблема «$P = NP$» порою оказывалась неразрешимой не для одних лишь теоретиков.

Взаимосвязанной с этим является и третья цель (хронологически она первая): расширить свободу выбора теоретических оснований для моделирования реальных явлений, приводящих к полному решению практических задач.

Реальное явление, которое подсказало весь настоящий проект, состоит в следующем: если большое число задач (скажем, 108) одновременно решаются на компьютере, происходит «толкучка» (фрагментация памяти), которая приводит к резкому увеличению как общего времени, так и отдельного времени решения каждой задачи. Иной раз это имеет существенное и даже фундаментальное значение, например, при обнаружении и обслуживании (уничтожении) серии быстролетящих целей. И если их подлетное время (например, до Москвы) составляет от пяти до восьми минут, то выигрыш каждой секунды в работе компьютера превращается во вполне конкретную реальность.

Этот метод достаточно универсален, так как у каждого компьютера есть память — она имеется даже у счетов (абака), которые до сего дня отличает непревзойденная конфигурация. Счеты одновременно являются носителем памяти, процессором и монитором, но непременно с человеком.

Москва, 27 января 1993 г. В. И. Баранов, Б. С. Стечкин

ИСТОРИЧЕСКАЯ СПРАВКА

Данная книга представляет сравнительно новое проблемное направление экстремальных комбинаторных задач — о разбиениях чисел, о графах и системах множеств, о системах векторов в линейном нормированном пространстве.

Для дополнительного обоснования значимости этого направления даются приложения экстремальных задач, в частности, излагаются элементы теоретического расчета и проектирования систем обработки информации. Поэтому нам представляется целесообразным изложить свое понимание того, какое место занимает проблематика экстремальных задач в комбинаторике наряду с ее другими проблемными направлениями.

Начало систематических комбинаторных исследований положено трудами Б. Паскаля и П. Ферма. Вопрос об азартной игре шевалье де Мере был сведен к различимости отдельных комбинаций и подсчету благоприятных исходов. Три главы труда Я. Бернулли «Ars Conjectandi» составили первое систематизированное изложение комбинаторных фактов. Работы Я. Бернулли и Г. Лейбница способствовали выделению комбинаторики в самостоятельный раздел. Именно Г. Лейбниц осуществил первую попытку целостного осмысления комбинаторики в своей диссертации «Ars Combinatoria», откуда, по-видимому, и пошел термин «комбинаторика».

Русская математическая речь термином «комбинаторика» пополнилась не сразу; предпочтение отдавалось «теории соединений» — это название вполне отражает суть. Основным объектным понятием комбинаторики является понятие соответствия. Комбинирование есть перебор соответствий между свойствами объектов с целью изучения их природы. Сложность такого перебора предопределяется взаимной зависимостью этих свойств. Предмет комбинаторики состоит в изучении соответствий и комбинаций простейших математических объектов — чисел, множеств и фигур. В методологической основе комбинаторики лежит комбинирование тремя атрибутными свойствами множества — различимостью, очередностью и целостностью. Это комбинирование порождает весь простейший комбинаторный инструментарий: различимость — мультимножество, очередность — перестановку, целостность — разбиение.

Объектами комбинаторных соединений могут служить понятия не только математические, но и любые практические, будь то предметы, люди, знакомства, высказывания. Именно эта свобода выбора объектов исследования обеспечивает простоту, доступность и практическую значимость комбинаторных постановок, а подчас и их мистическую широту.

Во второй половине XIX в. основы теории соединений стали входить в обязательные курсы алгебры для гимназий и реальных училищ России и других стран. Углубленное изучение комбинаций и соединений объектов проводилось в тех разделах математики, которым эти объекты принадлежали, — анализу, алгебре, геометрии, теории чисел, теории множеств, логике. Это, в свою очередь, нашло отражение в специфике и многообразии применяемых методов, а также в становлении основных проблемных направлений. Вместе с тем все комбинаторные тематики тесно взаимосвязаны и объединяются единым предметом — комбинаторикой; все они составляют общую комбинаторику.

К началу XX в. комбинаторный анализ как и математический анализ функций дискретного аргумента, по образному выражению Мак-Магона, «занимал землю между алгеброй и высшей арифметикой»; тогда же наметилась тенденция «комбинаторной атаки и на иные территории». Процесс этот тем мощнее, чем действенней методы комбинаторики, в том числе и благоприобретенные в ходе этого процесса.

На становление исследований и их формирование в отдельные направления и тематики влияют два фактора:

– предметный, т. е. выбор объекта исследований,

– проблемный, т. е. выбор цели исследований.

Выбор зависит от осознанной необходимости и имеющихся возможностей; развитие тематики обогащает и то и другое.

Простейший количественный анализ комбинаций и соединений составляет основу традиционного проблемного направления комбинаторики — перечислительные задачи. Развитие этого направления служит главным источником построения комбинаторного анализа. Исторически первым и общим для комбинаторного анализа явился метод производящих функций. Разработанный Эйлером в первую очередь для нужд теории разбиений чисел, этот аналитический метод оказался эффективным инструментом и для комбинаторики; он был развит до таких тонких форм, как метод производящих функций Дирихле, метод тригонометрических функций — методов, применяемых не только в комбинаторике и теории чисел. Развитие метода производящих функций во многом шло за счет задач о разбиениях. Один из самых ярких моментов этого развития — создание «кругового» метода, первоначально для подсчета всех разбиений фиксированного числа.

Иное проблемное направление комбинаторики составляют структурные задачи. Наиболее явственно проявилось оно в теории графов.

Теория графов представляет собой раздел комбинаторики, изучающий различного рода простейшие отношения на множествах и системах множеств. Однако зарождение этого раздела пришлось на то время, когда понятия соответствия и отношения еще не выделились как самостоятельные математические, но лишь проявились через иные — прежде всего, геометрические и топологические — понятия.

«Но не довольно мне одной алгебры, ибо ни кратчайших доказательств, ни красивейших конструкций геометрии не доставляет. Надобен еще один анализ, геометрический или линейный, непосредственно оперирующий с позиций, алгебра с величиной... Analysis situs. Думаю, что располагаю таким средством, и что фигуры и даже машины и движения можно было бы представлять с помощью символов, как алгебра представляет числа и величины... Мне остается добавить еще одно замечание о том, что я считаю возможным распространить характеристику на вещи, недоступные чувственному воображению; но это слишком важно и слишком далеко заходит для того, чтобы я мог объясниться на этот счет в немногих словах». Так писал Г. Лейбниц К. Гюйгенсу 8 сентября 1679 г. В этом письме на примере некоего геометрического этюда Лейбниц ищет общие способы формального оперирования с соответствиями. Самый термин *situs* (позиция, положение) можно понимать как соответствие объекта месту. Всю жизнь не оставлял Лейбница этот замысел, и через 15 лет он писал Лопиталю: «...я хотел бы иметь возможность его реализовать, но сухие и отвлеченные поначалу размышления меня слишком возбуждают... Будучи в этом году более нездоров, чем в течение уже долгого времени, я принуждаю себя воздерживаться, хотя мне это и не удается в такой мере, как следовало бы». Замысел Лейбница опережал свое время, но как оказалось — ненадолго.

Решая казалось бы шуточный топологический вопрос-головоломку об обходе семи кенигсбергских мостов, Л. Эйлер вывел необходимые и достаточные условия существования таких обходов во всей общности, положив тем самым начало теории графов. Исходный вопрос состоял в следующем: можно ли пройти по всем мостам лишь единожды и возвратиться в исходную точку? Полагая связные части суши за точки, а мосты — за линии, можно нарисовать граф и сформулировать вопрос как возможность обхода графа по точкам (вершинам) и линиям (ребрам) с условием однократности прохождения по последним. Л. Эйлер в 1735 г. оформил работу «Solutio problematis ad geometriam situs pertinentis», где установил локальные условия осуществимости такого обхода, именуемого теперь *эйлеровым циклом*: *граф обладает эйлеровым циклом тогда и только тогда, когда он связен и из каждой его вершины исходит четное число ребер*. Граф кенигсбергских мостов этому условию не удовлетворяет. В этой же работе Л. Эйлер установил, что сумма степеней вершин любого графа равна удвоенному числу его ребер.

Таким образом, понятие графа как системы двухэлементных подмножеств (ребер) некоторого множества (вершин) возникло и изучалось на основе его топологической природы. Выведенный Куратовским *критерий планарности графа* расширил представление о нем: *граф может быть изображен на плоскости точками и соединяющими их линиями без пересечения последних тогда и только тогда, когда он не содержит подграфов,* *гомеоморфных графам K_5 и $K_{3,3}$*. Это значит, что «топологичность» графа полностью определяется его теоретико-множественной структурой. Поэтому топологические задачи теории графов выделяются в отдельную тематику: сюда относятся, в частности, вопросы о раскраске карт и размещениях графов на многообразиях.

Вопросы укладки графа на плоскости и других поверхностях имеют свое начало в трудах Л. Эйлера, который установил, что для любого полиэдра, имеющего V вершин, E ребер и F граней, справедливо равенство $V - E + F = 2$.

Графическое представление комбинаций и соединений геометрическими фигурами в сопоставлении с евклидовой геометрией привело к созданию теории матроидов, комбинаторных и конечных геометрий. Высокая абстрактность алгебры, логики и теории множеств не только обусловила их применение для изучения соединений объектов любой природы, но и сделала возможным разрешение вопросов о самих реализациях конкретных структурных явлений, заложив тем самым начало еще одного направления — алгоритмического.

Характеризация предельных возможностей комбинаторных соединений составляет суть еще одного проблемного направления — экстремальных комбинаторных задач, т. е. в общем виде поиска ответа на вопрос, который можно сформулировать словами П. Л. Чебышева: «Как располагать своими средствами для достижения по возможности большей выгоды?» Практическая важность экстремальной тематики в целом охарактеризована П. Л. Чебышевым: «Большая часть вопросов практики приводится к задачам наибольших и наименьших величин, совершенно новым для науки, и только решением этих задач мы можем удовлетворить требованиям практики, которая везде ищет самого лучшего, самого выгодного... Сближение теории с практикой дает самые благоприятные результаты, и не одна только практика от этого выигрывает; сами науки развиваются под влиянием ее, она открывает им новые предметы для исследования или новые стороны в предметах давно известных. Несмотря на ту высокую степень развития, до которой доведены науки, практика явно обнаруживает неполноту их во многих отношениях; она предлагает вопросы, существенно новые для науки, и таким образом выигрывает на изыскание совершенно новых методов. Если теория много выигрывает от новых приложений старой методы или от новых развитий ее, то она еще более приобретает открытием новых метод, и в этом случае наука находит себе верного руководителя в практике».

Одно из первых самостоятельных проявлений тематики экстремальных задач оказалось геометрическим и восходит к 1611 г., когда Иоганн Кеплер впервые описал способ, которым можно обложить сферу двенадцатью шарами того же радиуса, чтобы все эти шары касались центральной сферы. Спустя 83 г. между Исааком Ньютоном и Дэвидом Грегори возник спор о том, сколько равновеликих шаров можно разместить таким образом вокруг центральной сферы того же радиуса; при этом первый из них утверждал, что 12, а второй — что можно и 13. Разрешение их спора затянулось без малого на 200 лет, а упрощение доказательства правоты первого спорщика продолжается и поныне.

В процессе изучения корпускулярной модели строения вещества М. В. Ломоносовым были даны оценки коэффициентов сжатия вещества, исходя из сравнения плотностей заполнения пространства единичными шарами при различных способах заполнения ими пространства.

Примерно тогда же случился успешный опыт математического подхода к разгадке шифров, предпринятый по просьбе русского правительства Гольдбахом (за что тот даже удостоился лестной аттестации канцлера Бестужева: «Всему, что в цифрах написано, искусством господина Гольдбаха ключ имеется»). Многие задачи нынешней теории кодирования могут быть сформулированы как экстремальные геометрические задачи для пространства Хемминга. Так, например, максимальная мощность равновесного кода веса k с кодовым расстоянием a равна максимальному числу векторов нормы k в пространстве Хемминга, среди которых разность любой пары по норме не меньше, чем a, что, очевидно, есть аналог контактного числа.

Тем самым уже в период зарождения тематики экстремальных геометрических задач начал определяться круг ее возможных использований.

Расширение областей применения теоретических комбинаторных результатов приводит к зарождению важного проблемного направления — комбинаторного моделирования. При этом выбор наиболее подходящей комбинаторной трактовки прикладных задач определяется конечными целями их решения. Широкая степень абстракции каждой комбинаторной модели позволяет с их помощью исследовать некоторый определенный круг процессов или явлений из различных областей знаний. Следовательно, объединение таких моделей в комплексы, чей состав будет определяться путем нахождения правил соответствия между ними, которые, в свою очередь, будут зависеть от задач, решаемых с помощью таких комплексов моделей, существенным образом расширит области их применения. Это приводит к образованию еще одного проблемного направления — изучению соответствий между различными моделями. Основная цель, которая преследуется этим проблемным направлением: создание унифицированных комплексов комбинаторных моделей, пригодных для адекватного описания не только специализированных задач практики, но и для описания процессов и явлений, принадлежащих некоторому кругу предметных областей знаний.

Комбинаторика может служить практикой и теорией. В период становления она была практикой для теории вероятностей, подтверждая и подсказывая ее методы и законы; теорией выступала, решая задачи. Эта замечательная двойственность проявляется и в экстремальных задачах, которые являются не только рабочим инструментом решения чисто практических вопросов, но сами же характеризуют эффективность этого разрешения, являясь тем самым удобным мерилом основного критерия истинности — практики.

Авторская концепция этой книги, в сущности, сводится к мысли, высказанной Дж. Сильвестром: «Число, место и комбинация — три взаимно скрещивающиеся, но отличные сферы мышления, к которым можно отнести все математические идеи». Стало быть, она состоит в том, что в комбинаторике понятие соответствия является столь же основополагающим, как величина в алгебре, число в теории чисел, фигуры в геометрии; стало быть, в конечном итоге, наряду с алгеброй, теорией чисел и геометрией комбинаторика займет одно из «атомических» мест в структурном единстве математики.

УКАЗАТЕЛЬ ОБОЗНАЧЕНИЙ

$\prod$ — знак произведения
$\sum$ — знак суммы
$\varnothing$ — пустое множество
$\cap$ — пересечение
$\cup$ — объединение
$\setminus$ — разность
o — симметрическая разность
$\in$ — принадлежность
$\subseteq$ — включение подмножеств и вложимость разбиений
$\subset$ — строгое включение подмножеств и вложимость разбиений
$|A|$ — мощность множества A
$\overline{Y}$ — дополнение множества Y
$X \cdot Y$ — произведение множеств X и Y
$X^{(n)}$ — n-я декартова степень множества X
$T(X)$ — множество всех упорядоченных разбиений множества X
$T^k(X)$ — множество всех упорядоченных разбиений с k блоками
$B(X)$ — беллиан множества X
$B^k(X)$ — множество всех разбиений с k блоками
$\mathbb{N} = \{1, 2, 3, \dots\}$ — множество всех натуральных чисел
$\mathbb{N}_0 = \{0, 1, 2, 3, \dots\}$
$\mathbb{R}$ — множество действительных чисел
$[A]$ — первичная спецификация мультимножества A
$[[A]]$ — вторичная спецификация мультимножества A
$S(A)$ — основание мультимножества A
$k_A(a)$ — кратность элемента a в мультимножестве A
$C(A) = C^{|A|}(A)$ — оператор целостности мультимножества A
$[r] = \{1, 2, \dots, r\}$
$[x, y] = \{z : x \leqslant z \leqslant y\}$ — интервал бинарного отношения $(\leqslant)$
$x \mid y$ — x делит y нацело
$(n_1, \dots, n_r) \vdash n$ — разбиение числа n
P — множество всех разбиений всех натуральных чисел
$P(n)$ — множество всех разбиений числа n
P_r — множество всех разбиений ранга r
$P_r(n)$ — множество всех разбиений ранга r числа n
2^x или $\mathcal{P}(X)$ — булеан множества X
$C^k(X) = \{S \subseteq X \, |S| = k\}$

S_n — n-элементное множество или множество всех перестановок n-элементного множества
$G(S_n)$ или $G^2(S_n)$ — граф на множестве вершин S_n
G_n^2 — граф на некотором множестве из n вершин
$\overline{G} = C^2(S) \setminus G$ — граф, дополнительный к графу G
$G(S) = G(S_n) \cap C^2(S)$ — порожденный подграф
K_n — полный граф на n вершинах
$K_{p,q}$ — полный двудольный граф
Z_n — звезда
F_k — k-вершинный граф с $[k/2]$ независимыми ребрами (паросочетание)
F_k' — паросочетание с «вилкой»
$\chi(G)$ — хроматическое число графа G
$\chi'(G)$ — внешнее хроматическое число графа G
$t(G)$ — наибольшее число независимых ребер в графе G
$\Delta(G)$ — наибольшая степень в графе G
C_k — простой цикл на k вершинах
P_k — простой путь на k вершинах
$d_G(a) = |\{e \in G : a \in e\}|$ — степень вершины a в графе G
$v(S, q, G) = |\{e \in G : |S \cap e| = q\}|$ — валентность
$G^l(S)$ — l-граф на множестве вершин S
$\sigma(n, k)$ — число Стирлинга второго рода
$B(n)$ — число Белла
$T(n, k, l)$ — число Турана
$R(r, s)$ — число Рамсея
$W(n)$ — число ван дер Вардена
$n! = n(n-1)\dots 1$ — факториал, $0! = 1$
$\binom{n}{k} = C_n^k = \frac{n!}{k!(n-k)!}$ — биномиальный коэффициент
$\binom{n}{n_1, n_2, \dots, n_r} = \frac{n!}{n_1! n_2! \dots n_r!}$ — полиномиальный коэффициент
$[x]$ — целая часть числа x, $]x[= -[-x]$
$\{x\}$ — дробная доля (часть) числа x
$\chi\{\dots\}$ — индикаторная функция
$\mathbb{R}^d$ — d-мерное евклидово пространство
H — гильбертово пространство
$\|x\|$ — норма вектора x
(x, y) — скалярное произведение
$\sigma_n = \{x_1, \dots, x_n\}$ — система из n векторов
$(\sigma) = \sum_{x \in \sigma} x$
$\|\sigma\| = \|(\sigma)\| = \|\sum_{x \in \sigma} x\|$
$k(X)$ — контактное число пространства X
$N(A)$ — матричная норма матрицы A
$\|A\|_2$ — спектральная норма матрицы A
$r(A)$ — числовой радиус матрицы A
$r_c(A)$ — обобщенная матричная норма матрицы A
$\operatorname{tr} A$ — след матрицы A
I — единичная матрица

Посвящается нашим матерям

ГЛАВА 1
НЕКОТОРЫЕ СВЕДЕНИЯ ИЗ КОМБИНАТОРИКИ

Данная глава представляет определения необходимых для изложения материалов книги комбинаторных понятий; их более углубленное изучение можно продолжить по специализированным руководствам [15, 53, 55–57, 60–63, 94, 100, 101].

1.1. Множества и операции со множествами

1.1.1. Понятие множества и мультимножества. *Множество — это целое, состоящее из различных частей.* Ясно, что такое словесное описание трудно посчитать четким определением. Дело в том, что множество, являясь понятием категориальным, не поддается четкому определению; его отсутствие восполняют различного рода описания. Цель таких описаний — отразить важнейшие (атрибутные) свойства множества, а именно: различимость всех частей множества, неупорядоченность частей множества и целостность множества.

Различают два типа частей множества — элементы и подмножества. Элемент понимают как неделимую и непустую часть множества, все иные его части считают подмножествами. Каждый элемент множества можно рассматривать как его одноэлементное подмножество. Особо выделяют часть, которую называют пустым множеством (т. е. не содержащим ни одного элемента) и обозначают $\varnothing$. Считается, что каждое множество обладает такой частью.

Отказ от различимости элементов множества приводит к понятию мультимножества, т. е. совокупности элементов, среди которых могут быть и одинаковые (неразличимые). Всякое мультимножество можно представить его основанием, т. е. множеством всех его различных элементов, и кратностями — числом повторений каждого элемента основания этого мультимножества.

Одна и та же горсть мелочи может быть и множеством, и мультимножеством: если в ней есть монеты одинакового достоинства, то для тратящего между ними нет разницы, т. е. для него это мультимножество, в то время как нумизмату интересны и даты выпуска монет, и если они на монетах одинакового достоинства различны, то для него эта горсть монет — множество.

1.1.2. Обозначения. Если a является *элементом* множества A, то говорят, что a принадлежит множеству A, и записывают $a \in A$; в противном случае пишут $a \notin A$. В случае, когда B является подмножеством A, пишут $B \subseteq A$. Включение множеств $\subseteq$ обладает свойством рефлексивности ($A \subseteq A$) и транзитивности (если $B \subseteq A$ и $A \subseteq C$, то $B \subseteq C$). Если $A \subseteq B$ и $B \subseteq A$, то $A = B$. Подмножество B называется *собственным подмножеством* A, если $B \subseteq A$ и $B \neq A$. Этому соответствует запись $B \subset A$.

Простейшей численной характеристикой множества как целого является указание количества его элементов, т. е. *мощность множества*. Множество A является *конечным*, если его мощность есть целое неотрицательное число, которое обозначается $|A|$. Если число элементов множества не ограничено, то такое множество называется *бесконечным*. Пусть $|A| = n$ и $|B| = m$; тогда если $B \subseteq A$, то $m \leqslant n$, причем если $B \subset A$, то $m < n$.

Задавать множество можно списком его элементов $A = \{a_1, a_2, \dots\}$, причем порядок a_i-х несуществен. Однако столь явный способ задания множества либо не всегда осуществим, либо неудобен. Так, множество всех натуральных чисел $\mathbb{N}$ не допускает явного задания списком, поскольку $\mathbb{N}$ бесконечно. В таких случаях множество задается описанием свойств, однозначно определяющих принадлежность элементов данному множеству. Этому способу задания множества A соответствует запись $A = \{a : a \text{ обладает свойством } R\}$, которая означает, что множество A состоит из всех тех и только тех a, которые обладают свойством $R(a) = R$. Например, если свойство $R(a)$ состоит в том, что a — простое число, то A — множество всех простых чисел (т. е. непредставимых суммой одинаковых слагаемых, отличных от самого числа и единицы). Возможно также рекурсивное задание множества, при котором каждый последующий элемент описывается через предыдущие. Так, заданию множества натуральных чисел $\mathbb{N}$ может соответствовать запись:

$$\mathbb{N} = \{i : \text{ если целое } i \in \mathbb{N}, \text{ то } i + 1 \in \mathbb{N}, i \geqslant 1 \in \mathbb{N}\}.$$

Способы задания мультимножества аналогичны заданию множества. Например, мультимножество $A = \{a, a, b, b, b, c\}$ имеет основание $\{a, b, c\}$ и кратности $k(a) = 2$, $k(b) = 3$, $k(c) = 1$. Кратности элементов основания мультимножества иногда записываются в виде показателей, тогда заданию мультимножества A соответствует запись $A = \{a^2, b^3, c^1\}$. Список кратностей мультимножества $A = \{a^v, b^w, \dots\}$ называется его *первичной спецификацией* и обозначается $[A] = [v, w, \dots]$. Согласно этому определению первичная спецификация тоже может быть мультимножеством, состоящим из натуральных чисел. *Вторичной спецификацией* мультимножества $A = \{a^v, b^w, \dots\}$ называется первичная спецификация его первичной спецификации, т. е. $[[A]] = [[v, w, \dots]]$. Отсюда следует, что если A — множество, состоящее из m элементов, то $[A] = [1^m]$, $[[A]] = [[1^m]] = \{m\}$.

В заключение важно заметить, что любое задание множества должно быть корректным. Несоблюдение последнего может привести к трудностям типа парадокса Б. Рассела. Этот парадокс обычно иллюстрируется на примере парикмахера, определившего множество людей, которых он бреет, как совокупность всех жителей своего городка, не бреющихся самостоятельно. При таком задании множества остается неясным — принадлежит ли сам парикмахер этому множеству или нет? Следовательно, любой способ задания множества должен обеспечивать его целостность, будь то задание его элементами, подмножествами, с помощью операций и т. п.

1.1.3. Операции со множествами. *Пересечение множеств* X и Y есть множество $X \cap Y$, состоящее из всех тех элементов, которые принадлежат и X и Y, т. е. $X \cap Y = \{x : x \in X \text{ и } x \in Y\}$. Например, для $X = \{1, 2, 3\}$ и $Y = \{2, 3, 4\}$ получим $X \cap Y = \{2, 3\}$, а для $A = \{1, 2\}$ и $B = \{3, 4\}$ получим $A \cap B = \varnothing$ — такие множества A и B называются *непересекающимися*. Ясно, что $X \cap \varnothing = \varnothing$. Пересечение двух и более множеств *коммутативно*: $X \cap Y = Y \cap X$, и *ассоциативно*:

$$(X \cap Y) \cap Z = X \cap (Y \cap Z) = X \cap Y \cap Z.$$

Объединение множеств X и Y есть множество $X \cup Y$, состоящее из всех тех элементов, которые принадлежат X либо Y, т. е. $X \cup Y = \{x : x \in X \text{ или } x \in Y\}$. Например, если $X = \{1, 2, 3\}$, $Y = \{2, 3, 4\}$, то $X \cup Y = \{1, 2, 3, 4\}$; ясно, что $X \cup \varnothing = X$. Объединение двух или более множеств коммутативно: $X \cup Y = Y \cup X$, и ассоциативно:

$$(X \cup Y) \cup Z = X \cup (Y \cup Z) = X \cup Y \cup Z.$$

Дистрибутивность — это важное свойство, которым обладают операции объединения и пересечения:

$$X \cap (Y \cup Z) = (X \cap Y) \cup (X \cap Z), \quad X \cup (Y \cap Z) = (X \cup Y) \cap (X \cup Z).$$

Разность множеств X и Y есть множество $X \backslash Y$, состоящее из всех тех элементов X, которые не принадлежат Y, т. е. $X \backslash Y = \{x : x \in X \text{ и } x \notin Y\}$. Например, если $X = \{1, 2, 3\}$, $Y = \{2, 3, 4\}$, то $X \backslash Y = \{1\}$; ясно, что $X \backslash \varnothing = X$ и $\varnothing \backslash X = \varnothing$. Из определения разности следует, что $(X \backslash Y) \cup (X \cap Y) = X$.

Симметрическая разность множеств X и Y есть множество $X \circ Y$, состоящее из всех тех элементов X, которые не принадлежат Y, и всех тех элементов Y, которые не принадлежат X, т. е. $X \circ Y = \{x : x \in X \text{ и } x \notin Y \text{ или } x \in Y \text{ и } x \notin X\}$. Например, если $X = \{1, 2, 3\}$, $Y = \{2, 3, 4\}$, то $X \circ Y = \{1, 4\}$; ясно, что $\varnothing \circ X = X \circ \varnothing = X$. Из определения симметрической разности следует: $X \circ Y = (X \cup Y) \backslash (X \cap Y)$.

Дополнение множества Y относительно множества X определяется только тогда, когда $Y \subseteq X$, и в этом случае это есть множество $\overline{Y} = X \backslash Y$. Например, для $Y = \{2, 3\}$, $X = \{1, 2, 3\}$ дополнением Y относительно X является множество

$$\overline{Y} = X \backslash Y = \{1\}.$$

Законы де Моргана: если X и Y — подмножества некоторого множества Z, то $\overline{X \cap Y} = \overline{X} \cup \overline{Y}$, $\overline{X \cup Y} = \overline{X} \cap \overline{Y}$.

Покрытие множества X образуют множества $X_1, X_2, \ldots$, если $X \subseteq \cup_i X_i$; множества X_i в этом случае называют блоками покрытия. Например, покрытием множества натуральных чисел является $\{1, 2, \ldots\} \subset \cup_{i \geqslant 1} \{0, i, i + 1\}$.

Разбиение множества X есть представление его непересекающимися множествами: $X = X_1 \cup X_2 \cup \ldots$, где $X_i \cap X_j = \varnothing$ $(i \neq j)$. Например,

$\{1, 2, \dots\} = \cup_{i=1}^{\infty}\{i\}$. Множества X_i называются *блоками* или *частями разбиения*. Если число блоков разбиения конечно, то это число называется *рангом разбиения*. Изображать разбиения принято списком его блоков, ибо по определению список представляет его однозначно, и поэтому такой список также называется разбиением. Например, для множества $X = \{a, b, c\}$ запись (a, bc) обозначает разбиение множества X на две части, a и bc, отделяемые друг от друга запятой.

Спецификацией или *типом разбиения* $X = X_1 \cup X_2 \cup \dots \cup X_r$ называется список мощностей его блоков $[|X_1|, |X_2|, \dots, |X_r|]$. Так, разбиение (a, bc) имеет тип $[1, 2]$. *Подразбиением* (или *расщеплением*) некоторого разбиения называется разбиение, полученное разбиением блоков исходного разбиения. Так, разбиение (a, b, c) есть расщепление разбиения (a, bc). Иными словами, путем объединения блоков из расщепления всегда можно «склеить» исходное разбиение. Наконец, различают разбиения *упорядоченные* и *неупорядоченные* — в зависимости от того, учитывается или не учитывается очередность их блоков, причем все возможные спецификации, отличные от обычного (неупорядоченного) разбиения, оговариваются особо.

Правило суммы следует из определения разбиения множества: для каждого разбиения конечного множества $X = X_1 \cup \dots \cup X_r$, где $X_i \cap X_j = \varnothing$ $(i \neq j)$, справедливо равенство

$$|X| = |X_1| + \dots\dots |X_r|.$$

Обобщенное правило суммы выполняется для покрытия конечного множества $X \subseteq X_1 \cup \dots \cup X_r$ и имеет вид

$$|X| \leqslant |X_1| + \dots + |X_r|.$$

Произведением множеств $X_1, \dots, X_r$ называется множество $\prod_{i=1}^{r} X_i = X_1 \cdot X_2 \cdot \ldots \cdot X_r$, состоящее из всех упорядоченных списков $(x_1, x_2, \dots, x_r)$, где $x_i \in X_i$ $(i = 1, 2, \dots, r)$. Такое произведение множеств называется *прямым* или *декартовым*. Пусть $X = \{1, 2\}$ и $Y = \{2, 3\}$, тогда $X \cdot Y = \{(1,2), (1,3), (2,2), (2,3)\}$. Следовательно, каждый элемент прямого произведения $(x_1, \dots, x_r) \in \prod_{i=1}^{r} X_i$ можно рассматривать как r-мерный вектор, где $x_i \in X_i$ является i-й координатой этого вектора $(i = 1, 2, \dots, r)$. Принято считать, что $X \cdot \varnothing = \varnothing$. Декартово произведение $X \cdots X$ с n сомножителями называется n-й *декартовой степенью множества* X и обозначается $X^{(n)}$. Так, если $X = \{1, 2\}$, то $X^{(3)} = \{(1,1,1), (1,1,2), (1,2,1), (2,1,1), (1,2,2), (2,1,2), (2,2,1), (2,2,2)\}$.

Правило произведения (выполняет важную роль для перечисленных комбинаторных задач): для любых конечных множеств $X_1, X_2, \dots, X_n$ справедливо равенство

$$|X_1 \cdot X_2 \cdot \ldots \cdot X_n| = |X_1| \cdot |X_2| \cdot \ldots \cdot |X_n|.$$

Булеан есть множество всех подмножеств множества X, включая пустое множество $\varnothing$ и само множество X. Таким образом, элементами булеана как множества являются подмножества множества X. Например, булеан множества $X = \{1,2,3\}$ состоит из множеств $\{\varnothing\}$, $\{1\}$, $\{2\}$, $\{3\}$, $\{1,2\}$, $\{1,3\}$, $\{2,3\}$, $\{1,2,3\}$. Обозначается булеан 2^X или $\mathcal{P}(X)$; обозначение 2^X используется в связи с тем, что если X конечно, то мощность его $|2^X| = 2^{|X|}$. В булеане естественно выделяются подмножества, состоящие из подмножеств множества X, имеющих одинаковую мощность: $C^k(X) = \{S \subseteq X : |S| = k\}$. В этих обозначениях, очевидно, $\mathcal{P}(X) = \bigcup_{k=0}^{|X|} C^k(X)$. Множества $C^k(X)$ имеют мощность, равную значению биномиального коэффициента: если $|X| = n$, то

$$|C^k(X)| = C_n^k = \frac{n!}{k!(n-k)!}.$$

Графом на множестве вершин $S_n = \{a_1, \ldots, a_n\}$ называется любое подмножество G множества $C^2(S_n)$, так что элементами графа $G \subseteq C^2(S_n)$ являются двухэлементные подмножества вершин S_n, именуемые *ребрами графа* G. Таким образом, каждый граф на множестве вершин $S_n = \{a_1, \ldots, a_n\}$ можно представить списком его ребер $G = \{(a_i, a_j), (a_k, a_l), \ldots\}$, где $(a_i, a_j) \in G$ тогда и только тогда, когда вершины a_i и a_j соединены ребром в графе G. Значит, каждую пару (a_i, a_j) из такого списка можно интерпретировать как ребро.

Полный граф — это граф $K_n = C^2(S_n)$, так что $|K_n| = C_n^2$.

Цикл — это граф вида $G = \{(a_1, a_2), (a_2, a_3), \ldots, (a_{k-1}, a_k), (a_k, a_1)\}$; обычно цикл обозначают через C_k; ясно, что $|C_k| = k$.

Путь — это граф вида $G = \{(a_1, a_2), (a_2, a_3), \ldots, (a_{k-1}, a_k)\}$; обычно путь обозначают P_k; ясно, что $|P_k| = k - 1$.

Графы изображают обычно графически: вершины S_n — точками, а ребра — линиями, соединяющими те пары вершин, которые образуют ребро графа, например, на рис. 1.1 для $n = 5$ представлен граф $G = \{(a_1, a_2), (a_1, a_4), (a_2, a_3), (a_2, a_4), (a_3, a_5)\}$. В этом графе имеются полный подграф K_3 (он же цикл C_3) на трех вершинах a_1, a_2, a_4 и пути P_5, например, путь, последовательно проходящий через вершины a_5, a_3, a_2, a_1 и a_4.

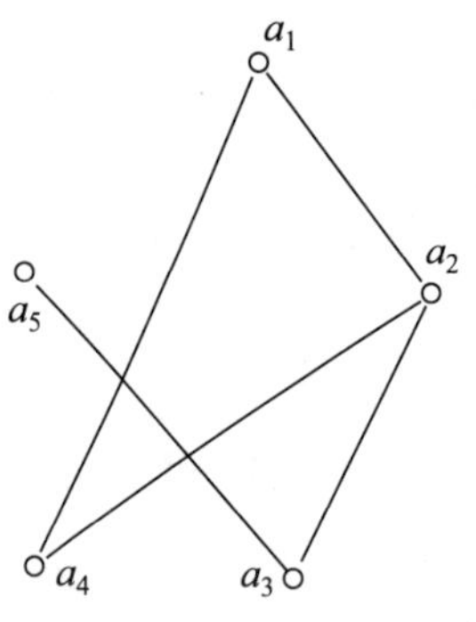

Рис. 1.1

Существует много различных модификаций графов.

Ориентированный граф: ребра G суть упорядоченные пары вершин.

Мультиграф: ребра G могут повторяться.

Гиперграф: гиперграфом на множестве вершин $S_n = \{a_1, \ldots, a_n\}$ называется любое подмножество G множества $\mathcal{P}(S_n)$, так что элементами гиперграфа $G \subseteq \mathcal{P}(S_n)$ являются подмножества вершин S_n, именуемые *гиперребрами* графа G, значит, гиперребра G могут иметь мощность, большую двух.

k-однородный гиперграф или *k-граф*: все ребра G имеют мощность, равную k.

Важными численными характеристиками графа являются:

степень вершины: если $a \in S_n$, то $d_G(a) = |\{e \in G : a \in e\}|$, т. е. степень вершины — это число ребер графа, содержащих в себе эту вершину, иначе — инцидентных этой вершине;

валентность: для множества вершин S и целого неотрицательного q валентность $v(S, q, G) = |\{e \in G : |S \cap e| = q\}|$ есть число ребер графа, пересекающихся с этим множеством вершин S по фиксированному числу вершин q; ясно, что $v(a, 1, G) = d_G(a)$. Эйлер установил, что во всяком графе степени удовлетворяют тождеству $\sum_{i=1}^{n} d_G(a_i) = 2|G|$.

Упорядоченные разбиения — это разбиения, в которых порядок блоков существенен, например, если $X = \{a, b, c\}$, то все упорядоченные разбиения множества X составляют разбиения:

- с одним блоком: (abc);
- с двумя блоками: (a, bc), (b, ac), $(c, ab$, (bc, a), (ac, b), (ab, c);
- с тремя блоками: (a, b, c), (a, c, b), (c, a, b), (b, a, c), (b, c, a), (c, b, a).

Множество всех упорядоченных разбиений множества X будем обозначать через $T(X)$, а его мощность — через $T(|X|)$. Через $T^k(X)$ обозначим множество всех упорядоченных разбиений, состоящих из k блоков, а через $T^k(|X|)$ — мощность этого множества. Тогда если $|X| = n$, то

$$T(X) = \bigcup_{k=1}^{n} T^k(X), \quad T(n) = \sum_{k=1}^{n} T^k(n).$$

Для упорядоченных разбиений по-прежнему корректно понятие типа как последовательности, состоящей из объемов блоков, поэтому через $T[n_1, \ldots, n_r]$ будем обозначать множество всех упорядоченных разбиений типа $[n_1, \ldots, n_r]$, т. е. с объемами блоков $n_1, \ldots, n_r$ соответственно. Так, приведенное выше множество упорядоченных разбиений множества $X = \{a, b, c\}$ с двумя блоками состоит из множеств $T[1, 2]$ и $T[2, 1]$, имеющих по 3 $(= T(1, 2) = T(2, 1))$ разбиения в каждом из этих множеств. Мощность множества $T[n_1, \ldots, n_r]$ будем обозначать через $T(n_1, \ldots, n_r)$. Тогда, если $|X| = n = \sum\limits_{i=1}^{r} n_i$, то

$$T^r(X) = \bigcup_{(n_1, \ldots, n_r)} T[n_1, \ldots, n_r],$$

$$T^r(n) = \sum_{(n_1, \ldots, n_r)} T(n_1, \ldots, n_r).$$

Здесь суммирование и объединение производятся по всем типам разбиений ранга r.

Эти численные характеристики упорядоченных разбиений могут вычисляться при помощи следующих формул:

$$T(n_1, \ldots, n_r) = \binom{n}{n_1, n_2, \ldots, n_r} = \frac{n!}{n_1! n_2! \ldots n_r!},$$

где $\dfrac{n!}{n_1!n_2!\dots n_r!}$ — полиномиальный коэффициент;

$$T^r(n) = \sum_{\substack{n_1+\dots+n_r=n\\ n_i>0}} \frac{n!}{n_1!n_2!\dots n_r!} = \sum_{k=0}^{r}(-1)^{r-k}C_r^k k^n;$$

$$\sum_{\substack{n_1+\dots+n_r=n\\ n_i\geqslant 0}} \frac{n!}{n_1!n_2!\dots n_r!} = r^n.$$

Беллиан есть множество всех разбиений множества X. Например, если $X = \{a, b, c\}$, то беллиан множества X состоит из разбиений

- ранга один: (abc);
- ранга два: (a, bc), (b, ac), (c, ab);
- ранга три: (a, b, c).

Здесь подразделения на блоки разделяются запятыми. Предполагается, что блоки разбиений в беллиане не упорядочены, т.е. разбиения (c, ab) и (ab, c) понимаются как одинаковые. Беллиан будем обозначать через $B(X)$, его мощность — через $B(n)$, множество всех разбиений с точно k блоками — через $B^k(X)$, а его мощность — через $B^k(n)$, так что если $|X| = n$, то

$$B(X) = \bigcup_{k=1}^{n} B^k(X), \quad B(n) = \sum_{k=1}^{n} B^k(n).$$

Множество всех разбиений типа $[n_1, \dots, n_r]$ обозначаем через $B[n_1, \dots, n_r]$, а число разбиений множества X ($|X| = n$) типа $[n_1, \dots, n_r]$, где $n = \sum_{i=1}^{r} n_i$, обозначаем через $B(n_1, \dots, n_r)$, так что

$$B^r(X) = \bigcup B(X_1, \dots, X_r), \quad B^r(n) = \sum B(n_1, \dots, n_r),$$

где объединение и суммирование производятся по всем возможным типам разбиений на r блоков.

Эти численные характеристики беллиана могут вычисляться при помощи следующих формул:

$$B(n_1, \dots, n_r) = T(n_1, \dots, n_r)/r!;$$

$$B^r(n) = T^r(n)/r!;$$

$B^k(n) = \sigma(n, k)$, где $\sigma(n, k)$ — число Стирлинга второго рода :

$$\sigma(n, k) = \sum_{j=0}^{k}(-1)^{k-j}C_k^j j^n/n!, \quad k = 1, 2, \dots, n;$$

$$\sigma(0, 0) = 1,\ \sigma(n, k) = 0,\ n < k;$$

$$x^n = \sum_{k=0}^{n} \sigma(n, k)x(x-1)\dots(x-k+1),$$

$B(n)$ — число Белла;

$$B(n) = \sum_{r=0}^{n} (r!)^{-1} \sum_{j=0}^{r} (-1)^{r-j} C_r^j j^n;$$

$$B(n+1) = \sum_{r=0}^{n} C_n^r B(n-r);$$

$$B(n) = \sum_{r=0}^{\infty} r^n / r!\, e \text{ — формула Добинского.}$$

1.1.4. Операции с мультимножествами. На мультимножествах можно ввести операцию сложения, не имеющую аналогов в классической теории множеств.

Сложение мультимножеств. Пусть заданы мультимножества A и B: A — с основанием $S(A) = \{x, y, z, \dots\}$ и кратностями $[k_A(x), k_A(y), k_A(z), \dots]$; B — с основанием $S(B) = \{x, y, z, \dots\}$ и кратностями $[k_B(x), k_B(y), k_B(z), \dots]$. Тогда *сумма* $(A + B)$ мультимножеств A и B определяется как мультимножество с основанием $S(A + B) = S(A) \cup S(B)$ и кратностями

$$[k_{A+B}(x), k_{A+B}(y), k_{A+B}(z), \dots] = [k_A(x) + k_B(x), k_A(y) + k_B(y), k_A(z) + k_B(z), \dots],$$

т. е. при сложении мультимножеств их основания объединяются, а кратности складываются. Например, если $A = \{a^2, b^3, c^1\}$ и $B = \{a^1, c^5, d^4\}$, то $A + B = \{a^3, b^3, c^6, d^4\}$. При этом, конечно, элементы, отсутствующие в одном основании, но наличествующие в другом, можно интерпретировать как имеющие нулевую кратность.

Из определения суммы мультимножеств сразу следует правило вычисления мощности их суммы: если A и B — конечные мультимножества, то

$$|A + B| = |A| + |B| = \sum_{a \in S(A)} k_A(a) + \sum_{b \in S(B)} k_B(b),$$

так что в предыдущем примере $|A + B| = (2 + 3 + 1) + (1 + 5 + 4) = 16$.

Подмультимножество. Будем говорить, что мультимножество B с основанием $S(B)$ является подмультимножеством мультимножества A с основанием $S(A)$, если $S(B) \subseteq S(A)$ и для каждого элемента $a \in S(B)$ выполняется неравенство $k_B(a) \leqslant k_A(a)$.

Вложимость мультимножеств будем обозначать тем же знаком, что и для множеств. Например, если $A = \{a^2, b^7, c^1\}$ и $B = \{a^1, b^5\}$, то $B \subset A$, поскольку $S(B) = \{a, b\} \subset \{a, b, c\} = S(A)$ и $k_B(a) = 1 < 2 = k_A(a)$, $k_B(b) = 5 < 7 = k_A(b)$.

Оперирование с мультимножествами. Операция сложения обеспечивает очень удобную технику оперирования с мультимножествами и множествами, которая оказывается подобной обычному обращению с числами. В этой технике наряду с операцией сложения мультимножеств важную роль играет еще одно понятие — оператор целостности, который обеспечивает аналитическое оперирование с совокупностью как с целым.

Аналогично тому, как это было сделано в булеане, введем в рассмотрение множество $C^k(A) = \{B : B \subseteq A, |B| = k\}$ всех k-элементных подмультимножеств конечного мультимножества A. Например, если $A = \{a^2, b^3\}$ и $k = 3$, то $C^3(A)$ в этом случае состоит из трех мультимножеств: $\{a^2, b\}$, $\{a, b^2\}$ и $\{b^3\}$.

Оператором целостности мультимножества A называется представление A как единственного элемента: $C(A) = C^{|A|}(A)$. Например, если $A = \{a^2, b^3\}$, то $C(A) = (a, a, b, b, b)$. В случае, если $A = S_n = \{a_1, \ldots, a_n\}$, т. е. A есть множество, оператор целостности $C(S_n) \neq S_n$, так как в соответствии с определением $C(S_n)$ его мощность $|C(S_n)| = C_n^n = 1$, в то время как $|S_n| = n$. Таким образом, оператор целостности любого мультимножества A — это, по существу, есть рассмотрение мультимножества A как целого, и всегда при этом $|C(A)| = 1$. Исходя из сказанного, ясно, что если k — целое неотрицательное число, то запись $kC(a)$ надо понимать как k-кратное повторение элемента a.

Для всякого мультимножества A имеют место (и аксиоматизируются) следующие равенства:

$$A = \sum_{a \in A} C(a) = \sum_{a \in S(A)} k_A(a) C(a);$$

$$C(A) = \prod_{a \in A} C(a).$$

Здесь произведение понимается как обычное произведение множеств. Именно эти равенства дают возможность формального оперирования с мультимножествами. Так, с их помощью определенная выше операция сложения мультимножеств принимает следующий простой вид:

$$A + B = \sum_{a \in S(A) \cup S(B)} \big(k_A(a) + k_B(a)\big) C(a).$$

Отсюда сразу следует приведенная выше формула для мощности суммы мультимножеств:

$$|A + B| = \Big| \sum_{a \in S(A) \cup S(B)} \big(k_A(a) + k_B(a)\big) C(a) \Big| =$$

$$= \sum_{a \in S(A) \cup S(B)} \big| \big(k_A(a) + k_B(a)\big) C(a) \big| =$$

$$= \sum_{a \in S(A) \cup S(B)} \big(k_A(a) + k_B(a)\big) \big|C(a)\big| = \sum_{a \in S(A) \cup S(B)} \big(k_A(a) + k_B(a)\big).$$

Кроме того, весьма просто описываются операции объединения и пересечения для мультимножеств; для этого введем обозначения: $\wedge = \min$, $\vee = \max$. Тогда

$$A \cap B = \sum_{a \in S(A) \cap S(B)} \big(k_A(a) \wedge k_B(a)\big) C(a),$$

$$A \cup B = \sum_{a \in S(A) \cup S(B)} \big(k_A(a) \vee k_B(a)\big) C(a).$$

Произведение мультимножеств будем определять так, чтобы для него выполнялось правило произведения:

если A и B — конечные мультимножества, то $|AB| = |A| \cdot |B|$.

Исходя из этого требования, полагаем, что если A и B — мультимножества, то их произведение есть мультимножество:

$$(A \cdot B) = \sum_{a \in A} \sum_{b \in B} C\big(C(a) + C(b)\big).$$

Согласно такому определению, получаем требуемое:

$$|A \cdot B| = \Big| \sum_{a \in A} \sum_{b \in B} C\big(C(a) + C(b)\big) \Big| = \sum_{a \in A} \sum_{b \in B} \big|C\big(C(a) + C(b)\big)\big| =$$

$$= \sum_{a \in A} \sum_{b \in B} 1 = \Big(\sum_{a \in A} 1\Big)\Big(\sum_{b \in B} 1\Big) = |A| \cdot |B|.$$

Например, если $A = \{a^2, b^1\}$ и $B = \{a^1, b^2\}$, то их произведение состоит из девяти пар элементов: $A \cdot B = \{(a,a), (a,b), (a,b), (a,a), (a,b), (a,b), (b,a), (b,b), (b,b)\} = \{(a,a)^2, (a,b)^4, (b,a)^1, (b,b)^2\}$. Другим примером произведения мультимножеств может служить самое обычное умножение натуральных чисел, поскольку каждое натуральное число можно представить как мультимножество, состоящее из единиц, т. е. n имеет основание $\{1\}$ и кратность n.

Булеан мультимножества. Пусть A — конечное мультимножество с основанием $S(A) = \{a_1, a_2, \ldots, a_r\}$ и первичной спецификацией $[k_1, k_2, \ldots, k_r]$, т. е. элемент a_i наличествует в A ровно k_i раз $(i = 1, 2, \ldots, r)$ и мощность всего этого мультимножества равна $|A| = \sum_{i=1}^{r} k_i = n$, так что

$$A = \sum_{a \in A} C(a) = \sum_{a \in S(A)} k_A(a) C(a) = \sum_{i=1}^{r} k_i(a) C(a_i).$$

Булеаном мультимножества A называется множество всех его подмультимножеств, включая пустое множество и само мультимножество A. Обозначим такой булеан через $\mathcal{P}(A)$. Согласно определению множества

$C^k(A)$, имеем $\mathcal{P}(A) = \cup_{k=0}^n C^k(A) = \sum_{k=0}^n C^k(A)$, следовательно, применяя технику оперирования с мультимножествами, получаем

$$\mathcal{P}(A) = \sum_{k=0}^{n} C^k(A) = \sum_{k=0}^{n} \sum_{\substack{j=0 \\ k_1+\cdots+k_r=k}}^{k_1} \cdots \sum_{j=0}^{k_r} \prod_{i=1}^{r} C^j\big(k_i C(a_i)\big) =$$

$$= \sum_{j=0}^{k_1} \cdots \sum_{j=0}^{k_r} \prod_{i=1}^{r} C^j\big(k_i C(a_i)\big) =$$

$$= \prod_{i=1}^{r} \sum_{j=0}^{k_i} C^j\big(k_i C(a_i)\big) = \prod_{i=1}^{r} \mathcal{P}\big(k_i C(a_i)\big).$$

Значит, булеан мультимножества представим в виде прямого произведения булеанов $\mathcal{P}\big(k_i C(a_i)\big)$ мультимножества, состоящего из единственного элемента a_i, повторенного k_i раз. Булеан такого мультимножества состоит, очевидно, из $k_i + 1$ подмультимножеств $\{0\}$, $\{a_i\}$, $\{a_i, a_i\}, \ldots, \{a_i^{k_i}\}$, т. е. $\big|\mathcal{P}\big(k_i C(a_i)\big)\big| = k_i + 1$. Следовательно,

$$|\mathcal{P}(A)| = \left|\prod_{i=1}^{r} \mathcal{P}(k_i C(a_i))\right| = \prod_{i=1}^{r} |\mathcal{P}(k_i C(a_i))| = \prod_{i=1}^{r} (k_i + 1).$$

Это равенство в случае множества $A = S_n = \{a_1, \ldots, a_n\}$ дает уже известную нам формулу $|\mathcal{P}(S_n)| = 2^n$. Кроме того, полезно еще отметить случай $A = kS_n = \{a_1^k, \ldots, a_n^k\}$, когда справедлива формула

$$\big|C^k(kS_n)\big| = C_{n+k-1}^k.$$

1.2. Соответствия между множествами

1.2.1. *Соответствием* между множествами X и Y называется любое наперед заданное подмножество $Z \subseteq X \times Y$. Если $(x, y) \in Z$, то говорят, что *элемент* y *соответствует элементу* x или что *элементы* x и y *находятся в соответствии* Z, и пишут xZy или $Z(x, y)$; элемент y называют *образом* x, а x — *прообразом* y при соответствии Z. Если же $(x, y) \notin Z$, то пишут $x\overline{Z}y$. Например, если $X = \{1, 2, 3\}$, $Y = \{3, 4, 5\}$ и соответствие Z состоит в том, что $x + y$ — простое число ($x \in X, y \in Y$), то $Z = \{(1, 4), (2, 3), (2, 5), (3, 4)\}$. Здесь элементы 1 и 3 из X имеют по одному одинаковому образу (именно 4), а элемент $2 \in X$ имеет два образа (3 и 5); аналогично элементы 3 и 5 из Y имеют по одному одинаковому прообразу (2 и 2), а $4 \in Y$ имеет два прообраза (1 и 3).

Подмножество $Z \subset \prod_{i=1}^n X_i$ называется *n-местным соответствием* между множествами X_i $(i = 1, 2, \ldots, n)$. Значит, всякий вектор

$(x_1, x_2, \ldots, x_n)$ можно рассматривать как элемент некоторого n-местного соответствия. Это, в частности, показывает, что соответствие можно задавать геометрически, изображая соответствующее множество векторов в декартовом произведении множеств. Полезны и другие способы представления соответствий, например, графический и табличный. Рассмотрим эти три способа на конкретных примерах. Соответствие $Z = \{x + y$ — простое число$\}$ представлено на рис. 1.2. Здесь точка с координатами (x, y) обозначает, что $(x, y) \in Z$. Для тех же X и Y пусть соответствие $Z \subseteq XY$ определяется по правилу: $(x, y) \in Z$ тогда и только тогда, когда $x + y$ четно. Геометрическое (а), графическое (б) и табличное (в) задания этого соответствия Z представлены на рис. 1.3. Из рис. 1.3. видно, что при геометрическом задании Z принадлежность $(x, y) \in Z$ обозначается точкой на плоскости; при графическом — отрезком; при табличном — единицей, такая таблица называется *матрицей инцидентности* соответствия.

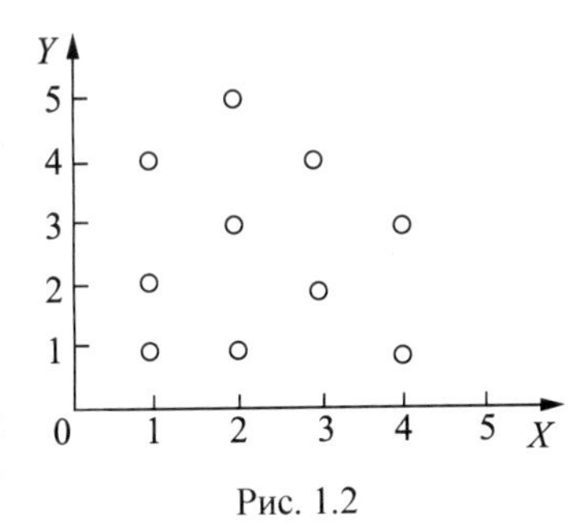

Рис. 1.2

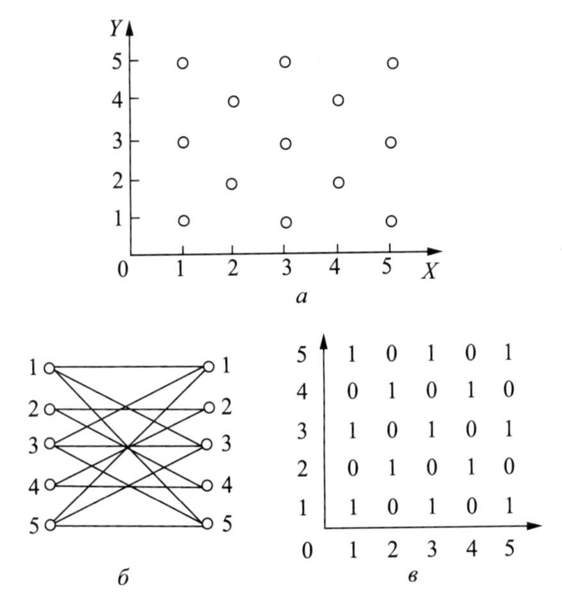

Рис. 1.3

Полным образом элемента $a \in X$ при соответствии $Z \subseteq XY$ называется подмножество $\{y : y \in Y, xZy\} \subset Y$; аналогично — полным прообразом элемента $y \in Y$ при соответствии $Z \subseteq XY$ называется подмножество $\{x : x \in X, xZy\} \subset X$. Например, из соответствия на рис. 1.2 видно, что полный прообраз 5 состоит из единственного элемента 2, а полный прообраз 4 — из двух: 1 и 3. Можно использовать соответствие для задания мультимножеств. Например, мультимножество $A = \{a^2, b^1, c^4, d^3\}$ можно задать как соответствие $Z \subseteq \{a, b, c, d\}\{1, 2, 3, 4\}$ по правилу: $(x, n) \in Z \Longleftrightarrow k_A(x) = n$, т. е. когда A содержит ровно n копий x, где $x \in \{a, b, c, d\}$, а $n \in \{1, 2, 3, 4\}$.

1.2.2. *Отображение* φ множества X во множество Y есть соответствие $Z \subset XY$, в котором для каждого $x \in X$ имеется не более одного $y \in Y$ такого, что xZy. При отображении φ соответствие между x и y записывается равенством $y = \varphi(x)$, а отображению в этом случае соответствует запись $\varphi : X \to Y$. Множество $X' \subset X$, состоящее из тех $x \in X$, для которых существует ровно один $y \in Y$ такой, что xZy, называется *областью определения* φ, а множество $Y' \subset Y$, состоящее из $y \in Y$, для которых имеется $x \in X$ такой, что xZy, — *областью значений* отображения φ. Если $X' = X$, $Y' = Y$ и $\varphi(x) = \varphi'(x)$ для всех $x \in X$, то говорят, что отображения φ и φ' совпадают, т. е. $\varphi : X \to Y$ равно $\varphi' : X' \to Y'$. Например, если заданы множества $X = \{2, 3, 4\}$ и $Y = \{3, 4, 5\}$ и отображение $\varphi : X \to Y$ состоит в том, что элементам из X соответствуют только кратные им из Y, то Z, отвечающее φ, имеет вид: $Z = \{(2, 4), (3, 3), (4, 4)\}$. Непосредственная проверка удостоверяет, что Z — действительное отображение, так как каждому элементу из $X(2, 3, 4)$ поставлен в соответствие единственный элемент из $Y(4, 3, 4$ соответственно). Следует заметить: если правило, определяющее φ, распространить на большие подмножества целых чисел, то можно убедиться, что это не всегда так, ибо возникнут элементы из X, обладающие более чем одним образом. В рассматриваемом примере областью определения является все множество X, а областью значений — множество $Y' = \{3, 4\}$.

Множество $\varphi^{-1}(y) = \{x : y = \varphi(x), x \in X\}$ называется *полным прообразом элемента* y при отображении φ.

Пусть $X = \{x_1, x_2, \ldots, x_n\}$, тогда $\varphi \colon X \to Y$ может быть представлено как

$$\varphi = \begin{pmatrix} x_1, & x_2, & \ldots & x_n \\ \varphi(x_1), & \varphi(x_2), & \ldots & \varphi(x_n) \end{pmatrix},$$

где $\varphi(x_i) \in Y$ $(i = 1, 2, \ldots, n)$. Например, если $X = \{1, 2, 3, 4, 5\}$, $Y = \{a, b\}$ и

$$\begin{pmatrix} 1, & 2, & 3, & 4, & 5 \\ a, & a, & b, & b, & a \end{pmatrix},$$

то полным прообразом элемента a будет $\varphi^{-1}(a) = \{1, 2, 5\}$, а полным прообразом элемента b будет $\varphi^{-1}(b) = \{3, 4\}$.

Множество $\varphi(X) = \{\varphi(x) \subseteq Y : x \in X\}$ называется *полным образом* области определения при отображении φ.

Если $\varphi \colon X \to Y$ такое, что $\varphi(X) = Y$, то говорят, что φ отображает X *на* Y, в этом случае для любого $y \in Y$ существует элемент $x \in X$ такой, что $y = \varphi(x)$ и справедливо условие $\varphi^{-1}(y) \neq 0$. Для конечных X и Y равенство $\varphi(X) = Y$ означает, что $|X| \geqslant |Y|$.

Если $\varphi : X \to Y$ такое, что для любого $y \in Y$ его полный прообраз $|\varphi^{-1}(y)| \leqslant 1$, то для конечных X и Y выполняется неравенство $|X| \leqslant |Y|$. В случае, когда для любого $y \in Y$ выполняется равенство $|\varphi^{-1}(y)| = 1$, т. е. условие $y = \varphi(x)$ для каждого $y \in Y$ однозначно определяет единственный элемент $x \in X$, говорят, что φ устанавливает *взаимно однозначное соответствие* между множествами X и Y. Тогда для конечных множеств X и Y справедливо равенство $|X| = |Y|$. В этом случае φ называют *взаимно однозначным отображением*. Например, пусть $X = \{1, 2, 3\}$, а $Y = \{a, b, c\}$ и φ таковы, что если $\varphi(1) = b$, $\varphi(2) = c$ и $\varphi(3) = a$, то φ устанавливает взаимно однозначное соответствие между множествами X и Y.

Подстановка конечного множества есть взаимно однозначное отображение этого множества на себя. Например, если $X = \{1, 2, 3\}$, то отображение

$$\begin{pmatrix} 1 & 2 & 3 \\ 3 & 1 & 2 \end{pmatrix}$$

является подстановкой. Если $|X| = n$, то число всех подстановок n-элементного множества равно

$$n! = 1 \cdot 2 \cdot \ldots \cdot n.$$

Действительно, первый элемент можно отобразить в любой из n элементов множества X, второй — в любое из оставшихся $(n-1)$ мест, третий — в любое из оставшихся $(n-2)$ мест и т. д. Подстановки можно умножать по правилу

$$\begin{pmatrix} 1 & 2 & \ldots & n \\ i_1 & i_2 & \ldots & i_n \end{pmatrix} \begin{pmatrix} 1 & 2 & \ldots & n \\ j_1 & j_2 & \ldots & j_n \end{pmatrix} = \begin{pmatrix} 1 & 2 & \ldots & n \\ j_{i_1} & j_{i_2} & \ldots & j_{i_n} \end{pmatrix}.$$

Такое умножение соответствует суперпозиции отображений, отвечающих перемножаемым подстановкам, иначе — последовательному применению этих двух отображений. Это означает, что если отображение

$$\varphi_i = \begin{pmatrix} 1 & 2 & \ldots & n \\ i_1 & i_2 & \ldots & i_n \end{pmatrix}$$

переставляет элементы $(1, 2, \ldots, n)$ в порядке $(i_1, i_2, \ldots, i_n)$, а отображение

$$\varphi_j = \begin{pmatrix} 1 & 2 & \ldots & n \\ j_1 & j_2 & \ldots & j_n \end{pmatrix}$$

переставляет элементы $(1, 2, \ldots, n)$ в порядке $(j_1, j_2, \ldots, j_n)$, то отображение $\varphi_i \varphi_j$ сперва переставляет элементы $(1, 2, \ldots, n)$ в порядке

$(i_1, i_2, \ldots, i_n)$, а потом этот порядок — в порядок $(j_{i_1}, j_{i_2}, \ldots, j_{i_n})$. Например, если $X = \{1, 2, 3\}$ и

$$\varphi_i = \begin{pmatrix} 1 & 2 & 3 \\ 3 & 1 & 2 \end{pmatrix}, \quad \varphi_j = \begin{pmatrix} 1 & 2 & 3 \\ 3 & 2 & 1 \end{pmatrix}, \quad \text{то} \quad \varphi_i \varphi_j = \begin{pmatrix} 1 & 2 & 3 \\ 1 & 3 & 2 \end{pmatrix}.$$

Имеется единственная подстановка, не переставляющая ни одного элемента:

$$e = \begin{pmatrix} 1 & 2 & \ldots & n \\ 1 & 2 & \ldots & n \end{pmatrix}.$$

Легко проверить, что для любой подстановки φ выполняется равенство $e\varphi = \varphi e = \varphi$. Имеются подстановки, не оставляющие на месте ни одного элемента, например, подстановка

$$\begin{pmatrix} 1 & 2 & \ldots & n-1 & n \\ 2 & 3 & \ldots & n & 1 \end{pmatrix}$$

переставляет их сдвигом, или циклически.

Сужением отображения $\varphi : X \to X$ на подмножество $Y \subseteq X$ называется отображение $\varphi : Y \to X$, т. е. то же самое отображение φ, но на меньшей области определения. Сужение φ на $Y \subseteq X$ называется *циклом*, если $\varphi(Y) = Y$ и для любого разбиения $Y = Y_1 \cup Y_2$, где $Y_1 \cap Y_2 \neq \varnothing$ при $Y_i \neq \varnothing$, $i = 1, 2$, найдется элемент $y \in Y_1$ такой, что $\varphi(y) \in Y_2$; в этом случае Y называется *орбитой цикла*.

Подстановка φ, действующая на множестве $X = \{x_1, x_2, \ldots\}$, называется *транспозицией*; она все элементы, кроме двух, оставляет неизменными, а ровно два элемента меняет местами. Например, подстановка

$$\begin{pmatrix} 1 & 2 & 3 & 4 & 5 & 6 \\ 1 & 2 & 5 & 4 & 3 & 6 \end{pmatrix}$$

является транспозицией на множестве $\{1, 2, 3, 4, 5, 6\}$. Таким образом, транспозиция обладает циклом мощности два — в данном случае это цикл

$$\begin{pmatrix} 3 & 5 \\ 5 & 3 \end{pmatrix}.$$

Если орбита цикла состоит из одного элемента, то этот элемент называется *неподвижным*. Для циклов удобна строчная запись $(i_1 i_2 \ldots i_r)$, которая обозначает подстановку

$$\begin{pmatrix} 1 & 2 & \ldots & i_1 & \ldots & i_2 & \ldots & i_r & \ldots & n \\ 1 & 2 & \ldots & i_2 & \ldots & i_3 & \ldots & i_1 & \ldots & n \end{pmatrix},$$

а в случае $r = 1$ будет $(i_1) = e$. Например, если $X = \{1, 2, 3, 4, 5, 6\}$ и

$$\varphi = \begin{pmatrix} 1 & 2 & 3 & 4 & 5 & 6 \\ 3 & 1 & 2 & 4 & 6 & 5 \end{pmatrix},$$

то сужение φ на $Y = \{1, 2, 3\}$ имеет вид

$$\begin{pmatrix} 1 & 2 & 3 \\ 3 & 1 & 2 \end{pmatrix}$$

и является циклом, элемент 4 является неподвижным, а цикл

$$\begin{pmatrix} 5 & 6 \\ 6 & 5 \end{pmatrix}$$

— транспозицией.

Таким образом, каждая подстановка представима произведением своих циклов и порождает разбиение множества X на орбиты. В свою очередь, каждый цикл представим произведением транспозиций, например,

$$\begin{pmatrix} 1 & 2 & 3 & 4 & 5 & 6 \\ 3 & 1 & 2 & 4 & 6 & 5 \end{pmatrix} = (1\ \ 3\ \ 2)(4)(5\ \ 6) = (1\ \ 3)(3\ \ 2)(2\ \ 1)(4)(5\ \ 6).$$

Перестановка конечного множества есть *полный образ* взаимно однозначного отображения этого множества на себя. Так, в предыдущем примере $(3, 1, 2, 4, 6, 5)$ является перестановкой, т. е. нижняя строчка подстановки является перестановкой, если порядок в верхней строке подстановки фиксирован.

Графы $G(S_n)$ и $G'(S_n)$ на множестве вершин S_n называются *изоморфными*, если существует такая перенумерация вершин одного из них, при которой списки их ребер совпадают. Например, графы $G = \{(a_1, a_2), (a_1, a_4)\}$ и $G' = \{(a_2, a_4), (a_2, a_3)\}$ изоморфны, так как перенумерация вершин первого графа, задаваемая подстановкой $(1, 2, 3)$, делает первый граф тождественным второму. Поскольку каждая перенумерация вершин однозначно определяется некоторой подстановкой, то говорят также, что графы $G(S_n)$ и $G'(S_n)$ на множестве вершин S_n изоморфны, если существует такая подстановка π на множестве S_n, для которой выполняется равенство

$$G(S_n) = G'(\pi(S_n)).$$

Последовательность каких-либо объектов есть отображение множества натуральных чисел во все множество этих объектов. Например, $\{1, 3, 5, 7, 9, \dots\}$ есть последовательность всех нечетных чисел, а отображение состоит в том, что на первом месте стоит 1, на втором — 3, на третьем — 5 и т. д. Прибегая к двустрочной записи, это отображение можно изобразить так:

$$\begin{matrix} 1, & 2, & 3, & 4, & 5, & \dots \\ 1, & 3, & 5, & 7, & 9, & \dots \end{matrix}$$

Таким образом, последовательность всегда предполагает упорядоченный список своих элементов, представляя, тем самым, функциональную зависимость своих элементов от натуральных чисел, которая в данном случае имеет вид $\varphi(n) = 2n - 1$. Отображение позволяет представить понятия операции и функции.

1.2.3. Операция. Говорят, что на множестве X *задана n-местная операция* λ, если задано отображение $\lambda : X^{(n)} \to X$, которое вектору $(x_1, x_2, \ldots, x_n) \in X^{(n)}$ ставит в соответствие один-единственный элемент $x \in X$. Это обозначается так:

$$x = \lambda(x_1, x_2, \ldots, x_n).$$

Наиболее распространенными являются двухместные, или бинарные, операции. *Бинарная операция* на множестве X есть правило, по которому элементу из $X^{(2)}$ ставится в соответствие не более одного элемента из X. Для записи бинарной операции обычно используют специальный значок, в общем случае будем ее обозначать $x = x_1 T x_2$. Например, если на множестве $X = \{1, 2, 3\}$ задана операция сложения, то лишь двум парам его элементов будет соответствовать элемент из X ($1 + 1 = 2$, $1 + 2 = 3$), потому что все остальные попарные суммы не принадлежат этому множеству.

Говорят, что множество X *замкнуто* относительно заданной на нем бинарной операции, если каждому элементу из $X^{(2)}$ ставится в соответствие один элемент $x \in X$. Например, если $X = \mathbb{N} = \{1, 2, \ldots\}$ — множество натуральных чисел, а $T = (+)$ — операция сложения, то результатом операции является сумма $x = x_1 + x_2$, которая, очевидно, тоже принадлежит $\mathbb{N} = X$. Это значит, что множество натуральных чисел замкнуто относительно операции сложения. Аналогично можно убедиться в том, что оно замкнуто относительно умножения и не замкнуто относительно операций вычитания и деления. Таким образом, каждая бинарная операция на множестве может быть представлена некоторым тернарным, т. е. трехместным, соответствием на этом множестве.

Бинарная операция T на множестве X называется:

- *ассоциативной*, если для любых $x, y \in X$ выполняется условие

$$(xTy)Tz = xT(yTz);$$

- *коммутативной*, если для любых $x, y \in X$ выполняется условие

$$xTy = yTx;$$

- *дистрибутивной* относительно какой-либо *операции* ∂, если для любых $x, y, z \in X$ справедливо равенство

$$xT(y\partial z) = (xTy)\partial(xTz), \qquad (y\partial z)Tx = (yTx)\partial(zTx).$$

Элемент e называется *единичным* или *нейтральным* относительно бинарной операции T, если для любого $x \in X$ выполняется равенство $xTe = eTx = x$. Например, на множестве действительных чисел операции сложения и умножения ассоциативны и коммутативны. Операция умножения дистрибутивна относительно операции сложения. Единичными элементами относительно операций умножения и сложения являются соответственно числа 1 и 0.

Множество всех подстановок элементов $\{1, 2, \ldots, n\}$ является замкнутым относительно определенной выше операции умножения подстановок; единичным элементом относительно этого умножения является подстановка

$$e = \begin{pmatrix} 1 & 2 & \ldots & n \\ 1 & 2 & \ldots & n \end{pmatrix}.$$

Операция эта ассоциативна, но не коммутативна.

1.2.4. Функция. Под *функцией* будем понимать отображение в область действительных или комплексных чисел. Рассмотрим простейшие комбинаторные функции:

- *факториал*: если n — натуральное число, то $n! = n(n-1)\cdots 1$ и, по определению, $0! = 1$;
- если n и m — натуральные числа, то

$$(n)_m = \begin{cases} n(n-1)\cdots(n-m+1), & m \leqslant n, \\ 0, & m > n; \end{cases}$$

- *биномиальный коэффициент*: если n, k — целые числа, то

$$\binom{n}{k} = C_n^k = \frac{n!}{k!(n-k)!}, \quad 0 \leqslant k \leqslant n;$$

- *полиномиальный коэффициент*: если $n = k_1 + k_2 + \ldots + k_t$, где $k_1, k_2, \ldots, k_t$ — целые числа, то

$$\binom{n}{k_1 \ldots k_t} = \frac{n!}{k_1!k_2!\ldots k_t!}, \quad k_i \geqslant 0;$$

- *целая часть* и *дробная доля*: если x — действительное число, то через $[x]$ принято обозначать его целую часть, т. е. наибольшее целое, не превосходящее x; например, $[5,3] = 5$, $[-5,3] = -6$, значит, x — целое тогда и только тогда, когда $[x] = x$. Через $]x[$ обозначают наименьшее целое, не меньшее, чем x, например, $]5,3[= 6$, $]-5,3[= -5$, стало быть, $]x[= = -[-x]$. *Дробной долей* числа x называется число $\{x\} = x - [x]$, например, $\{7\} = 0$, $\{2,6\} = 0,6$, $\{-4,75\} = 0,25$;
- *индикаторная функция*:

$$\chi\{\text{утверждение}\} = \begin{cases} 1, & \text{если утверждение истинно,} \\ 0, & \text{если утверждение ложно.} \end{cases}$$

1.2.5. *Отношение* есть соответствие между одинаковыми множествами; двухместное отношение называется бинарным. Примеры и способы задания бинарного отношения представлены на рис. 1.3.

Различают следующие свойства бинарного отношения $R \subseteq X^{(2)}$ на множестве X:

- *рефлексивность*, если для любого $x \in X$ выполняется xRx;

- *антирефлексивность*, если для любого $x \in X$ выполняется $x\overline{R}x$;
- *симметричность*, если для любых $x, y \in X$ из xRy следует yRx;
- *антисимметричность*, если для любых $x, y \in X$ из xRy и yRx следует, что $x = y$;
- *транзитивность*, если для любых $x, y, z \in X$ из xRy и yRz следует, что xRz: «вассал моего вассала — не мой вассал» — пример нетранзитивного отношения;
- *дихотомичность*, если для любых $x, y \in X$ выполняется либо xRy, либо yRx.

Отношения часто возникают на практике. Например, знакомство между людьми рефлексивно и симметрично, но не всегда транзитивно. Всякая иерархичность тоже есть бинарное отношение, так что бинарными отношениями удобно характеризовать различные упорядоченные множества.

1.2.6. *Упорядоченное множество* есть пара (X, R), где X — множество, а R — бинарное отношение $R \subseteq X^{(2)}$. Если для $x, y \in X$ выполняется xRy, т. е. $(x, y) \in R$, то удобно интерпретировать это как то, что x «больше», чем y, в смысле отношения R; если не выполняется ни xRy, ни yRx, то x и y называются несравнимыми элементами в (X, R). Рассмотрим основные типы упорядоченных множеств:

- *совершенно неупорядоченное* множество — это (X, R), где $R = \varnothing$;
- *линейно упорядоченное* множество — это (X, R), где R обладает свойствами рефлексивности, антисимметричности, транзитивности и дихотомичности. Примером такого множества могут служить натуральные числа, упорядоченные по величине, т. е. по отношению $\leqslant$;
- *частично упорядоченным* множеством называется упорядоченное множество (X, R), в котором R рефлексивно, антисимметрично и транзитивно.

В упорядоченных множествах принято выделять отдельные специфические элементы и подмножества; отметим некоторые из них.

Наибольшим в (X, R) называется элемент $w \in X$ такой, что для любого элемента $x \in X$ выполняется отношение wRx, т. е. w «больше» всех элементов множества X. Наибольший элемент иногда называют просто единицей и обозначают 1.

Максимальным в (X, R) называется элемент $w \in X$ такой, что во множестве X нет элемента $x \in X$, для которого выполнялось бы отношение xRw, т. е. в X нет элемента, «большего», чем w. Иными словами, каждый элемент $x \in X$ либо несравним с w, либо «меньше», чем w.

Наименьшим в (X, R) называется элемент $v \in X$ такой, что для любого элемента $x \in X$ выполняется отношение xRv, т. е. v «меньше» всех элементов множества X. Наименьший элемент иногда называют просто нулем и обозначают 0.

Минимальным в (X, R) называется элемент $v \in X$ такой, что во множестве X нет элемента $x \in X$, для которого выполнялось бы отношение vRx, т. е. в X нет элемента, «меньшего», чем v. Иными словами, каждый элемент $x \in X$ либо несравним с v, либо «больше», чем v.

Говорят, что элемент x *покрывает элемент* y, если xRy и нет элемента $z \in X$, отличного от x и y, такого что xRz и zRy. *Атомы* — это элементы, покрывающие 0, а *коатомы* — это элементы, которые покрываются единицей 1. Говорят, что элементы x и y *несравнимы*, если $(x, y) \notin R$ и $(y, x) \notin R$, т. е. ни x «больше» y, ни y «больше» x.

Для элементов $x, y \in Y$ *интервалом* $[x, y]$ называется подмножество $[x, y] = \{z : z \in X, yRz, zRx\}$, т. е. интервал — это множество тех элементов, которые «меньше», чем y, и, в то же время, «больше», чем x; упорядоченное множество (X, R) называется *локально-конечным*, если каждый его интервал конечен.

Цепью в упорядоченном множестве (X, R) называется последовательность его элементов $a_1, a_2, \ldots, a_k, \ldots$ такая, что $a_1 R a_2$, $a_2 R a_3$, $\ldots$ $\ldots, a_{k-1} R a_k, \ldots$.

Длина конечной цепи есть число ее членов минус единица.

Антицепь — это подмножество упорядоченного множества, состоящее исключительно из попарно несравнимых элементов.

Изображать упорядоченные множества (X, R) удобно графически: множество X — точками, а отношение R — ориентированными линиями, направленными от x к y, если xRy. Построенный таким образом граф однозначно определяет (X, R), например, граф на рис. 1.4 определяет бинарное отношение на X^2, где $X = \{1, 2, 3, 4, 5\}$. В ряде случаев этот граф можно упростить; например, если известно, что (X, R) рефлексивно, то дуги от x к x можно опускать. Аналогично, в случае симметричного R граф изображается как неориентированный. Например, граф рассмотренного ранее отношения $Z = \{x+y$ — простое число$\} \subseteq X^2$, где $X = \{1, 2, 3, 4, 5\}$, приведен на рис. 1.5.

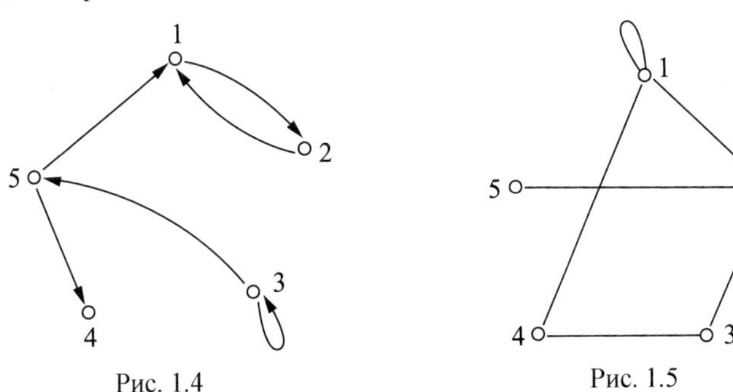

Рис. 1.4 Рис. 1.5

Для изображения частично упорядоченных множеств используется диаграмма Хассе — граф, в котором ребро (x, y) присутствует тогда и только тогда, когда y покрывает x. В таком графе, в силу транзитивности R, принадлежность $(x, y) \in R$ определяется наличием пути от вершины y к вершине x. Ориентацию ребер на диаграмме Хассе принято задавать таким образом, что минимальные элементы располагаются в нижней ее части, а максимальные — в верхней. Так, на рис. 1.6 изображено частично упорядоченное множество с двумя минимальными элементами $(3, 4)$

и одним наибольшим (1). Точнее, этот граф представляет следующий частичный порядок: $R = \{(1,1), (2,2), (3,3), (4,4), (5,5), (1,2), (1,3), (1,4), (1,5), (2,3), (2,4), (5,3)\} \subseteq X^2$, где $X = \{1,2,3,4,5\}$. Поэтому его диаграмма Хассе получится удалением двух ребер $(1,3)$ и $(1,4)$ и всех петель.

Приведем основные комбинаторные примеры упорядоченных множеств.

Булеан, упорядоченный по вложимости подмножеств. Для $S_n = \{a_1, a_2, \ldots, a_n\}$ рассмотрим его булеан $\mathcal{P}(S_n) = \cup_{k=0}^{n} C^k(S_n)$ и введем на нем бинарное отношение $\subseteq$ по правилу: для элементов булеана $X, Y \in \mathcal{P}(S_n)$ выполняется $X \subseteq Y$ тогда и только тогда, когда X является подмножеством Y. Это бинарное отношение является отношением частичного порядка.

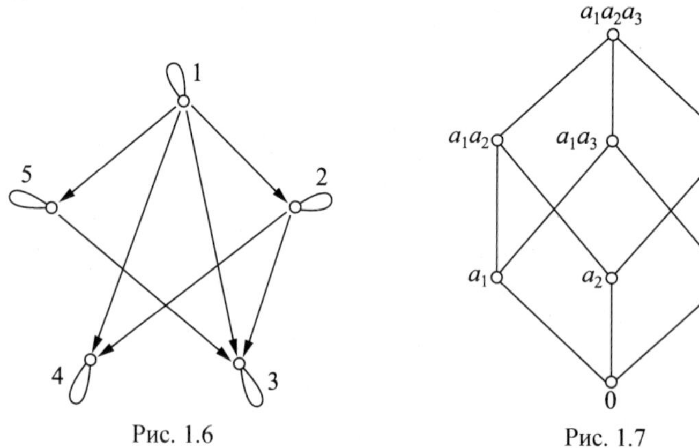

Рис. 1.6 Рис. 1.7

В булеане имеется наименьший элемент, т. е. являющийся подмножеством всех остальных элементов булеана, — это, очевидно, пустое множество $\varnothing$; есть и наибольший элемент, т. е. содержащий в себе в качестве подмножества все остальные элементы булеана, — это, очевидно, само исходное множество S_n. Элементы булеана, содержащиеся в одном $C^k(S_n)$, очевидно, не могут быть вложимы друг в друга как подмножества — так что это антицепь. Интервал $[X, Y]$ в булеане состоит из тех $S \subseteq S_n$, для которых $X \subseteq S \subseteq Y$, и, значит,

$$\big|[X,Y]\big| = \begin{cases} 2^{|Y|-|X|}, & \text{если } X \subseteq Y, \\ 0 & \text{в противном случае.} \end{cases}$$

На рис. 1.7 приведена диаграмма Хассе булеана для $n = 3$. Горизонтальные уровни этой диаграммы состоят из антицепей, а именно из множеств $C^k(S_n)$; вообще уровни диаграммы Хассе определяются как подмножества, элементы которых имеют кратчайший путь до минимальных элементов одной и той же длины.

Натуральные числа, упорядоченные по делимости. На множестве натуральных чисел $\mathbb{N} = \{1, 2, \ldots\}$ рассмотрим бинарное отношение $|$, определяемое по правилу: для $x, y \in \mathbb{N}$ имеет место отношение делимости: $x \mid y \Longleftrightarrow x$ делит y нацело.

Такое бинарное отношение является частичным порядком, обладающим наименьшим элементом — $1 \in \mathbb{N}$, поскольку каждое целое делится на 1 нацело. Ясно, что множество всех простых чисел образует в таком отношении антицепь и все простые числа — атомы. Если $x \mid y$, то $\big|[x, y]\big|$ есть число делителей y, кратных x, так что, хотя само $\mathbb{N}$ бесконечно, $(\mathbb{N}, |)$ локально конечно.

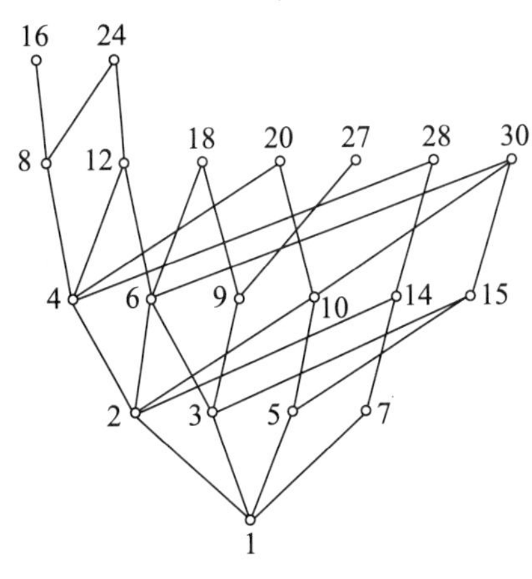

Рис. 1.8

Оказывается, частичные порядки $\subseteq$ и $\mid$ тесно связаны между собой. Чтобы уяснить эту взаимосвязь, рассмотрим начало диаграммы Хассе множества $(\mathbb{N}, |)$, представленное на рис. 1.8. Из этой диаграммы видно, что наименьшим элементом является 1, атомами — простые числа, следующий уровень составляют числа, представимые как произведение двух простых, следующий за ним уровень состоит из чисел, представимых произведением трех простых, и т. д. Если теперь рассмотреть подмножество, состоящее из чисел $\{1, 2, 3, 5, 6, 10, 15, 30\}$, и рассмотреть его как упорядоченное по делимости $|$, то можно убедиться, что его диаграмма Хассе в точности совпадает с диаграммой Хассе булеана $(\mathcal{P}(S_3), \subseteq)$.

Более тесную связь с числами, упорядоченными по делимости, имеет

Булеан мультимножества, упорядоченный по вложимости. Пусть A — конечное мультимножество с основанием $S(A) = \{a_1, a_2, \ldots, a_r\}$ и первичной спецификацией $[k_1, k_2, \ldots, k_r]$, т. е. элемент a_i наличествует в A ровно k_i раз, $i = 1, 2, \ldots, r$. Тогда мощность всего мультимножества A равна $|A| = \sum\limits_{i=1}^{r} k_i = n$, так что

$$A = \sum_{a \in A} C(a) = \sum_{a \in S(A)} k_A(a) C(a) = \sum_{i=1}^{r} k_i C(a_i).$$

На булеане $\mathcal{P}(A)$ для его элементов $X, Y \in \mathcal{P}(A)$ введем бинарное отношение $\subseteq$ по правилу: $X \subseteq Y \Longleftrightarrow \{X$ есть подмультимножество мультимножества $Y\}$.

Связь этого булеана с числами, упорядоченными по делимости, основывается на следующем простом факте. Если $p_1, \ldots, p_r$ — различные простые числа и $M = p_1^{k_1} p_2^{k_2} \ldots p_r^{k_r}$, то частично упорядоченное (по делимости) множество всех натуральных делителей числа M имеет ту же самую диаграмму Хассе, что и булеан $\mathcal{P}(A)$.

Беллиан, упорядоченный по подразбиению. Введенная выше процедура расщепления разбиений множества определяет на беллиане отношение частичного порядка. Будем говорить, что одно разбиение «больше» другого, если второе можно получить из первого расщеплением. Обозначим это отношение знаком $\to$. Например, если $X = \{a, b, c, d\}$, тогда $(ab, cd) \to$ $\to (a, b, c, d)$, поскольку $\{a, b\} =$ $= \{a\} \cup \{b\}$, но $(ac, bd) \nrightarrow (a, b, cd)$, так как объединением блоков второго разбиения нельзя получить блоки первого. Это частично упорядоченное множество также имеет наибольший и наименьший элементы: $(abcd)$ и (a, b, c, d) соответственно. Диаграмма Хассе беллиана, упорядоченного по расщеплению, для трехэлементного множества $\{a, b, c\}$ представлена на рис. 1.9.

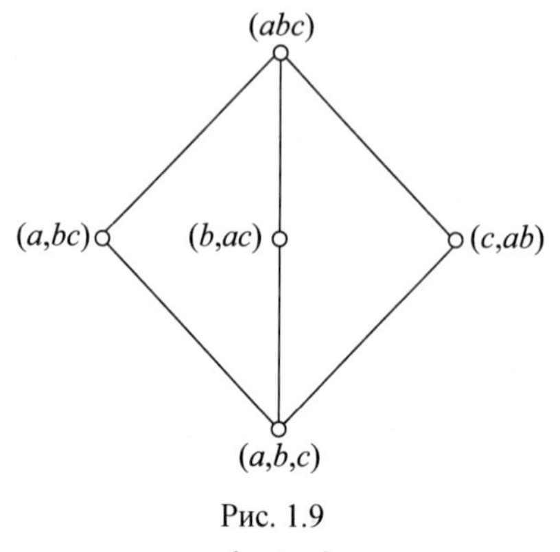

Рис. 1.9

Лексикографический порядок на последовательностях задается по правилу

$$(x_1, x_2, \ldots, x_n, \ldots) \succcurlyeq (y_1, y_2, \ldots, y_n \ldots)$$

тогда и только тогда, когда либо $x_i = y_i$ для всех i, либо существует натуральное число $i \in N$, для которого $x_i > y_i$ и $x_j = y_j$ при $j < i$.

Такое определение остается корректным и для конечных последовательностей одинаковой длины. Лексикографический порядок используется при упорядочении слов в словарях, при условии, что если одно слово короче другого, то последние отсутствующие буквы короткого слова расцениваются как максимальные компоненты, например, «рак» $\succcurlyeq$ «рака». Так что можно применять эту упорядоченность и для последовательностей различных длин.

Бинарными отношениями удобно характеризовать и различимость, и эквивалентность различных объектов.

1.2.7. Отношение эквивалентности. Говорят, что на множестве X задано *отношение эквивалентности* R, если $R \subseteq X^{(2)}$ и R обладает свойством рефлексивности, симметричности и транзитивности. Отношение эквивалентности на множестве X порождает некоторое разбиение этого множества, блоки которого называются *классами эквивалентности*. Так, равенство $(=)$ является отношением эквивалентности и разбивает любое множество на одноэлементные классы эквивалентности, а конечное мультимножество — на классы эквивалентности, состоящие из повторяющихся копий одного элемента, в количестве кратностей этих элементов в мультимножестве; так что объемы классов эквивалентности в этом случае совпадают с первичной классификацией мультимножества. В случае произвольного отношения эквивалентности любые два элемента из одного класса эквивалентности взаимно эквивалентны (попарно сравнимы), а элементы из разных классов неэквивалентны (несравнимы). Следовательно, любое разбиение множества однозначно определяет некоторое отношение эквивалентности на этом множестве.

Фактормножеством по заданному отношению эквивалентности R называется множество всех классов эквивалентности этого отношения. Пусть в качестве примера на множестве натуральных чисел отношение эквивалентности задается по правилу: xRy, если x и y имеют одинаковую четность. Это порождает два класса эквивалентности, именно четных и нечетных чисел, следовательно, фактормножество состоит из двух элементов.

1.3. Комбинаторные схемы

Комбинаторные схемы — это наиболее типичные и часто используемые на практике типы комбинаторных соединений. Использование той или иной комбинаторной схемы предопределяется исходной постановкой задачи и избранным методом ее решения.

Среди простейших комбинаторных схем наиболее употребительны две — сочетания и размещения. Обе эти схемы легче осмыслить, привлекая еще одно естественное понятие — понятие выбора, именно как действие выбора каких-либо объектов из заданной совокупности. Итак,

r-сочетание из n элементов — это результат выбора r элементов из этих n элементов без учета их порядка;

r-размещение из n элементов — это результат выбора r элементов из этих n элементов с учетом их порядка.

Когда выбор производится из множества, то все n исходных элементов различны и r-сочетание является r-элементным подмножеством, а r-размещение при $r = n$ — перестановкой исходных элементов.

Наряду с естественным понятием выбора систематизацию простейших комбинаторных схем обеспечивает и предлагаемая в табл. 1.1 схема.

Схема списка. Простейшим комбинаторным соединением каких-либо объектов является их список, т. е. изображение этих объектов символами — элементами списка (обычно строчной записью $(a_1, a_2, \dots, a_i, \dots)$). Так, множество, заданное списком своих элементов, оказывается таким комбинаторным соединением. Множество состоит из различных элементов, очередность которых несущественна; комбинирование важнейшими атрибутами множества, в том числе различимостью и очередностью, составляет методологическую основу комбинаторики и порождает для списков все простейшие комбинаторные схемы.

Списки различных элементов, очередность которых несущественна: множества, сочетания. Например, $\{1, 2\}$, $\{1, 3\}$ и $\{2, 3\}$ суть все 2-сочетания из множества $\{1, 2, 3\}$. Число всех r-сочетаний из n-элементного множества равно значению биномиального коэффициента $C_n^r = n!/(r!(n-r)!)$.

Списки необязательно различных элементов, очередность которых несущественна: мультимножества, сочетания с повторениями, набор, совокупность, семейство. Например, $\{1, 1\}$, $\{1, 2\}$, $\{1, 3\}$, $\{2, 2\}$, $\{2, 3\}$ и

Таблица 1.1

типы списка по: различимости / упорядоченности	без повторений	с любым числом повторений	тип размещения дробинок
неупорядоченные	C_n^k	C_{n+k-1}^k	неразличимые
упорядоченные	$n!/(n-k)!$	n^k	различимые
выборки / тип выбора	без возвращения	с возвращения	

$\{3,3\}$ суть все 2-сочетания с повторениями из трех элементов $\{1,2,3\}$, или, иначе, — все двухэлементные подмультимножества мультимножества $\{1^2,2^2,3^2\}$. Число всех r-сочетаний с повторениями (без ограничений на число повторений) из n различных элементов равно C_{n+r-1}^r.

Списки различных элементов, чья очередность существенна: размещения, перестановки. Например, $\{1,2\}$, $\{1,3\}$, $\{2,3\}$, $\{2,1\}$, $\{3,1\}$ и $\{3,2\}$ суть все 2-размещения из трех элементов $\{1,2,3\}$; а $(1,2,3)$, $(1,3,2)$, $(2,1,3)$, $(2,3,1)$, $(3,1,2)$ и $(3,2,1)$ суть все перестановки множества $\{1,2,3\}$. Число всех r-размещений из n элементов равно $r!C_n^r$ и, стало быть, число всех перестановок n-элементного множества равно $n!$

Списки необязательно различных элементов, чья очередность существенна: размещения с повторениями, перестановки с повторениями, последовательности, векторы, кортежи. Например, $(1,1)$, $(1,2)$, $(2,1)$, $(1,3)$, $(3,1)$, $(2,2)$, $(3,3)$, $(2,3)$ и $(3,2)$ суть все 2-размещения с повторениями из трех элементов $\{1,2,3\}$. Число всех r-размещений с повторениями (без ограничений на число повторений) из n различных элементов равно n^r.

Такая систематизация позволяет изображать простейшие комбинаторные схемы и их важнейшие численные характеристики в виде табл. 1.1, демонстрирующей эквивалентность сразу нескольких комбинаторных схем:

- схема k-элементных списков из n различных объектов;
- схема размещений k дробинок по n различным ячейкам;
- урновая схема выбора k шаров из n различных шаров.

Численные значения в клетках таблицы означают количества соответствующих комбинаторных соединений.

Таблица 1.2. иллюстрирует следующие схемы:

- схема размещений n частиц по k ячейкам без пустых ячеек;
- схема разбиений n объектов на k непустых блоков;
- схема представлений натурального n суммой k натуральных слагаемых.

Таблица 1.2

типы частиц \ ячеек		различимые	неразличимые
различимые	упорядоченные в ячейках и блоках	$n=3, k=2$ (a, bc) (bc, a) (a, cb) (cb, a) (b, ac) (ac, b) (b, ca) (ca, b) (c, ab) (ab, c) (c, ba) (ba, c)	$n=3, k=2$ (a, bc) (a, cb) (b, ac) (b, ca) (c, ab) (c, ba)
	неупорядоченные в ячейках и блоках	$n=4, k=2$ (a, bcd) (bcd, a) (b, acd) (acd, b) (c, abd) (abd, c) (d, abc) (abc, d) (ab, cd) (cd, ab) (ac, bd) (bd, ac) (ad, bc) (bc, ad)	$n=4, k=2$ (a, bcd) (ab, cd) (b, acd) (ac, bd) (c, abd) (ad, bc) (d, abc)
неразличимые		$n=6, k=3$ (4, 1, 1) (1, 4, 1) (1, 1, 4) (3, 2, 1) (3, 1, 2) (1, 3, 2) (2, 3, 1) (2, 1, 3) (1, 2, 3) (2, 2, 2)	$n=6, k=3$ (4, 1, 1) (3, 2, 1) (2, 2, 2)
тип объектов \ блоков		упорядоченные	неупорядоченные

Итак, изложенные здесь схемы (список, выбор, размещения, разбиения, урновые) позволили систематизировать все элементарные комбинаторные соединения. Однако не для любой задачи существующие комбинаторные схемы обеспечивают унифицированное решение, оставляя тем самым неосуществимым лейбницевский замысел создания некой всеобъемлющей комбинаторной схемы, хотя термин «общая комбинаторная схема» уже «оккупирован»; эта комбинаторная схема, по существу, представляет собой то же, что и таблицы 1.1 и 1.2, с той лишь разницей, что конкретное содержимое клеток последних заменяют общие «механизмы», моделирующие исходные комбинаторные условия и типы, и способы вычисления требуемых численных характеристик (преимущественно методом производящих функций или иными перечисленными методами). Подробней с общей комбинаторной схемой можно познакомиться в работах [60, 62].

Таким образом, понятие комбинаторной схемы включает в себя практический положительный опыт унифицированного подхода к тому или иному кругу комбинаторных задач.

1.4. Бинарные функции на упорядоченных множествах

Используя возможность построения алгебры инциденций без обращения к аксиомам транзитивности и антисимметричности, мы показываем, что принцип обращения Мёбиуса, установленный для частично упорядоченных множеств, переносится на более широкий класс множеств. [1]

1.4.1. Упорядоченные множества. Пусть P — некоторое множество; его элементы будут обозначаться малыми буквами p, p_i, x, y, $z, \ldots$. Пусть $\leqslant$ обозначает некоторое бинарное отношение, заданное на P; здесь будут рассматриваться бинарные отношения, которые удовлетворяют аксиоме рефлексивности:

1. $x \leqslant x \quad \forall x \in P$

и, быть может, еще каким-то из следующих:

2. если $x \leqslant y$ и $y \leqslant x$, то $x = y \quad \forall x, y \in P$ (антисимметричность);
3. если $x \leqslant y$ и $y \leqslant z$, то $x \leqslant z \quad \forall x, y, z \in P$ (транзитивность);
4. $\forall x, y \in P$ либо $x \leqslant y$, либо $y \leqslant x$ (линейность).

Всякое множество P с любым бинарным отношением $\leqslant$ такого типа будем называть *упорядоченным множеством* и обозначать $(P, \leqslant)$, а само бинарное отношение будем именовать *порядком*. Приведем список всех различных порядков и их наименований (вместе с разночтениями), причем разночтения, заключенные в скобки, использоваться не будут:

1 — рефлексивный порядок, или просто порядок;
1, 2 — слабый порядок;
1, 2, 3 — частичный порядок (порядок);
1, 2, 3, 4 — тотальный (линейный, совершенный, полный) порядок;
1, 3 — квазипорядок;
1, 4 — сравнимый порядок;
1, 2, 4 — строго сравнимый порядок;
1, 3, 4 — транзитивно сравнимый порядок.

Будем говорить, что какой-то порядок является *собственным*, если он не удовлетворяет никаким другим аксиомам (из этих четырех), кроме своих собственных, так что тотальный порядок всегда является собственным. Нетрудно привести примеры собственно упорядоченных множеств для всех перечисленных выше типов порядка, причем и для собственно упорядоченных множеств встречаются специальные наименования: так, множество, удовлетворяющее только аксиомам 1, 2 и 4, иногда называют *турниром*, а удовлетворяющее аксиомам 1, 2, 3 и 4 — транзитивным *турниром*.

Для краткости вместо наименования порядка будет иногда использоваться формульная запись типа $(P, \leqslant) = P(1, 2, \ldots)$, которая в данном случае означает, что P слабо упорядочено, а запись $P(1, 2)$ означает, что P собственно слабо упорядочено.

---

[1] *Стечкин Б. С.* Бинарные отношения на упорядоченных множествах (теоремы обращения) // Труды МИАН СССР. CXLIII.— М.: Наука, 1977.

Нулем множества $(P, \leqslant)$, обозначаемым 0_P, называется элемент из P, для которого

$$0_P \leqslant x \qquad \forall x \in P;$$

единицей называется элемент $1_P \in P$, для которого

$$1_P \geqslant x \qquad \forall x \in P.$$

Цепью в упорядоченном множестве $(P, \leqslant)$ называется всякая последовательность его элементов $C = \{p_i\}$, в которой каждый последующий член меньше предыдущего, т. е.

$$p_i > p_{i+1}.$$

Упорядоченное множество может обладать и *замкнутыми цепями*, т. е. цепями вида

$$p_1 > p_2 > \cdots > p_i > p_1 \qquad (i \geqslant 2).$$

Замкнутые цепи естественно именовать циклами. Будем говорить, что цепь является цепью типа f, или *f-цепью*, если она обладает либо нулем, либо единицей (как упорядоченное множество). *Длиной* конечной цепи C будем называть число [2)]

$$d(C) = |C| - 1.$$

Ясно, что если $(P, \leqslant) = P(1, 2, \dots)$, то всякий цикл содержит не менее трех элементов, а при $(P, \leqslant) = P(1, 2, 3, \dots)$ любая цепь тотально упорядочена и не является циклом. *Интервалом* (*сегментом*) $[x, y]$ в множестве $(P, \leqslant)$ называется его подмножество

$$[x, y] = \bigl\{z \in P \colon x \leqslant z \leqslant y\bigr\}.$$

Интервал называется *замкнутым*, если $x, y \in [x, y]$, и *незамкнутым* в противном случае. Ясно, что интервал $[x, y]$ замкнут тогда и только тогда, когда $x \leqslant y$, поэтому в $P(1, 3, \dots)$ всякий интервал либо пуст, либо замкнут. Упорядоченное множество называется локально конечным, если всякий его интервал конечен. Под *ацикличностью* будем понимать отсутствие циклов; локальная ацикличность будет означать ацикличность всех замкнутых интервалов, а *f-ацикличность* — отсутствие f-цепей с циклами.

1.4.2. Бинарные функции на $(P, \leqslant)$. Будут рассматриваться только действительнозначные функции; множество всех таких функций от двух переменных, определенных на P^2, обозначим через $A(P)$. Если функция $f \in A(P)$ связана с введенным на P бинарным отношением $\leqslant$, то будем называть ее *бинарной*. Простейшими примерами бинарных функций могут служить *дельта-функция Кронекера*

$$\delta(x, y) = \chi_{\{x=y\}} \qquad \forall x, y \in P,$$

[2)] Подсчет элементов в цепи производится с учетом их кратностей в этой цепи.

функция порядка

$$\zeta(x, y) = \chi_{\{x=y\}} \qquad \forall x, y \in P,$$

называемая также *дзета-функцией множества* $(P, \leqslant)$, и *функция строгого порядка*

$$\eta(x, y) = \zeta(x, y) - \delta(x, y)$$

($\chi_{\{\}}$ обозначает индикатор события, заключенного в скобки).

Если $(P, \leqslant)$ — упорядоченное множество, то множество $AI(P) = A_\zeta(P, \leqslant)$ всех бинарных функций на $(P, \leqslant)$ определим как подмножество функций из $A(P)$, допускающих представление

$$f(x, y) = f(x, y)\zeta(x, y) \qquad \forall x, y \in P, \tag{I}$$

т. е. функция f может принимать ненулевые значения лишь на парах $x \leqslant y$, или иначе — замкнутых интервалах, а в остальных случаях ее значения равны нулю. Легко видеть, что функции δ, ζ и η отвечают условию (I).

Сразу отметим, что если в представлении (I) заменить дзета-функцию на некоторую фиксированную функцию $\lambda(x, y)$, причем $\lambda(x, x) = 1\ \forall x \in P$, т. е. рассмотреть множество функций $A_\lambda(P, \leqslant) \subseteq A(P)$, которые могут принимать ненулевые значения лишь на тех парах x, y, для которых $\lambda(x, y) = 1$, то это эквивалентно тому, что рассматривается $AI(P)$ с некоторым новым порядком на P; именно, вводя новый порядок $\preceq$ по правилу

$$x \preceq y \Longleftrightarrow \lambda(x, y) = 1,$$

находим, что $A_\lambda(P, \leqslant) = A_\zeta(P, \preceq)$.

Вообще ограничение о непременной исполнимости аксиомы 1 не столь уж существенно и отказ от него не приводит к серьезным изменениям получаемых ниже результатов, в то время как ее выполнение позволяет местами избегнуть громоздких вычислений. Это связано с тем, что на P задано на самом деле два бинарных отношения: «порядок» ($\leqslant$) и отношение эквивалентности «равенство» ($=$), а дельта Кронекера, играющая в дальнейшем большую роль, определяется именно как функция только второго отношения.

1.4.3. Операции над функциями. Прежде всего введем на множестве $A(P)$ две простые операции.

Умножение на скаляр. Если $\alpha \in \mathbb{R}^1$, $f \in A(P)$, то

$$\alpha \circ f = \alpha f(x, y).$$

Сложение. Если $f, g \in A(P)$, то

$$f + g = f(x, y) + g(x, y).$$

Легко видеть, что $AI(P)$ замкнуто относительно этих операций. Теперь на множестве $AI(P)$, где P — локально конечно, введем общую операцию, модификации которой будут использоваться на протяжении всей работы.

K-свертка. Если $f, g \in AI(P)$, то

$$f * g = \sum_{z \in P} f(x,z)K(x,z,y)g(z,y),$$

где $K(x,z,y)$ — некоторая функция (из P^3 в $\mathbb{R}^1$), именуемая *ядром свертки*. Так как $f, g \in AI(P)$, то

$$f * g(x,y) = \sum_{z} f(x,z)\zeta(x,z)K(x,z,y)\zeta(z,y)g(z,y) = \\ = \sum_{x \leqslant z \leqslant y} f(x,z)K(x,z,y)g(z,y);$$

значит, в силу локальной конечности P свертка определена корректно. *Корректным ядром* будем называть всякое ядро, допускающее представление

$$K(x,z,y) = \zeta(x,z)K(x,z,y)\zeta(z,y) \qquad \forall x,y,z \in P;$$

т. е. K может принимать ненулевые значения только на цепях [3] $x \leqslant z \leqslant \leqslant y$. Операция свертки позволяет ввести понятия единичной и обратной функций; именно (правой) единичной функцией относительно K-свертки называется такая функция $e \in AI(P)$, что для любой функции $f \in AI(P)$ выполняется равенство

$$f * e(x,y) = f(x,y) \qquad \forall x,y \in P.$$

Обратная функция. Если $f \in AI(P)$, то (*правой*) *обратной* к ней называется всякая функция $g = f^{-1}$, для которой

$$f * g(x,y) = e(x,y) \qquad \forall x,y \in P,$$

где e — некоторая единичная функция. В частности, функция, обратная к дзета-функции, называется *мёбиус-функцией* и обозначается $\mu(x,y)$, причем, как правило, это будет обратная в смысле дельты как единичной функции.

1.4.4. Устойчивые ядра. Понятно, что $AI(P)$ не всегда замкнуто относительно операций свертки и взятия обратной. Постараемся подобрать такую модификацию свертки, чтобы для данного локально конечного P:

а) $AI(P)$ было замкнуто относительно свертки,

б) дельта являлась единичной функцией,

в) существовала мёбиус-функция.

Свертки (и их ядра), которые удовлетворяют условиям а), б) и в), будем называть *устойчивыми на P*; если, кроме того, мёбиус-функция принадлежит $AI(P)$, то такие свертки (ядра) будем называть *мёбиус-устойчивыми на P*.

[3] Очевидно, что корректные ядра позволяют вводить операцию * на всем $A(P)$.

Критерий выполнимости свойства а) дает

Предложение 1. *Множество $AI(P)$ замкнуто относительно K-свертки тогда и только тогда, когда*

$$K(x,z,y) = K(x,z,y)\zeta(x,y) \qquad \forall x,y,z \in P, \quad z \in [x,y]. \qquad \text{(K1)}$$

Доказательство. Достаточность.

$$f * g(x,y) = \sum_{x \leqslant z \leqslant y} f(x,z)K(x,z,y)g(z,y) =$$

$$= \sum_{x \leqslant z \leqslant y} f(x,z)K(x,z,y)\zeta(x,y)g(z,y) =$$

$$= \zeta(x,y)\sum_{z} f(x,z)K(x,z,y)g(z,y) = \zeta(x,y) f * g(x,y).$$

Необходимость. При допущении, что $AI(P)$ замкнуто, отталкиваясь от противного, находим, что если

$$K(x_0,z_0,y_0) \neq K(x_0,z_0,y_0)\zeta(x_0,y_0), \qquad z_0 \in [x_0,y_0],$$

то $K(x_0,z_0,y_0) \neq 0$ и, значит, $1 \neq \zeta(x_0,y_0)$, то есть, $x_0 \nleqslant y_0$. Но тогда функции $f_0(x,y) = \delta(x,x_0)\delta(y,z_0)$ и $g_0(x,y) = \delta(x,z_0)\delta(y,y_0)$, с одной стороны, принадлежат $AI(P)$, а с другой — их свертка в точке (x_0,y_0) отлична от нуля, так как

$$f_0 * g_0(x_0,y_0) = \sum_{z} \delta(x_0,x_0)\delta(z,z_0)K(x_0,z,y_0)\delta(z,z_0)\delta(y_0,y_0) =$$

$$= \sum_{z} \delta(z,z_0)K(x_0,z,y_0) = K(x_0,z_0,y_0) \neq 0,$$

а это противоречит замкнутости $AI(P)$, что и требовалось доказать.

Следствие 1. *Множество $AI(P(1,3,\ldots))$ замкнуто относительно любой корректной свертки.*

Действительно, по определению корректного ядра и в силу транзитивности

$$K(x,z,y) = K(x,z,y)\zeta(x,z)\zeta(z,y) \leqslant K(x,z,y)\zeta(x,y);$$

но так как $1 \geqslant \zeta(x,y)$, то

$$K(x,z,y) \geqslant K(x,z,y)\zeta(x,y)$$

и, значит,

$$K(x,z,y) = K(x,z,y)\zeta(x,y).$$

Что же касается условия б), то его выполнение влечет весьма жесткие условия на ядро.

Предложение 2. *Дельта функция является единичной относительно K-свертки с ядром $K(x,z,y)$ тогда и только тогда, когда*

$$K(x,z,y) = 1 \qquad \forall x, y \in P, \qquad x \leqslant y. \tag{K2}$$

Доказательство. Достаточность. Если $f \in AI(P)$, то

$$f * \delta(x,y) = \sum_z f(x,z)K(x,z,y)\delta(z,y) = \\ = \zeta(x,y)K(x,y,y)f(x,y) = \zeta(x,y)f(x,y) = f(x,y).$$

Необходимость. При условии, что δ — единичная функция, отталкиваясь от противного, находим, что если $K(x_0, z_0, y_0) \neq 1$ при $x_0 \leqslant y_0$, то функция $f_0(x,y) = \delta(x,x_0)\delta(y,y_0)$, с одной стороны, принадлежит $AI(P)$, а с другой стороны, ее свертка с дельтой не равна ей в точке (x_0, y_0), так как

$$f_0 * \delta(x_0,y_0) = \sum_z \delta(x_0,x_0)\delta(z,y_0)K(x_0,z,y_0)\delta(z,y_0) = \\ = \sum_z \delta(z,y_0)K(x_0,z,y_0) = K(x_0,y_0,y_0) \neq 1 = f_0(x_0,y_0),$$

а это противоречит единичности дельты-функции, что и требовалось доказать.

Совершенно аналогично можно показать, что дельта является левой единичной тогда и только тогда, когда

$$K(x,x,y) = 1 \qquad \forall x, y \in P, \qquad x \leqslant y. \tag{2K}$$

Достаточные условия мёбиус-устойчивости в классе слабо упорядоченных множеств дает

Лемма (об обратной функции). *Пусть $(P, \leqslant) = P(1, 2, \dots)$ — локально конечное f-ацикличное слабо упорядоченное множество, и пусть ядро $K(x,z,y)$ удовлетворяет условиям* (K1) *и* (K2), *причем*

$$K(x,x,y) \neq 0 \qquad \forall x, y \in P, \qquad x \leqslant y. \tag{K3}$$

Тогда функция $f \in AI(P)$ имеет обратную (в смысле дельты) функцию $f^{-1} \in AI(P)$ тогда и только тогда, когда

$$f(x,x) \neq 0 \qquad \forall x \in P.$$

Доказательство леммы почти тождественно повторяет доказательство леммы 2.2.1 из [94]; проводимое по индукции, оно немедленно следует из возможности рекуррентного представления f^{-1} в форме

$$f^{-1}(x,y) = \frac{\delta(x,y)}{f(x,x)} - \sum_{\substack{x < z \leqslant y \\ x \leqslant y}} \frac{f(x,z)K(x,z,y)}{f(x,x)K(x,z,y)} f^{-1}(z,y);$$

отсюда, в частности, следует, что $f^{-1} \in AI(P)$. Надо отметить, что наличие антисимметричности и f-ацикличности существенно, без них индукционный переход не всегда корректен.

Следствие 2. *Если на f-ацикличном $P(1, 2, \dots)$ задано* К1-*ядро, для которого дельта является как правой, так и левой единицей, то $f \in AI(P)$ имеет обратную тогда и только тогда, когда*

$$f(x, x) \neq 0 \qquad \forall x \in P.$$

В частности, ядро $K(x, z, y) = \zeta(x, y)$ мёбиус-устойчиво на всяком f-ацикличном слабо упорядоченном множестве. Впрочем, можно показать, что ζ может быть мёбиус-устойчивым ядром и на $P(1, 2, \dots)$.

Ясно, что в общем случае вопрос о существовании мёбиус-функции эквивалентен вопросу о разрешимости системы уравнений

$$\zeta * \mu(x, y) = \delta(x, y), \qquad x, y \in P,$$

относительно неизвестных μ. В свою очередь, для случая конечного P точный критерий разрешимости такой системы может быть выписан в терминах миноров.

1.4.5. Новые ядра на $P(1, 2, 3, \dots)$. Ранее на частично упорядоченных множествах в общем случае рассматривалось только единичное ядро $K \equiv 1$, которое, конечно, мёбиус-устойчиво на $P(1, 2, 3, \dots)$. Эффективные расширения (области ядер) достигались только на множествах $P(1, 2, 3, \dots)$ специального вида.[4] Полученные здесь точные условия устойчивости позволяют вводить новые ядра, не умаляя общности $P(1, 2, 3, \dots)$. Рассмотрим некоторые из них.

Пусть $K(x, z, y) = |[z, y]|$, т. е. равно мощности интервала $[z, y]$. Очевидно, что условия (K1), (K2) и (K3) для этого ядра выполнены и, значит, оно мёбиус-устойчиво, а сама мёбиус-функция определяется из условия

$$\mu(x, y) = \delta(x, y) - \sum_{x < z \leqslant y} \frac{|[z, y]|}{|[x, y]|} \mu(z, y). \tag{1}$$

В частности, если $P(1, 2, 3, \dots)$ — частично упорядоченное множество всех подмножеств множества $S_n = \{a_1, \dots, a_n\}$, упорядоченных по включению, то

$$|[z, y]| = 2^{|y| - |z|} \zeta(z, y) \quad \text{и} \quad \mu(x, y) = \left(-\frac{1}{2}\right)^{|y| - |x|} \zeta(x, y). \tag{2}$$

Пусть $r(x, y)$ обозначает длину наибольшей цепи с «нижним» концом x и «верхним» y. Тогда следующие функции также могут служить примерами

[4] *Popa F. I.* Generalized convolution ring of arithmatic function.— Pacif. J. Math.— 1975.— 61.— 1.— P. 103–116.

мёбиус-устойчивых ядер на частично упорядоченном множестве:

$$K(x,z,y) = r(z,y) + \zeta(z,y); \tag{3}$$

$$K(x,z,y) = q^{r(x,y)}, \qquad q \in \mathbb{N}; \tag{4}$$

$$K(x,z,y) = \binom{|[x,y]|}{|[z,y]| \cdot | - 1|}; \tag{5}$$

$$K(x,z,y) = \binom{|[x,y]|}{|[x,z]| \cdot |[z,y]|}. \tag{6}$$

Перечисление и классификация устойчивых (мёбиус-устойчивых) ядер позволяет, в частности, перечислять и классифицировать обычные комбинаторные тождества (и их обращения).

1.4.6. Принцип обращения. Пусть на множестве всех бинарных функций $AI(P)$ задана K-свертка посредством ядра $K(x,z,y)$.

Теорема 1. *Пусть $(P, \leqslant) = P(1, \dots)$ — локально конечное рефлексивно упорядоченное множество с нулем 0_P; пусть на P^2 заданы функции $f, g, \lambda, \varkappa \in A(P)$, связанные соотношениями*

$$g(y,x) = \sum_{z \leqslant y^z} f(z,x) K(z,y,x) \qquad \forall x, y \in P, \tag{7}$$

$$\zeta * \zeta\lambda(x,y) = \delta(x,y)\varkappa(x,y) \qquad \forall x, y \in P. \tag{8}$$

Тогда

$$f(x,x)\varkappa(x,x) = \sum_{y \leqslant x} g(y,x)\lambda(y,x). \tag{9}$$

Доказательство. Поскольку $0_p \in P$, то в силу локальной конечности $(P, \leqslant)$ все суммы определены корректно, поэтому

$$\begin{aligned}
\sum_{y \leqslant x^y} g(y,x)\lambda(y,x) &= \sum_{y \leqslant x^y} \Big(\sum_{z \leqslant x^z} f(z,x) K(z,y,x) \Big) \lambda(y,x) = \\
&= \sum_{y \leqslant x^y} \sum_{z} f(z,x)\zeta(z,y) K(z,y,x)\lambda(y,x) = \\
&= \sum_{z} f(z,x) \sum_{y} \zeta(z,y) K(z,y,x) \zeta(y,x)\lambda(y,x) = \\
&= \sum_{z} f(z,x)(\zeta * \zeta\lambda(z,x)) = \\
&= \sum_{z} f(z,x)\delta(z,x)\varkappa(z,x) = f(x,x)\varkappa(x,x),
\end{aligned}$$

что и требовалось доказать.

Очевидно, что условие наличия нуля можно заменить условием конечности сумм типа (7) и (9).

Если $(P, \leqslant) = P(1, 2, \ldots)$, то $\varkappa(x, x) = K(x, x, x)\lambda(x, x)$, а если δ — единичная функция относительно K-свертки, то $\varkappa(x, x) = \lambda(x, x)$.

Если $\varkappa \equiv 1$, то $\zeta\lambda = \mu$, а если $\lambda \in AI(P)$, то $\zeta\lambda = \lambda = \mu$. Если K — мёбиус-устойчивое ядро, то при $\varkappa \equiv 1$ всегда можно подобрать $\lambda \in AI(P)$, удовлетворяющую условию (8); в этом же случае условие мёбиус-устойчивости может быть заменено условием корректности и устойчивости ядра K. Примечательно, что в случае $\varkappa \equiv 1$ и $(P, \leqslant) = P(1, 2, \ldots)$ существуют такие $P(1, 2)$, для которых условие (8) выполнено при $K \equiv 1$ и «обычном» μ:

$$\mu(x, y) = \begin{cases} 1, & x = y, \\ -\sum\limits_{x < z \leqslant y} \mu(z, y), & x < y, \\ 0, & x \nleqslant y. \end{cases} \tag{10}$$

Примером такого $P(1, 2)$ без циклов может служить множество, приведенное на рисунке (наличие стрелки эквивалентно строгому неравенству $>$). Ясно, что оно нетранзитивно, а непосредственная проверка удостоверяет выполнение условия (8). Если провести стрелку от a к b, то получится множество с циклами, которое по-прежнему удовлетворяет условию (8).

Наконец, если положить $(P, \leqslant) = P(1, 2, 3, \ldots)$, $K \equiv 1$, $\varkappa = 1$, $f(z, x) = f(z)$, то $\lambda = \mu \in AI(P)$ и теорема 1 являет собой известный принцип обращения Мёбиуса для частично упорядоченных множеств.

1.4.7. Вычисление μ на $P(1, 2, \ldots)$. Всюду далее $(P, \leqslant) = P(1, 2, \ldots)$ будет обозначать локально конечное f-ациклічное слабо упорядоченное множество; зададим на множестве всех бинарных функций $AI(P)$ свертку посредством ядра $K(x, z, y) = \zeta(x, y)$. Тогда это множество $AI(P)$ вместе с введенными на нем операциями сложения, умножения на скаляр и ζ-свертки образуют алгебру с единицей δ.

Пусть $\tau_0(x, k, y)$ обозначает число цепей длины k с начальным элементом y и нулевым элементом x в множестве $(P, \leqslant)$. Способ вычисления значений мёбиус-функции, отличный от непосредственного раскрытия рекуррентности, дает

Теорема 2. *Пусть $(P, \leqslant) = P(1, 2, \ldots)$ — локально конечное f-ациклическое слабо упорядоченное множество; тогда*

$$\mu(x, y) = \sum_{k \geqslant 0} (-1)^k \tau_0(x, k, y) \qquad \forall x, y \in P. \tag{11}$$

Доказательство. Введем обозначение

$$f^{(n)} = \underbrace{(\ldots((f * f) * \cdots * f) * f}_{n},$$

причем примем, что $f^{(0)} = \delta$. Тогда в силу того, что $AI(P)$ — алгебра, немедленно находим

$$\mu = \zeta^{-1} = (\delta + \eta)^{-1} = \delta - \eta^{(1)} + \eta^{(2)} - \eta^{(3)} + \ldots,$$

то есть,

$$\mu(x, y) = \sum_{k \geqslant 0} (-1)^k \eta^{(k)}(x, y) \qquad \forall x, y \in P. \tag{12}$$

А так как нетрудно проверить, что

$$\eta^{(k)} = \tau_0(x, k, y) \qquad (k \geqslant 0),$$

то получаем требуемое.

Надо заметить, что формула (11) дает значения только для левой функции Мёбиуса; совершенно аналогичная формула для правой функции Мёбиуса имеет вид

$$\mu(x, y) = \sum_{k \geqslant 0} (-1)^k \tau_1(x, k, y); \tag{11$'$}$$

здесь $\tau_1(x, k, y)$ обозначает число цепей (в P) длины k с наибольшим элементом y и конечным x.

В частности, если $P = P(1, 2, 3, \ldots)$, то $\tau_0 = \tau_1$, формулы (11) и (11′) совпадают и являют собой теорему Ф. Холла.[5] Примечательно, что даже если ζ-ядро мёбиус-устойчиво на локально конечном $P(1, 2, \ldots)$ (не обязательно f-ацикличном; такое, как отмечалось выше, возможно), то тем не менее f-ацикличность в теореме 2 существенна, поскольку наличие цикла в f-цепи влечет бесконечность числа слагаемых в (11) и, в частности, приводит к тождествам типа

$$\frac{1}{2} = \sum_{k=0}^{\infty} (-1)^k. \tag{13}$$

1.4.8. Замечания и обобщения. Специальный интерес представляет изучение биядер (ядер, принимающих значения 0 и 1), поскольку их всегда можно рассматривать как сужение области суммирования в соответствующих свертках.

Небезынтересны также разложимые ядра, т. е. допускающие разложение

$$K(x, z, y) = K'(x, z) Q(x, z, y) K''(z, y),$$

поскольку через посредство порождаемых ими тождеств типа

$$f \underset{K}{\rightarrow} *g = fK' \underset{Q}{\rightarrow} *K''g$$

просматривается связь между соответствующими алгебрами функций.

---

[5] *Hall P.* A contribution of theory of groups of prime power order.— Proc. London Math. Soc. Ser. B.— 1933.— 36.— P. 29–95.

Наконец, по аналогии с бинарным можно рассматривать двухместное отношение на множествах X и Y (определяемое или подмножеством из $X \times Y$, или многозначным отображением из X в Y), которое, конечно, в случае $X = Y$ является бинарным. Особенный интерес здесь, по-видимому, представляют случаи, когда помимо заданных между X и Y многозначных отображений имеются бинарные отношения и на самих X и Y.

1.5. Некоторые свойства простых чисел

1.5.1. По одному из древних преданий Прометей украл у богов не только огонь, но и числа; и то и другое отдал он людям. Натуральные числа $\{1, 2, 3, \ldots, n, \ldots\} = \mathbb{N}$ отражают практику пересчета. Со временем натуральный ряд $\mathbb{N}$ пополнялся: нулем, отрицательными числами и т. д. Что, в частности, отразилось в русском языке — слово «цифра» происходит от арабского названия нуля — «аль-зифр».

Именно практика пересчета позволяет каждое натуральное число понимать, по словам Диофанта Александрийского, «как некоторое количество единиц». Однако он же употреблял геометрические трактовки: в своих трактатах «Арифметика» и «О многоугольных числах» Диофант пишет: «Среди чисел есть треугольные, квадратные, прямоугольные, кубичные, квадрато-квадраты, квадрато-кубы и т. д.»

В противоположность «хорошим геометрическим» числам выделяются *простые* числа:

– делящиеся нацело лишь на самое себя и единицу и большие 1;
либо, что эквивалентно:

– не представимые суммой равных чисел, больших единицы:

$$\mathcal{P} = \{2, 3, 5, 7, 11, 13, 17, 19, 23, \ldots\}.$$

1.5.2. Уже древние (по крайней мере с Евклида) чувствовали важность простых чисел: и что их бесконечно много, и что каждое натуральное (> 1) однозначно представимо произведением некоторых простых, и, наконец, что простые из натурального ряда можно выделять достаточно быстро, а именно последовательным вычеркиванием всех чисел, кратных данному, с оставлением этого данного, если оно уже не зачеркнуто (так называемое «решето Эратосфена»).

Все это естественно порождало круг вопросов о простых.

I. Как «устроено» само множество простых?

II. Как «устроены взаимоотношения» между простыми и не простыми?

Основное содержание этих двух проблемных направлений составляют конкретные задачи вместе с порожденными ими общими методами, т. е. задачи классические. Помимо того имеется ряд совершенно практических вопросов, с течением времени все более значимых в связи с той деятельностью, которая предъявляла «большие числа». [6]

---

[6] Последнее словосочетание в славянской культуре до XVII в. употреблялось для системы «великих чисел» вплоть до самого большого числа — «колоды» —

Быстродействие вычислительных машин не безгранично, а по ряду параметров уже подходит к физическим пределам, поэтому умножение быстродействия становится делом все более теоретическим и не только инженерным, но и теоретико-числовым.

III. Почему «легко» проверить простоту большого (125 десятичных знаков) числа и «трудно» разложить столь же большое составное число на простые множители?

Сколь близки могут быть простые? Соседние простые могут разниться на сколь угодно большое число, потому что между числами $k!+2$ и $k!+k$ нет простых.

Нечетные простые могут отстоять друг от друга на 2. Такие пары простых называют «близнецами»: $(3,5)$, $(5,7)$, $(11,13)$,.... Сравнительно несложно проверить, что все пары близнецов, кроме первой, имеют вид $(6n \pm 1)$, причем такое n при делении на 10 может иметь в остатке лишь числа 0, 2, 3, 5, 7 и 8. Вместе с тем, до сих пор неизвестно — *конечно или бесконечно множество близнецов*. Известно лишь, что ряд обратных величин к близнецам сходится к конечной величине, которую называют константой Бруна:

$$(1/3+1/5)+(1/5+1/7)+(1/11+1/13)+\ldots = B = 1,902160758\ldots$$

Ясно, что для непосредственной проверки простоты числа n достаточно убедиться, что оно нацело не делится ни на одно из чисел от 2 до $\sqrt{n}$. Но такой перебор проверок избыточен, ведь достаточно убедиться, что делимости нет ни на одно простое между 2 и $\sqrt{n}$. Стало быть, полезно иметь таблицы простых. Их начали усиленно составлять и публиковать еще в средние века. С появлением ЭВМ дело сильно прогрессировало, и теперь идет соревнование за первое простое с более чем 10 млн десятичных знаков. [7)]

К наиболее изящным точным аналитическим проверкам простоты относятся следующие теоремы.

Теорема Лейбница. *Число $p>2$ простое тогда и только тогда, когда оно нацело делит число $(p-2)!-1$.*

Теорема Вильсона. *Число p простое тогда и только тогда, когда оно нацело делит число $(p-1)!+1$.*

Для близнецов имеется подобная теорема.

Теорема Клемента. *Числа n и $n+2$ суть близнецы тогда и только тогда, когда их произведение $n(n+2)$ нацело делит число $4(n-1)!+4+n$.*

10^{49}, обозначаемой a, «...и более сего несть человеческому уму разумевати». Примечательно сравнить это число с неким разумно-физическим пределом — 10^{42} — размером вселенной в масштабе размера атома водорода.

7) На сегодняшний день самое большое известное простое число — 38-е известное число Мерсенна. Числом Мерсенна называют простое вида 2^p-1. Неизвестно, конечно или бесконечно множество чисел Мерсенна. Это простое вида $2^{6972593}-1$ имеет в десятичной записи 2.098.960 знаков (см. www.mersenne.org).

Большие вопросы могут не избегнуть больших заблуждений: так, древнекитайские математики полагали, что если n — простое, то $2^n - 2$ делится на n, а если составное — не делится, и проверили этот факт вплоть до $n = 300$. Немного не дошли они до первого исключительного случая — составного числа $n = 341 = 11 \cdot 31$, которое делит число $\left(2^{341} - 2\right)$ нацело! Однако в одностороннем порядке, как установил П. Ферма, этим фактом можно пользоваться:

Малая теорема Ферма. *Если n — простое, то n делит $2^{n-1} - 1$ нацело.*

Оперирование с большими числами иногда можно подменить специальными алгоритмами, в которых фигурируют много меньшие числа, например, малая теорема Ферма обеспечивает следующий алгоритм:
если $n > 2$, $k_0 = 1$ и

$$k_{i+1} = \begin{cases} 2k_i, & \text{если } 2k_i < n, \\ 2k_i - n, & \text{если } 2k_i \geqslant n, \end{cases} \qquad i = 0, 1, \ldots, n-2;$$

то при $k_{n-1} \neq 1$ число n — составное.

Пример.
$n = 6$; тогда $k_0 = 1$, $k_1 = 2$, $k_2 = 4$, $k_3 = 2$, $k_4 = 4$, $k_5 = 2 \neq 1$.
$n = 5$; тогда $k_0 = 1$, $k_1 = 2$, $k_2 = 4$, $k_3 = 3$, $k_4 = 1$.

Составные числа $\{341, 561, 645, 1105, \cdots\}$, удовлетворяющие делимости в теореме Ферма, называют *псевдопростыми*, или *числами Пуле*. Их бесконечно много. Действительно, ведь если n — псевдопростое, то и $2^n - 1$ будет псевдопростым. В самом деле, если $2^{n-1} - 1 = n \cdot a$, то

$$2^{(2^n-1)-1} - 1 = 2^{2an} - 1 = (2^{an} + 1)(2^{an} - 1) =$$
$$= (2^{an} + 1)(2^n - 1)\left(2^{na-n} + 2^{na-2n} + \cdots + 2^n + 1\right).$$

Немного менее просто доказывается следующий факт.
Если n простое, то каждый составной делитель числа $2^n - 1$ является псевдопростым. [8)]

1.5.3. К попыткам наглядно представить закономерности распределения простых можно отнести *скатерть Улама*, который, сидя на каком-то скучном заседании, начал в квадратики клетчатой бумаги вписывать натуральные числа по спирали и заметил, что простые группируются любопытно (рис. 1.10, *а*, *б*); предпринимались попытки представить трехмерный аналог скатерти Улама. [9)] Важно, что такой способ умножает наглядность, т. е. позволяет единым взглядом охватить больше, чем просто на числовой прямой, как человеку, так и компьютеру.

[8)] *H. J. A. Duparc*, 1953 г.

[9)] Более подробно о скатерти Улама см. весьма доступную статью *Ю. В. Матиясевича* «Формулы для простых чисел» в журнале «Квант», 1975 г., № 5, с. 5–13.

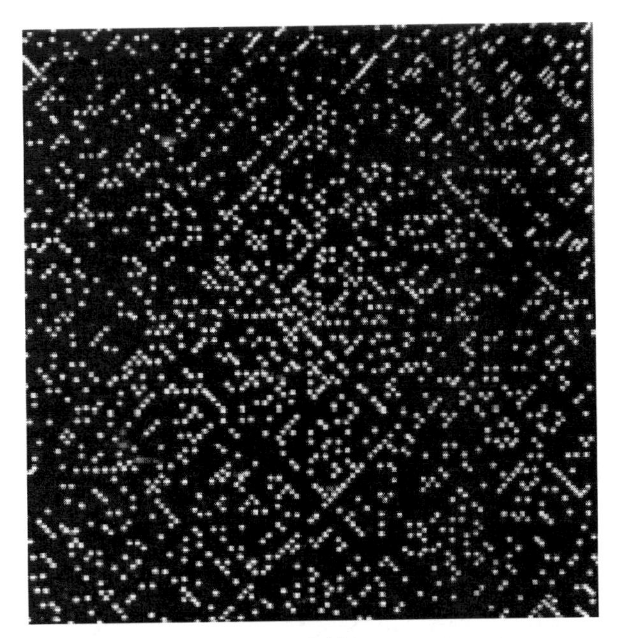

Рис. 1.10, *а*

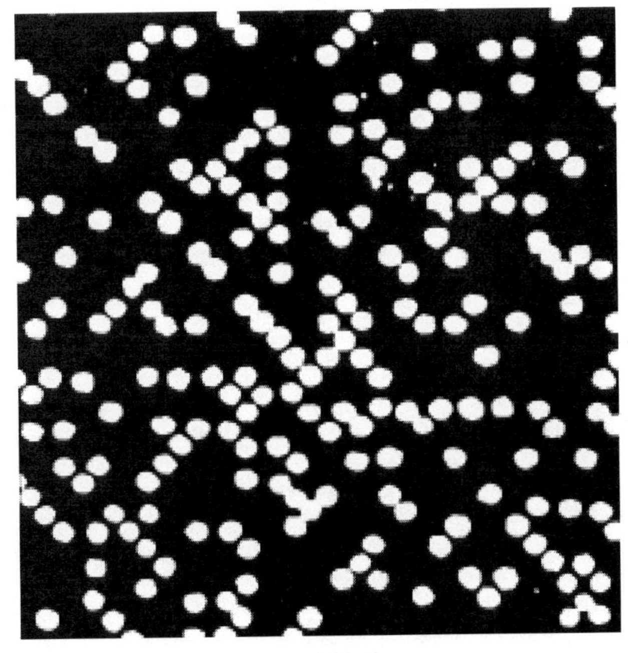

Рис. 1.10, *б*

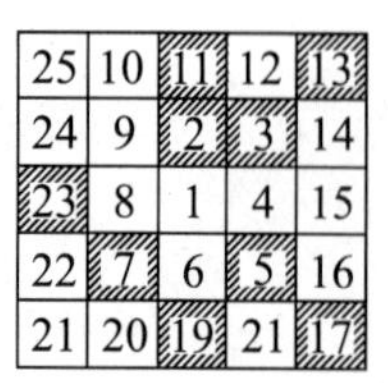

25	10	11	12	13
24	9	2	3	14
23	8	1	4	15
22	7	6	5	16
21	20	19	21	17

Рис. 1.10, *в*

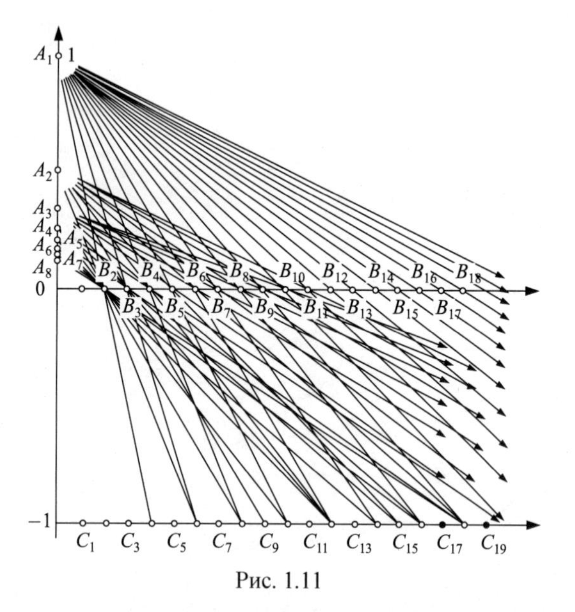

Рис. 1.11

В начале 50-х годов сербский математик Данила Блануша предложил чисто геометрическую (гиперболическую) конструкцию, явно изображающую все простые на числовой прямой (см. рис. 1.11). Поясним этот, на первый взгляд сложный, чертеж. На координатной плоскости X, Y проведем все прямые, проходящие через пары точек

$$\left[A_i\left(0; \frac{1}{i-1}\right); B_j\left(j; 0\right)\right], \qquad i = 2, 3, 4, ..., \quad j = 2, 3, 4, ...$$

и определим точки пересечения этих прямых с горизонтальной прямой $y = -1$. Уравнение каждой такой прямой имеет вид

$$\frac{x}{j} + (i-1)y = 1,$$

поэтому точка C_{ij} ее пересечения с указанной горизонтальной прямой имеет координаты $(ij, -1)$. Стало быть, в силу целочисленности i, j, получается, что горизонтальная прямая пересекается построенными секущими только в координатах, являющихся составными числами, оставляя неперечеркнутыми простые и единицу.

В связи с развитием номографии[10] А. Мёбиус в 1841 г. отметил следующий факт. Если на координатной плоскости X, Y имеется парабола $y = x^2$, которую прямая L пересекает в точках (n, n^2) и (m, m^2), то L пересекает ось Y в точке $(0, -nm)$. Это простое замечание приводит к следующей общей параболической конструкции.

Пусть на плоскости X, Y имеется парабола $y = x^2$; соединим все целые точки параболы отрезками

$$\{[(-1,1),(1,1)],[(-n,n^2),(m,m^2)], \quad n,m = 2,3,4,\ldots\}.$$

Тогда согласно замечанию Мёбиуса и в силу целочисленности n и m из целых положительных точек оси Y останутся неперечеркнутыми этими отрезками все простые и только они. Такую конструкцию мы с Ю. М. Матиясевичем[11] стали именовать как *сито Эратосфена.*[12] Сито наглядно (визуально) показывает, что целая точка на оси Y не пересекаема отрезками тогда и только тогда, когда она соответствует простому числу (см. рис. 1.12; для наглядности рисунок масштабирован: $y = \left(\frac{x}{2}\right)^2$).

Вообще, «геометрия параболы» любопытна сама по себе, например, площадь треугольника, вписанного в параболу, можно исчислить по изящной формуле, подобной формуле Герона. Более того, теперь ясно, что благодаря ситу многие геометрические построения на параболе могут приобретать теоретико-числовые осмысления, к таковым, по-видимому, можно отнести теоремы Паскаля и Брианшона.

В свою очередь сито подсказывает, что числа можно таблично располагать не только по спирали, но рисуя новую скатерть, пиша числа построчно от одного квадрата до следующего:

1	2	3	4								
4	5	6	7	8	9						
9	10	11	12	13	14	15	16				
16	17	18	19	20	21	22	23	24	25		
25	26	27	28	29	30	31	32	33	34	35	36

---

[10] По словам Давида Гильберта «. . . номография имеет дело с решением уравнений посредством рисования кривых, зависящих от произвольных параметров». К практическим результатам номографии можно отнести логарифмическую линейку и нониус.

[11] (1) *Y. Matiyasevich, B. Stechkin.* A visual Sieve for Prime Numbers.— http://www.logic.pdmi.ras.ru/ yumat/Journal/Sieve. (2) *Ю. Матиясевич, Б. Стечкин.* Сито Эратосфена // Труды международной школы С. Б. Стечкина по теории функций (Россия, г. Миасс Челябинской обл., 24 июля – 3 августа 1998 г.).— Екатеринбург, 1999.— С. 148. (3) Le crible geometrique de Matiiassevitch // "Sciences et Avenir". — Aout 2000. P. 92.

[12] Как нам недавно стало известно, художники проявляют к ней интерес как к некой абсолютной гармоничности, сходной с гармоничностью «золотого сечения».

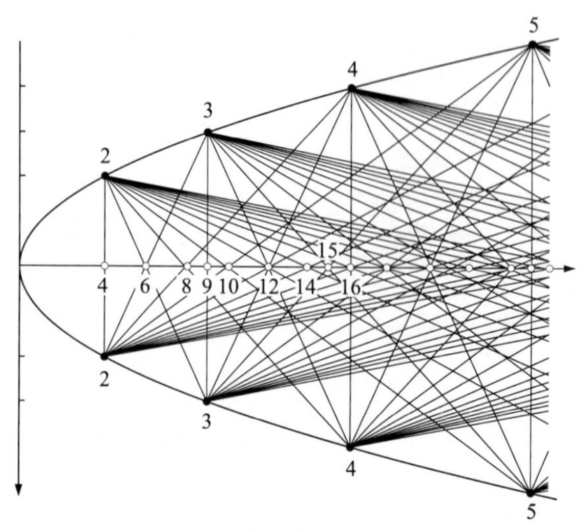

Рис. 1.12

Как и в скатерти Улама, здесь можно наблюдать закономерности распределения простых, и не только простых, но любых подмножеств натурального ряда. Это опять-таки позволяет в экран компьютера вместить бóльшую часть $\mathbb{N}$, нежели непосредственно.

Если достаточно мелко масштабировать такую *квадратичную скатерть* с выделенными простыми, то явственно просматриваются некоторые «прямые линии», т. е. прямые, довольно плотно заполненные простыми числами. Две из них особенно явственны: они соответственно отвечают двум полиномам: $n^2 + n + 41$ и $n^2 + 58$ (см. рис. 1.13).

Далее. Из квадратичной скатерти и из самого сита видно, что между соседними квадратами всегда наблюдаются простые. В теории чисел имеется старая задача:

верно ли, что между соседними квадратами найдется простое?

Ответ на этот вопрос еще не получен.

Исторически первый вопрос подобного рода был поставлен Ж. Бертраном в 1849 г., когда он пристально наблюдал таблицы простых:

между n и $2n$ всегда найдется простое.

В 1852 г. П. Л. Чебышев доказал, что между n и $2n - 2$ всегда найдется простое. Сито позволяет проводить любые параллельные отрезки, и поэтому возникает общий постулат параллельности:

для натуральных a и b между ab и $(a+1)(b+1)$ найдется простое.

Этот постулат сродни, хотя и слабее, постулату Серпинского, который тоже изучал различные табличные записи натурального ряда (в том числе и треугольные) с целью обнаружения закономерностей в распределении простых. Так, для таблицы

$$(tn + k, \quad k = 1, 2, ..., n-1, \quad t = 0, 1, 2, ..., n-1)$$

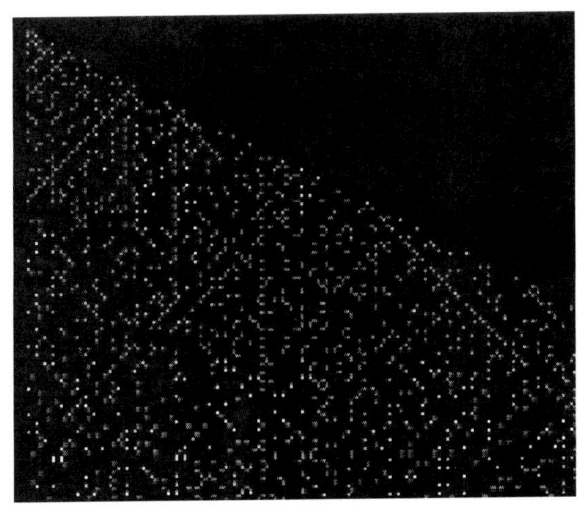

Рис. 1.13

В. Серпинский высказал предположение, что каждая ее строка содержит по меньшей мере одно простое число. Отсюда сразу следовало бы, что между соседними квадратами имеется по крайней мере два простых.

Таким образом, параллельность отрезков в сите порождает все известнейшие постулаты о наличии простых в отрезках числовой прямой. Конечно, для изображения всех простых на прямой в сите достаточно проводить отрезки лишь между простыми целыми точками параболы с одной стороны и всеми целыми с другой: $(-p, p^2)$ и $(+n, n^2)$. Это сразу подсказывает следующий новый

Постулат близнецов (Б. С. Стечкин).[13] *Между квадратами простых найдутся близнецы*:

$$4 < 5 < 7 < 9,$$
$$9 < 11 < 13 < 25,$$
$$25 < 29 < 31 < 49,$$
$$\ldots\ldots\ldots\ldots$$

В частности, рассматривая скатерть, строки которой замыкаются квадратами соседних простых, можно наблюдать, что и в ней имеются «прямые», например, часто близнецами оказываются числа вида $(p^2 + 59 \pm \pm 1)$. Постулат близнецов влечет, что близнецов среди простых «примерно столько же», сколько простых среди всех натуральных.

1.5.4. На сито Эратосфена можно взглянуть с точки зрения теории графов, поскольку само сито является бесконечным полным двудольным графом на целых точках параболы с координатами $x \geqslant 2$. Поэтому, рас-

[13] *Стечкин Б. С.* Наблюдения некоторых свойств простых чисел / Квант. — 2003. — № 6. — С. 29–30.

сматривая произвольные конечные подграфы этого графа, можно выписывать их различные теоретико-графовые соотношения, осмысляя их далее в теоретико-числовых терминах сита. Например, для простых p рассмотрим следующий конечный подграф сита:

$$[(-p, p^2), (n, n^2)], \quad 2 \leqslant p \leqslant n \leqslant N.$$

В нем, как во всяком двудольном графе сумма степеней вершин (степень вершины графа есть число ребер ей инцидентных) в одной доле в точности равна сумме степеней всех вершин в другой. В этом графе степени вершин легко подсчитываются в явном виде: степень левой вершины $(-p, p^2)$ равна $N - p + 1$, а степень правой (n, n^2) равна $\pi(n)$ — числу простых, не превосходящих n. Следовательно, окончательно получаем теоретико-числовое равенство:

$$\sum_{2 \leqslant p \leqslant N} (N - p + 1) = \sum_{2 \leqslant n \leqslant N} \pi(n),$$

где левое суммирование проводится по простым p, а правое — по натуральным n. Если теперь $M < N$ и

$$\sum_{2 \leqslant p \leqslant M-1} (M - p) = \sum_{2 \leqslant n \leqslant M-1} \pi(n),$$

то после вычитания второго равенства из первого получаем общее тождество:

$$(N - M + 1)\pi(M - 1) + \sum_{M \leqslant p \leqslant N} (N - p + 1) = \sum_{M \leqslant n \leqslant N} \pi(n).$$

Стало быть, если между M и N нет простых, то $\sum_p = 0$ и равенство принимает вид

$$(N - M + 1)\pi(M - 1) = \sum_{M \leqslant n \leqslant N} \pi(n).$$

Значит, если $\pi(n)$ — возрастающая функция, то для каждого M найдется $N = N(M)$, при котором это равенство будет нарушаться, т. е. между M и $N(M)$ найдется простое. Следовательно, постулат Бертрана эквивалентен тому, что $N(M) < 2M$, а постулат о том, что между соседними квадратами найдется простое, — тому, что $N(M) < M + 2\sqrt{M} + 1$.

Рассмотрим теперь другой конечный подграф сита, а именно, граф вида

$$[(-m, m^2), (0, n)], \quad 2 \leqslant m \leqslant \sqrt{n} \leqslant N.$$

В нем степень левой вершины $(-m, m^2)$ равна $[N^2/m] - m + 1$ (здесь $[x]$ обозначает целую часть числа x, т. е. наибольшее целое, не превосходящее

x), а степень правой вершины $(0, n)$ равна $d_2(n)$ — числу всех делителей n между 2 и $\sqrt{n}$. Стало быть, получается равенство

$$\sum_{2 \leqslant m \leqslant N} ([N/m] - m + 1) = \sum_{4 \leqslant n \leqslant N^2} d_2(n),$$

из которого несложно вывести формулу для $d_2(n)$:

$$\sum_{2 \leqslant m \leqslant \sqrt{N}} \left(\left[\frac{N}{m}\right] - \left[\frac{N-1}{m}\right] \right) = d_2(N),$$

которую вполне уместно сопоставить с хорошо известной формулой для $d(n)$ — числа всех делителей n:

$$\sum_{1 \leqslant m \leqslant N} \left(\left[\frac{N}{m}\right] - \left[\frac{N-1}{m}\right] \right) = d(N).$$

Попробуйте вывести общую формулу для $d_D(n)$ — числа всех делителей n, принадлежащих некоторому подмножеству D множества $1, 2, 3, \ldots, n$.

1.5.5. Нахождение удобных приближенных формул для функции $\pi(n)$ представляло и представляет трудный вопрос. Так, Л. Лохер-Эрнст заметил, что для $n > 50$ выражение

$$f(n) = n/(1/3 + 1/4 + 1/5 + ... + 1/n)$$

дает достаточно хорошее приближенное значение числа $\pi(n)$, например, $\pi(10^3) = 168$, а $f(10^3) = 167,1$. Можно элементарно (но не кратко) доказать, что отношение $\pi(n)/f(n)$ стремится к единице, когда n возрастает неограниченно.

Известны и другие приближенные формулы для $\pi(n)$, например, выражение $n/\ln n$, где $\ln n$ обозначает натуральный логарифм числа n. Ж. Адамар и Ш. де ла Валле-Пуссен, развивая предварительные результаты А. Лежандра, К. Ф. Гаусса и П. Л. Чебышева, в 1896 г. доказали, что отношение $\pi(n)$ к $n/\ln n$ стремится к единице, когда n неограниченно возрастает. В. Серпинский заметил, что отсюда следует, что отношение n-го простого числа p_n к $n \ln n$ стремится к единице, когда n неограниченно возрастает. [14)]

Можно доказать, что для натуральных $n > 1$ имеет место неравенство $\pi(n-1)/(n-1) < \pi(n)/n$, если n простое, и обратное неравенство —

[14)] *В. Серпинский.* Что мы знаем и чего не знаем о простых числах.— М.–Л.: Физматлит, 1963.

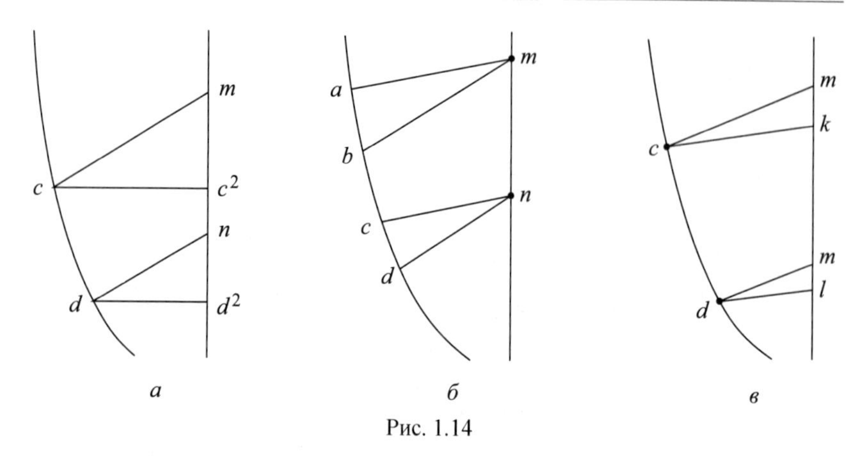

Рис. 1.14

в противном случае. Имеются [15] достаточно удобные двусторонние оценки для функции $\pi(n)$: если $n > 70$, то

$$n/(\ln n - 1/2) < \pi(n) < n/(\ln n - 3/2).$$

Аналитически условие параллельности отрезков в сите сразу получается из подобия треугольников (см. рис.1.14, *а*):

$$\frac{m - c^2}{c} = \frac{n - d^2}{d} \quad \text{или} \quad \frac{m}{c} - c = \frac{n}{d} - d.$$

Это естественным образом подсказывает формальное

Определение. *Натуральные m и n обладают параллельными (парными) делителями, если существуют натуральные c и d такие, что $m/c - c = n/d - d$.* (Обозначение: $(c, d)||(m, n)$.)

Данное понятие является новым и нуждается в углубленном изучении. Отметим здесь лишь простейшие его первоначальные свойства.

Если $(d + t, d)||(m, n)$, то с необходимостью

$$m \geqslant \left(\sqrt{n} + t\right)^2.$$

Ясен механизм образования *всех* пар (m, n), для которых $(c, d)||(m, n)$ при заданных c и d. Это будут пары вида $(ct, d(t - c + d)), t = 1, 2, \ldots$, и только они. Так что для фиксированных парных делителей (c, d) имеется бесконечно много подходящих им пар чисел (m, n). При этом, если $(c, d)||(m, n)$ и $(c, d)||(k, l)$, то

$$d = \sqrt{\frac{(n - l)(kn - lm)}{(k - l - m + n)(k - m)}}, \quad c = \sqrt{\frac{(k - m)(kn - lm)}{(k - l - m + n)(n - l)}}$$

и, значит, $c/d = (k - m)/(l - n)$ (см. рис. 1.14, *с*).

Пример. $(3, 2)||(120, 78)$, $(3, 2)||(9, 4)$.

---

[15] *В. И. Нечаев*. Элементы криптографии. — М.: Высш. шк., 1999.— С. 92.

1.5.6. Иначе обстоит дело, когда фиксирована пара чисел (m, n) и ищутся все ее парные делители.

Если $(a, b)||(m, n)$ и $(c, d)||(m, n)$, то выполняется система

$$\begin{cases} \frac{m}{a} - a & = \frac{n}{b} - b, \\ \frac{m}{c} - c & = \frac{n}{d} - d, \end{cases}$$

и, значит,

$$m = \frac{ac\left(ab - b^2 - dc + d^2\right)}{bc - ad}, \quad n = \frac{bd\left(a^2 - ab - c^2 + cd\right)}{bc - ad}.$$

Пример. $(8, 6)||(120, 78)$, $(3, 2)||(120, 78)$.

Отсюда сразу видно, что если рассматриваются полосы одинаковой ширины, т. е. $t = a - b = c - d$, то $m = ac$, $n = bd$. Но оказывается, верно и обратное: если $(c, d) \mid (m, n)$, $(a, b) \mid (m, n)$ и $m = ac$, $n = bd$, то $a - b = c - d$. Действительно, подставляя значения m и n в вышеприведенные их дробные представления, получаем равенство $ab - b^2 - dc + d^2 = a^2 - ab - c^2 + cd$, эквивалентное равенству $(c-d)^2 = (a-b)^2$. Это означает, что если для чисел (m, n) имеются парные делители $(b + t, b)$, образующие t-полосу, то это будет единственная t-полоса для этих m и n. Стало быть, с учетом первого указанного свойства парных делителей получается следующий результат.

Лемма. *Для каждой пары чисел $m > n$ имеется не более*

$$\sqrt{m} - \sqrt{n}$$

ее парных делителей.

Кроме того, аналогом *транзитивности* обычного деления: *если x нацело делит y и y нацело делит z, то и x делит z нацело* — может служить подобное свойство для парной делимости:

если $(a, b)||(m, n)$ и $(b, c)||(n, k)$, то $(a, c)||(m, k)$.

Это сразу следует из эквивалентности парной делимости параллельности соответствующих секущих параболы.

Имеется, наконец, общее редукционное правило:

$$(c, d)||(m, n) \Longrightarrow (c - t, d)\left|\right|\left(m - \frac{mt}{c}, n + td\right),$$

которое так же геометрически совершенно прозрачно (попробуйте соответствующий чертеж на параболе изобразить самостоятельно).

1.5.7. Какие же числа можно получать, складывая два простых? В наиболее законченном виде такие постановки стали проявляться в XVIII в., причем из вполне практических надобностей.

В царствование Елизаветы Петровны было перехвачено «цифирное», т. е. шифрованное письмо «подлого Шетарди» — французского посланника при российском дворе. Письмо передали кабинет-секретарю Академии, математику Христиану Гольдбаху, который успешно прочел его, чем заслужил похвалу самого канцлера А. П. Бестужева: «Всему, что в цифрах написано, искусством господина Гольдбаха ключ имеется». [16] И в 1742 г. канцлер «настоятельно пригласил» математика на службу в коллегию иностранных дел, где только за июль–декабрь 1743 г. Гольдбах сумел прочитать более 60-ти цифирных писем и был пожалован в тайные советники «за 4500 рублев в год». Ограниченный в передвижениях, сносился он с Эйлером перепиской. В одном из писем он задал вопрос, который теперь именуется как

Проблема Гольдбаха. *Каждое нечетное* (> 6) *представимо суммой трех простых.*

Эйлер в своем ответе заметил, что более сильным является следующее утверждение:

Проблема Эйлера. *Каждое четное* (> 2) *представимо суммой двух простых.*

Ясно, почему утверждение Эйлера сильнее: $2n+1 = 3+2(n-1) = 3+ +p+q$. Иногда проблему Эйлера называют бинарной проблемой Гольдбаха, или, жаргонно, «бинарный Гольдбах». Сразу отметим, что если $2n = p+q$, то либо p, либо q будет больше n. Стало быть, между n и $2n$ имеется простое число, значит, справедливость утверждения Эйлера влечет справедливость постулата Бертрана. Занятно, что Эйлер этого не отметил, а Бертран не почерпнул свой постулат из гипотезы Эйлера, хотя может быть, он и не знал о ней.

Выдающийся русский ученый Иван Матвеевич Виноградов доказал, что если n больше некоторого n_0, то утверждение Гольдбаха справедливо. К сожалению, n_0 пока велико: $n_0 \approx e^{e^{16.038}} \approx 10^{4,003 \cdot 10^6}$ (К. Г. Бороздкин, 1956 г.).[17]

Более того, с помощью разработанных им методов И. М. Виноградов дал приближенное число различных представлений в проблеме Гольдбаха: «Если $T(N)$ — число представлений $N = p_1 + p_2 + p_3$, то

$$T(N) \approx (1 + \delta(N))\Phi(N)S(N),$$

где $\delta(N)$ такова, что $\lim \delta(N) = 0$, $\Phi(N)$ — возрастающая функция от N, асимптотически равная $N^2/[2(\log N)^3]$, и

$$S(N) = \prod \left(1 + \frac{1}{(p-1)^3}\right) \prod'' \left(1 - \frac{1}{p^2 - 3p + 3}\right),$$

[16] Ни эта ли фраза породила термин «ключ шифра»? Однако в придворной лексике она зело смачна, ибо ключ — это знак камергера, а шифр есть вензель придворной дамы.

[17] Профессор А. Шинцель любезно сообщил нам недавно новейшую информацию по этому вопросу: $n_0 \approx e^{e^{9.715}} \approx 5.56054 \cdot 10^{7193}$ — *Chen, Wang*. Acta Math. Sinica, 1996. — 39. — P.169–174.

где произведение $\prod$ распространяется на все простые, $\prod^{N}$ — лишь на простые делители числа N». [18]

Проблему Эйлера можно иллюстрировать геометрически. Рассмотрим множество точек плоскости $\mathcal{M} = \{(p, q)|\ p, q \in \mathcal{P}\}$ (см. рис. 1.15). Тогда предположение Эйлера эквивалентно тому, что каждая прямая $x + y = 2n$ должна пересекаться с этим множеством $\mathcal{M}$. Но графически это явление не вполне очевидно.

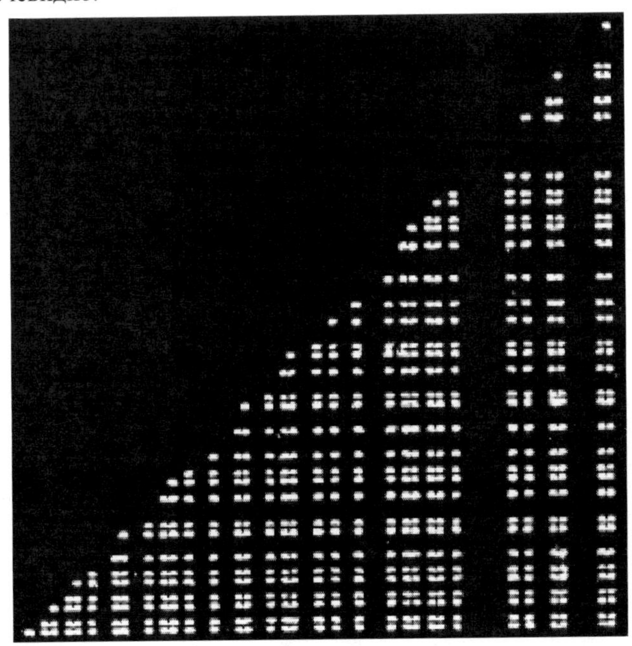

Рис. 1.15

1.5.8. Ситуацию с проблемой Эйлера изменяет следующая

Теорема. *Пусть простые $p > q > 2$ и целые $m \geqslant 0, n \geqslant 1$ таковы, что*

$$\left(\sqrt{q} + \sqrt{2m}\right)^2 < p < \left(\sqrt{q} + \sqrt{2(m+1)}\right)^2, \tag{1}$$

$$(n-1)^2 < pq < n^2. \tag{2}$$

Тогда

$$\frac{p+q}{2} = n + m.$$

[18] *И. М. Виноградов*. Аналитическая теория чисел: Юбилейная сессия Академии наук СССР, 15 июня – 3 июля 1945 г., Т. II. — М.–Л.: Изд-во АН СССР, 1947.— С. 34–40.

К доказательству заметим, что целые числа n и m из системы неравенств 1 и 2 них определяются однозначно, с привлечением функции $[x]$ — целой части числа x. А именно: из (1) сразу следует, что

$$m = \left[\frac{(\sqrt{p} - \sqrt{q})^2}{2}\right],$$

а из 2 — что $n = [\sqrt{pq}] + 1$, причем здесь существенно используется, что $p > q$ суть простые, поскольку произведение двух разных простых никогда не будет квадратом. Стало быть утверждение теоремы сводится к проверке простого тождества

$$\frac{p+q}{2} = [\sqrt{pq}] + 1 + \left[\frac{(\sqrt{p} - \sqrt{q})^2}{2}\right].$$

В частности, при $m = 0$ отсюда сразу ясно, когда среднее геометрическое близкó к среднему арифметическому:

если натуральные a и b имеют одинаковую четность и $a < b \leqslant a + \sqrt{8a} + 2$, то

$$\frac{a+b}{2} = [\sqrt{ab}] + 1.$$

Таким образом, если некоторое число N есть полусумма двух простых p и q, то с необходимостью это же N представимо суммой двух других, уже не обязательно простых чисел m и n, определенным выше образом связанных с p и q. Поэтому, аналогично предыдущему, каждая прямая $x + y = N$ должна с необходимостью пересекаться со множеством точек на координатной плоскости

$$\mathcal{K} = \left\{\left([\sqrt{pq}] + 1, \left[\frac{(\sqrt{p} - \sqrt{q})^2}{2}\right]\right) \middle| \quad p > q > 2, \quad p, q \in \mathcal{P}\right\}.$$

Это множество $\mathcal{K}$ (см. рис. 1.16), очевидно, более наглядно представляет закономерность такой пересекаемости.

1.5.9. Подводя первые предварительные итоги, должно отметить, что сито Эратосфена прежде всего увеличивает наглядность, представляет множество простых на числовой прямой вполне детерминированным, выявляет классические и новые характеристики чисел и начальные связи между ними, позволяет, наконец, наблюсти новые аспекты классических постановок. С. М. Воронин писал, что «...выяснение закономерности расположения простых чисел среди натуральных сталкивается с большими трудностями. Изучение таблиц простых чисел показывает, что они располагаются среди натуральных чисел весьма причудливым образом».[19]

[19] *С. М. Воронин*. Простые числа.— М.: Знание, 1978.

Рис. 1.16

Уже совсем недавно, особенно после доказательства великой теоремы Ферма, в череде иных крупных нерешенных проблем теории чисел стал проявляться вопрос о явном представлении распределения простых: «Последовательность простых чисел подчиняется какой-то плохо различимой закономерности, и простые числа живут по собственным правилам. Их сравнивают с сорной травой, случайным образом распределенной среди натуральных чисел. Перебирая одно за другим натуральные числа, можно набрести на области, богатые простыми числами, но по неизвестной причине другие области оказываются совершенно пустыми. Математики веками пытались разгадать закон, по которому распределены простые числа, и всякий раз терпели поражение. Возможно, никакого закона не существует, и распределение простых чисел случайно по самой своей природе.» — Саймон Сингх (Великая теорема Ферма.— МЦНМО, 2000.— С. 257). Эти слова были написаны летом 1997 г., за несколько месяцев до нашего с Ю. В. Матиясевичем построения сита Эратосфена. Представляется, что сито Эратосфена в определенной мере проясняет эту ситуацию.

1.6. Графический подход к задачам о средних в теории чисел

Пусть $\mathbb{N}$ и $\mathbb{P}$ — суть множества натуральных и простых чисел соответственно. Для функции $f : \mathbb{N} \to \mathbb{R}^1$ ее *средним* на сегменте $[1, N] = \{1, 2, ..., N\}$ называют величину

$$\bar{f}(N) = \frac{1}{N} \sum_{n=1}^{N} f(n).$$

Асимптотическим средним функции f называют величину

$$\bar{f} = \lim_{N \to \infty} \bar{f}(N)$$

при условии существования последнего предела.

Тематика задач о средних в теории чисел состоит в вычислении $\bar{f}(N)$ для различных функций f, как правило характеризующих арифметические свойства чисел.

Так, если $f(n)$ — число всех делителей числа n, то

$$\bar{f}(N) = \ln N + (2C - 1) + O(N^{-1/2}), \tag{1}$$

где C — постоянная Эйлера:

$$C = \lim_{N\to\infty}(1 + 1/2 + 1/3 + ... + 1/N - \ln N) \approx 0,577215...$$

Если $f(n)$ — число всех *простых* делителей числа n, то

$$\bar{f}(N) = \ln\ln N + B + O\Big(\frac{1}{\ln N}\Big), \tag{2}$$

где $B = 0,26149...$

Если $f(n)$ — число всех простых делителей числа n с учетом их кратностей в каноническом разложении n, то

$$\bar{f}(N) = \ln\ln N + A + O\Big(\frac{1}{\ln N}\Big),$$

где $A = B + \sum\limits_{p} \dfrac{1}{p(p-1)}$. [20)]

Будем рассматривать функции $f(n)$, задаваемые через посредство некоторого множества $D \subset \mathbb{N}$ по правилу:

$$f_D(n) = |\{d \in D : d|n\}|.$$

Так, если $D = \mathbb{N}$, то получаем первый пример, а если $D = \mathbb{P}$, то — второй.

Для получения общих оценок среднего $\bar{f}_D(N)$ будем использовать методы теории графов, восходящие к графическому (параболическому) представлению множества простых чисел на числовой прямой. [21)]

Пусть $D_N = D \cap [1, N]$; определим двудольный граф по правилу: одну его долю составляют вершины $[1, N]$, а другую — множество чисел D_N; ребро (n, d) наличествует в этом графе тогда и только тогда, когда $d|n$. Степень вершины понимается как число ребер, ей инцидентных. По построению ясно, что степень вершины $n \in [1, N]$ есть в точности $f_D(N)$,

---

[20)] См., например, *Бухштаб А. А.* Теория чисел.— М.: Уч. пед. ГИЗ, 1960, теоремы 319 и 333 и с. 347.

[21)] *Матиясевич Ю., Стечкин Б.* Сито Эратосфена // Труды междунар. школы С. Б. Стечкина по теории чисел. — Миасс, 1988. — С. 148. (см. также Y. Matiyasevich, B. Stechkin. A visual Sieve For Prime Numbers. — http://www.login.pdmi.ras.ru/yumat/Jornal/Sieve).

а степень вершины $d \in D_N$ равна $\left[\frac{N}{d}\right]$, так как можно предъявить в явном виде все эти $\left[\frac{N}{d}\right]$ ребер: (td, d), $t = 1, 2, ..., \left[\frac{N}{d}\right]$.

Теперь воспользуемся тем простым фактом, что в конечном двудольном графе сумма степеней всех вершин в одной доле в точности равна сумме степеней всех вершин в другой доле. Стало быть, в нашем случае имеем:

$$\sum_{n=1}^{N} f(n) = \sum_{d \in D_N} \left[\frac{N}{d}\right],$$

или

$$\bar{f}_{D_N}(N) = \frac{1}{N} \sum_{d \in D_N} \left[\frac{N}{d}\right].$$

Отсюда посредством естественных ограничений $x - 1 \leqslant [x] \leqslant x$ получаем двусторонние оценки для среднего:

$$\sum_{d \in D_N} \frac{1}{d} - \frac{|D_N|}{N} \leqslant \bar{f}_{D_N}(N) \leqslant \sum_{d \in D_N} \frac{1}{d},$$

непосредственным результатом которых и является следующая

Теорема.

$$\bar{f}_{D_N}(N) = \sum_{d \in D_N} \frac{1}{d} + O\Big(\frac{|D_N|}{N}\Big). \tag{3}$$

Отметим, что порядок остаточного члена в (2) точно согласуется с формой такового в (3), поскольку в этом случае [22] $|D_N| = \pi(N) \approx \frac{N}{\ln N}$. В ряде случаев из (3) получается информация об асимптотическом среднем.

Следствие 1. *Если* $\frac{D_N(N)}{N} \to 0$ *при* $N \to \infty$, *то*

$$\bar{f}_D = \sum_{d \in D} \frac{1}{d}. \tag{4}$$

Вычисление одного лишь асимптотического среднего может доставлять новую информацию.

Следствие 2. *Если* $\mathbb{P}_2 = \{p \in \mathbb{P} : (p-2) \in \mathbb{P} \vee (p+2) \in \mathbb{P}\}$ — *множество простых-близнецов, то*

$$\bar{f}_{\mathbb{P}_2} = B - 0.2, \tag{5}$$

[22] Здесь, конечно, $\pi(x)$ — число простых, не превосходящих x.

где B — константа Виго Бруна, определяемая как сумма обратных к близнецам:

$$\left(\frac{1}{3}+\frac{1}{5}\right)+\left(\frac{1}{5}+\frac{1}{7}\right)+\cdots=B.$$

Виго Брун доказал, что ряд обратных величин к близнецам сходится; на сегодняшний день известно более шести знаков после запятой этой суммы: $B = 1{,}902160758\ldots$, а так как в его сумме $1/5$ наличествует дважды, то окончательно получаем $1{,}7021\ldots$, т. е. выражение (5).

Небезынтересно сравнить эту константу с иным асимптотическим средним. Именно, если D — множество всех факториалов всех натуральных чисел, то соответствующее асимптотическое среднее существует и равно $e-1 = 1{,}71828\ldots$, т. е. асимптотическое среднее распределения близнецов близко к асимптотическому среднему факториальных делителей.

Следствие 3. *Если $\mathbb{N}^s$ — множество s-х степеней всех натуральных чисел, т. е. $f_{\mathbb{N}^s}(n)$ — это число тех делителей числа n, чьи s-е степени тоже делят n, то*

$$\bar{f}_{\mathbb{N}^s}=\zeta(s), \tag{6}$$

где $\zeta(s)=\sum_{n=1}^{\infty}\dfrac{1}{n^s}$ — дзета-функция Римана. [23]

Таким образом, получено непосредственное теоретико-числовое осмысление значений дзета-функции Римана от натурального аргумента. Частный случай этого следствия, для $s = 2$, был получен В. Серпинским в 1908 г. [24]

Следствие 4. *Если $\mathbb{P}^s$ — множество s-х степеней всех простых чисел, т. е. $f_{\mathbb{P}^s}(n)$ — это число тех простых делителей числа n, чьи s-е степени тоже делят n, то*

$$\bar{f}_{\mathbb{P}^s}=\zeta_{\mathbb{P}}(s), \tag{7}$$

где $\zeta_{\mathbb{P}}(s)=\sum_p \dfrac{1}{p^s}=\ln(\zeta(s))+\phi(s)$.

---

[23] Ю. В. Матиясевич любезно заметил, что формула 6 допускает интерполяцию:
Теорема. *Пусть s — неотрицательное целое, r — вещественное, $s+r>1$,*

$$f(n,s,r)=\sum_{k^s\mid n}\frac{1}{k^r},$$

тогда

$$\lim_{N\to\infty}\frac{1}{N}\sum_{n=1}^{N}f(n,s,r)=\zeta(s+r).$$

При $s = 0$ получаем, по существу, формулу Эйлера, а при $r = 0$ получаем формулу Серпинского–Стечкина (6). Поскольку r вещественно, последнее равенство можно продифференцировать по r.

[24] *Sierpinski W.* O wartosciach srednich kilku funkcyj liczbowych // Sprawozdania Towarzystwa Naukowego Warszawaskiego 1 (1908), 115–122.

Здесь $\phi(s)$ — это ограниченная функция, чьи значения от натурального аргумента можно почерпнуть [25]. Подробнее о дзета-функции см., например, в работах Воронина С. М. и Карацуба А. А. [26] и Шинцеля А. [27] Менее явные связи дзета-функции с усреднениями делимости на s-е степени см., например, в работе Кратцеля Е. [28]

К одному из возможных развитий представленного подхода можно сразу отнести его перенос на дискретные структуры, например, частично упорядоченные множества, каковая возможность просматривается заменой условия делимости произвольным частичным порядком.

[25] *Davis H. T.* Tables of higer mathematical function. V.II. — Bloomington, Indiane, 1935. — P. 249.

[26] *Воронин С. М., Карацуба А. А.* Дзета-функция Римана. — М.: Физматлит, 1994.

[27] *Schinzel A.* Reducibility of lacunary polinomials II, Acta Arith. 16, (1969)

[28] *Kratzel E.* Lattice Points. — Berlin, 1988. — P. 196.

·

ГЛАВА 2
ЭКСТРЕМАЛЬНЫЕ ЗАДАЧИ О ВЛОЖИМОСТИ РАЗБИЕНИЙ ЧИСЕЛ

Данная глава содержит основные математические результаты исследований сложимости разбиений чисел и составляет наиболее полную на сегодняшний день сводку результатов в этом направлении. В качестве иллюстрации применимости этих результатов отмечена их связь со старинной задачей о взвешиваниях и другими постановками.

2.1. Разбиения чисел

На практике часто приходится решать задачи, которые требуют оперирования с натуральными числами и их суммами. Удобной комбинаторной трактовкой для таких задач оказалось понятие разбиения числа. Впервые разбиение числа, как самостоятельное математическое понятие, возникло в переписке Я. Бернулли с Г. Лейбницем. Со времени своего зарождения разбиения оставались традиционным объектом перечисленных задач комбинаторики, служили мощным стимулом развития ее методов, в первую очередь перечисленных. В самое последнее время удалось распространить область их использования на экстремальные задачи.

По-видимому, один из наиболее ранних собственно экстремальных теоретико-числовых результатов принадлежит Сильвестру, теорема которого утверждает: пусть $r_1, \ldots, r_t$ — взаимно простые натуральные числа и $s(r_1, \ldots, r_t)$ — наибольшее целое s, не представимое в виде

$$s = \sum_{i=1}^{t} a_i r_i, \text{ где } a_i \in \mathbb{N}_0 = \{0, 1, 2, \ldots\}, \quad i = 1, 2, \ldots, t.$$

Тогда

$$s(r_1, r_2) = r_1 r_2 - r_1 - r_2.$$

При $t \geqslant 3$ вопрос вычисления точных значений $s(r_1, \ldots, r_t)$ открыт до сих пор и носит название проблемы Фробениуса.

В частности, известны следующие закономерности: [1])

$$g(n, n+1, n+2) = \left[\frac{n}{2}\right] n - 1,$$

$$g(n, n+1, n+3) = \left[\frac{n}{3}\right](n+1) + 2\left[\frac{n+1}{3}\right] - 1,$$

$$g(n, n+1, n+4) = \left[\frac{n}{4}\right](n+1) + 3\left[\frac{n+1}{4}\right] + n - 1.$$

---

[1]) Подробнее о последних результатах см. *Кан И. Д., Стечкин Б. С., Шарков И. В.* К проблеме Форбениуса трех аргументов // Матем. заметки.— 1997.— Т. 62, № 4.— С. 626–629.

2.1.1. Основные понятия и определения. *Разбиение* натурального числа n есть его представление неупорядоченной суммой натуральных слагаемых: $n = n_1 + \dots + n_r$, эти слагаемые n_i называются *частями*, а их число r — *рангом* разбиения.

Композиция — это представление натурального числа n упорядоченной суммой натуральных слагаемых. Таким образом, композиции можно рассматривать как «упорядоченные разбиения».

Например, для $n = 6$ разбиениями являются:

ранга один: $6 = 6;$

ранга два: $6 = 5 + 1, 6 = 4 + 2, 6 = 3 + 3;$

ранга три: $6 = 4 + 1 + 1, 6 = 3 + 2 + 1, 6 = 2 + 2 + 2;$

ранга четыре: $6 = 3 + 1 + 1 + 1, 6 = 2 + 2 + 1 + 1;$

ранга пять: $6 = 2 + 1 + 1 + 1 + 1;$

ранга шесть: $6 = 1 + 1 + 1 + 1 + 1 + 1.$

Композициями для $n = 6$ являются:

ранга один: $6 = 6;$

ранга два: $6 = 5 + 1, 6 = 4 + 2, 6 = 3 + 3;$
$6 = 1 + 5, 6 = 2 + 4;$

ранга три: $6 = 4 + 1 + 1, 6 = 3 + 2 + 1, 6 = 2 + 2 + 2,$
$6 = 1 + 4 + 1, 6 = 3 + 1 + 2,$
$6 = 1 + 1 + 4, 6 = 2 + 3 + 1,$
$6 = 2 + 1 + 3,$
$6 = 1 + 3 + 2,$
$6 = 1 + 2 + 3;$

ранга четыре: $6 = 3 + 1 + 1 + 1, 6 = 2 + 2 + 1 + 1,$
$6 = 1 + 3 + 1 + 1, 6 = 2 + 1 + 2 + 1,$
$6 = 1 + 1 + 3 + 1, 6 = 2 + 1 + 1 + 2,$
$6 = 1 + 1 + 1 + 3, 6 = 1 + 2 + 2 + 1,$
$6 = 1 + 2 + 1 + 2,$
$6 = 1 + 1 + 2 + 2;$

ранга пять: $6 = 2 + 1 + 1 + 1 + 1,$
$6 = 1 + 2 + 1 + 1 + 1,$
$6 = 1 + 1 + 2 + 1 + 1,$
$6 = 1 + 1 + 1 + 2 + 1,$
$6 = 1 + 1 + 1 + 1 + 2;$

ранга шесть: $6 = 1 + 1 + 1 + 1 + 1 + 1.$

Легко найти число композиций натурального n ранга r: это будет число способов, которыми можно разместить $r - 1$ черточку в $n - 1$ промежутках между n точками. Оно равно C_{n-1}^{r-1}. Если ранг не фиксировать, то черточку в каждом из промежутков можно как поместить, так и не поместить, и общее число композиций числа n, таким образом, равно 2^{n-1}. Следовательно, и композиции, и разбиения можно понимать как упорядоченные и неупорядоченные мультимножества, элементы которых суть натуральные числа. В соответствии с этим разбиения обычно изображают при помощи векторной записи $(n_1, \ldots, n_r) \vdash n$, которая означает, что $n = n_1 + \cdots + n_r$, или сокращенной записью $(n_1^{a_1}, \ldots, n_r^{a_r}) \vdash n$, означающей, что часть n_i наличествует в этом разбиении ровно a_i раз, так что $n = a_1 n_1 + \cdots + a_r n_r$, и ранг этого разбиения равен $a_1 + \cdots + a_r$. Таким образом, всякое разбиение можно представить в виде $(1^{m_1}, 2^{m_2}, \ldots, n^{m_n}) \vdash n$, где m_i — целое неотрицательное число, указывающее, сколько раз число i присутствует в этом разбиении числа n в виде части, т. е. $n = \sum\limits_{i=1}^{n} i m_i$ и $\sum\limits_{i=1}^{n} m_i$ — ранг этого разбиения. Можно изображать разбиения графически посредством точечных диаграмм, называемых графами Феррера, например,

$$(1, 2^2, 3^2, 4) \Longleftrightarrow \begin{array}{llll} \cdot & & & \\ \cdot & \cdot & & \\ \cdot & \cdot & & \\ \cdot & \cdot & \cdot & \\ \cdot & \cdot & \cdot & \\ \cdot & \cdot & \cdot & \cdot \end{array}$$

Такие изображения удобны для представления различных преобразований разбиений. Например, если приведенную диаграмму повернуть, то получится граф Феррера вида

$$\begin{array}{llllll} \cdot & & & & & \\ \cdot & \cdot & \cdot & & & \\ \cdot & \cdot & \cdot & \cdot & \cdot & \\ \cdot & \cdot & \cdot & \cdot & \cdot & \cdot \end{array}$$

отвечающий, очевидно, разбиению $(1, 3, 5, 6)$, которое называется *сопряженным разбиению* $(1, 2^2, 3^2, 4)$.

Задачи о разбиениях значительно сложнее соответствующих вопросов о композициях. Так, даже вычисление $p(n, r)$ — числа разбиений n ранга r, т. е. подсчета числа решений уравнения $n = x_1 + \cdots + x_r$, $x_1 \geqslant x_2 \geqslant \ldots \geqslant x_r$, в натуральных x_i составляет один из основных моментов перечислительной теории разбиений, с которой можно познакомиться по классическим руководствам Мак-Магона и Эндрюса. Нашей же основной задачей является знакомство с теорией разбиений как объектом экстремальных комбинаторных задач.

Помимо сопряженности существуют и другие виды соответствий между разбиениями. Достаточно общий вид экстремальной задачи о разбиениях может быть сформулирован в виде вопроса: сколь много существует разбиений, состоящих в заданном соответствии? Выбор конкретного соответствия между разбиениями определяется условиями практической задачи, именно той, для которой разбиения с таким соответствием служат комбинаторной схемой. Поэтому далее мы вводим и рассматриваем такое соответствие между разбиениями, посредством которого решается широкий круг важных прикладных задач.

Экстремальные задачи о разбиениях чисел долгое время не составляли специального направления, однако отдельные основополагающие факты проявлялись и ранее. Полезно обратить внимание на один из них, именно на частный случай одной весьма общей теоремы, именуемой ныне в честь ее автора — английского логика Рамсея. Для этого между разбиениями определим соответствие $\succcurlyeq$ по правилу: разбиение $(n_1, \ldots, n_r)$ находится в соответствии $\succcurlyeq$ к разбиению $(k_1, \ldots, k_r)$, если найдется i: $1 \leqslant i \leqslant r$, при котором $k_i \leqslant n_i$, т.е. если во втором разбиении найдется часть, не превосходящая соответствующей части первого разбиения. Тогда спрашивается — каково для заданного разбиения $(k_1, \ldots, k_r)$ то наименьшее $n = n(k_1, \ldots, k_r)$, при котором для каждого разбиения этого n на r частей будет выполняться соответствие $(n_1, \ldots, n_r) \succcurlyeq (k_1, \ldots, k_r)$? Несложно проверить, что искомое наименьшее $n(k_1, \ldots, k_r)$ существует и вычисляется по формуле

$$n(k_1, \ldots, k_r) = \sum_{i=1}^{r} k_i - r + 1. \qquad (1')$$

Можно вычислить и обратную характеристику — для данного разбиения $(n_1, \ldots, n_r)$ вычислить наибольшее $k = k(n_1, \ldots, n_r)$, каждое разбиение которого на r частей будет обладать тем свойством, что $(n_1, \ldots, n_r) \succcurlyeq (k_1, \ldots, k_r)$. Эта характеристика вычисляется по формуле

$$k(n_1, \ldots, n_r) = \sum_{i=1}^{r} n_i + r - 1. \qquad (2')$$

Докажем обе эти формулы. Значение $n = n(k_1, \ldots, k_r)$ не может быть меньше, чем указано в правой части (1′), так как в этом случае нашлось бы разбиение, для которого требуемое соответствие не выполняется:

$$\sum_{i=1}^{r} k_i - r \dashv \big(k_1 - 1, \ldots, k_r - 1\big) \not\succcurlyeq (k_1, \ldots, k_r);$$

если же n равно значению правой части (1′), то в любом разбиении $(n_1, \ldots, n_r) \vdash n$ всегда найдется часть $n_i \geqslant k_i$, так как в противном случае все $n_i \leqslant k_i - 1$ $(i = 1, \ldots, r)$ и, значит, получаем противоречивую систему неравенств

$$\sum_{i=1}^{r} k_i - r = \sum_{i=1}^{r} (k_i - 1) \geqslant n = \sum_{i=1}^{r} k_i - r + 1.$$

Значений $k = k(n_1, \ldots, n_r)$ не может быть больше, чем указано в правой части (2′), так как в этом случае нашлось бы разбиение, для которого требуемое соответствие не выполняется:

$$(n_1, \ldots, n_r) \not\preccurlyeq (n_1 + 1, \ldots, n_r + 1) \vdash \sum_{i=1}^{r} n_i + r.$$

Если же k равно значению правой части (2′), то $n = k - r + 1$ и, следовательно, согласно (1′) требуемому соответствию будут удовлетворять все разбиения k ранга r не только для разбиения $(n_1, \ldots, n_r)$, но вообще для всех разбиений n ранга r. Это означает, что если $k = k(n_1, \ldots, n_r)$ выражается по формуле (1′), то каждое разбиение k ранга r находится в заданном соответствии с каждым разбиением n ранга r. В частности, из (1′) сразу следует хорошо известный

Принцип Дирихле. Если $n(k, r)$ — наименьшее целое n, при котором в каждом разбиении этого n на r частей найдется часть, не меньшая чем k, то

$$n(k, r) = rk - r + 1. \qquad (3')$$

Действительно, достаточно в (1′) положить все $k_i = k$ $(i = 1, \ldots, r)$.

Этот принцип часто формулируют в терминах размещений и именуют его как

Принцип ящиков. При любом размещении $(r+1)$ предметов по r ящикам найдется ящик с по крайней мере двумя предметами.

Действительно, достаточно в (3′) положить $k = 2$ и заметить, что каждое размещение n неразличимых объектов по r неразличимым ячейкам адекватно представимо разбиением n на не более чем r частей. Таким образом, формула (1′) обобщает принцип Дирихле, но уже не может быть трактуема в терминах размещений. Однако существует соответствие между разбиениями, хорошо трактуемое в терминах размещений.

2.1.2. Четыре задачи. Приведем здесь четыре конкретных постановки, которые на протяжении всей книги призваны способствовать восприятию материала.

Задача 1. Сколь малым количеством гирь можно взвесить любое целое число фунтов от 1 до k?

На равноплечных рычажных весах предусматриваются два рода точных взвешиваний — одночашечные и двухчашечные; в первом случае гири можно класть лишь на одну чашку весов, а во втором — на обе. В своей книге «Анализ бесконечных» именно в главе о разбиениях чисел Л. Эйлер методом производящих функций обосновывает эффективность двух известных, наиболее быстро растущих последовательностей гирь $\{(p+1)^i\}_{i=0,1,2,\ldots}$ $(p = 1, 2)$ для p-чашечных взвешиваний соответственно. Конечно, и другие авторы выделяли именно эти последовательности, так как это самые эффективные системы гирь для взвешивания любого целого груза. В случае финитной постановки (груз не тяжелее k) естественно предполагать, что суммарный вес гирь равен k; и в этом случае геометрические прогрессии эффективны далеко не всегда.

Задача 2. Сколь мало ребер $m(n, H_k)$ может иметь n-вершинный граф G_n, в котором среди любых k его вершин найдется подграф, изоморфный наперед заданному k-вершинному графу H_k?

Например, представьте себе, что имеется плата с n клеммами и требуется соединить эти клеммы проводами таким образом, чтобы любые k клемм гарантированно «прозванивались» между собой; иными словами, полагая клеммы за вершины, а проводники — за ребра, приходим к необходимости построить граф, в котором каждые k вершин соединены по крайней мере одним циклом. При этом, конечно, естественно минимизировать общее число проводов.

Задача 3. Каким наименьшим количеством каких-либо объектов можно реализовать все исходы в схеме размещений n неразличимых частиц по r неразличимым ячейкам?

Этот, на первый взгляд парадоксальный, вопрос легче всего осмыслить на конкретном числовом примере. Пусть $n = 6$ и $r = 2$, тогда все возможные исходы указанной схемы размещений имеют вид: $(6, 0)$, $(5, 1)$, $(4, 2)$ и $(3, 3)$ — здесь каждое число указывает количество частиц в каждой ячейке. Если теперь рассмотреть три компоновки из 6 частиц по $1, 2$ и 3 частицы в каждой из них соответственно, то непосредственная проверка удостоверяет, что любой из исходов изначальной схемы может быть реализован каким-то размещением уже не 6 частиц, но именно этих трех компоновок, так, например, $(4, 2) = (3 + 1, 2)$, $(3, 3) = (2 + 1, 3)$ и т. д. Поэтому вопрос о наименьшем возможном числе таких компоновок становится вполне законным.

Задача 4. В процессе работы память вычислительной машины оказывается «раздробленной» на занятые и свободные участки — фрагменты. Если при этом нужно ввести в память ЭВМ новую информацию, например, программы и массивы данных, требующие объемов памяти $k_1, k_2, \ldots, k_t$, то возникает естественный вопрос — размещаемы ли последние во фрагменты свободной памяти размеров $n_1, n_2, \ldots, n_r$?

Фрагментация памяти ЭВМ — это не просто конкретная ситуация, требующая разрешения для данного набора объемов фрагментов и запросов,— это явление, составляющее основу ряда важнейших процессов реального функционирования памяти ЭВМ. Значит, оно составляет и основу разработки теоретических подходов к исследованию этого явления. Примером более общего, нежели простейшая фрагментация, может служить процесс динамического распределения памяти ЭВМ (см. задачу 2.21).

2.1.3. Вложимость разбиений. Основным соответствием между разбиениями чисел, которое будет исследоваться, является их вложимость:

разбиение $(k_1, \ldots, k_t)$ *вложимо в разбиение* $(n_1, \ldots, n_r)$, если существует отображение $\varphi\colon \{1,\ldots,t\} \to \{1,\ldots,r\}$, при котором выполняется система неравенств

$$\sum_{j\in\varphi^{-1}(i)} k_j \leqslant n_i, \qquad i = 1,\ldots,r, \tag{4'}$$

где $\varphi^{-1}(i) = \{j : j \in \{1,\ldots,t\}, \varphi(j) = i\}$ — полный прообраз элемента i при отображении φ.

Иными словами, разбиение $(k_1,\ldots,k_t)$ вложимо в разбиение $(n_1,\ldots,n_r)$, если части k_i разбиения $(k_1,\ldots,k_t)$ можно так сгруппировать в r групп (каждая часть k_i входит в одну группу и пустые группы допускаются), что после сложения всех частей k_i в каждой группе получится r чисел $p_i \leqslant n_i$ $(i = 1,\ldots,r)$. Если разбиение $(k_1,\ldots,k_t)$ вложимо в разбиение $(n_1,\ldots,n_r)$, то будем записывать этот факт, используя обозначения включения множеств: $(k_1,\ldots,k_t) \subseteq (n_1,\ldots,n_r)$. Например, $(2,2,2) \subseteq (4,2)$, так как $(4,2) = (2+2,2)$, но $(2,2,2) \nsubseteq (3,3)$, поскольку нельзя три двойки сгруппировать в пару групп, каждая из которых не превосходила бы трех.

Вложимость является бинарным отношением на множестве вообще всех разбиений всех натуральных чисел. Несложно проверить, что это бинарное отношение вложимости обладает следующими свойствами:

(а) рефлексивность: $(n_1,\ldots,n_r) \subseteq (n_1,\ldots,n_r)$;

(б) антисимметричность: если $(k_1,\ldots,k_t) \subseteq (n_1,\ldots,n_r)$, $(n_1,\ldots,n_r) \subseteq$ $\subseteq (k_1,\ldots,k_t)$, то $(k_1,\ldots,k_t) = (n_1,\ldots,n_r)$;

(в) транзитивность: если $(k_1,\ldots,k_t) \subseteq (m_1,\ldots,m_l)$, $(m_1,\ldots,m_l) \subseteq$ $\subseteq (n_1,\ldots,n_r)$, то $(k_1,\ldots,k_t) \subseteq (n_1,\ldots,n_r)$.

Следовательно, вложимость — отношение частичного порядка на множестве разбиений чисел.

Введем некоторые обозначения:

P — множество всех разбиений всех натуральных чисел;

$P(n)$ — множество всех разбиений числа n;

P_r — множество всех разбиений ранга r;

$P_r(n)$ — множество всех разбиений ранга r числа n, так что $P_r(n) =$ $= P(n) \cap P_r$.

Множества P, $P(n)$ и P_r будем рассматривать как упорядоченные по вложимости; множество $P_r(n)$ удобно рассматривать как упорядоченное лексикографически.

Диаграмма Хассе множества $P(6)$ представлена на рис. 2.1. Из нее хорошо видно, что частично упорядоченное множество $P(n)$ обладает наибольшим и наименьшим элементами: это соответственно (6) и (1^6); уровнями диаграммы Хассе являются множества $P_r(n)$, которые изображены в лексикографическом порядке

По существу, основной вопрос о вложимости разбиений состоит в определении факта вложимости одного фиксированного разбиения $(k_1,\ldots,k_t)$

в другое фиксированное разбиение $(n_1, \ldots, n_r)$, иными словами — выполняется ли вложимость

$$(k_1, \ldots, k_t) \subseteq (n_1, \ldots, n_r)?$$

Помимо этого тестового вопроса о факте вложимости возникает вопрос о ее реализации — насколько быстро можно осуществить вложимость одного разбиения в другое? Ясно, что оба эти вопроса алгоритмически эквивалентны, так как наличие быстрого тестового алгоритма обеспечивает соответствующий алгоритм вложимости и обратно.

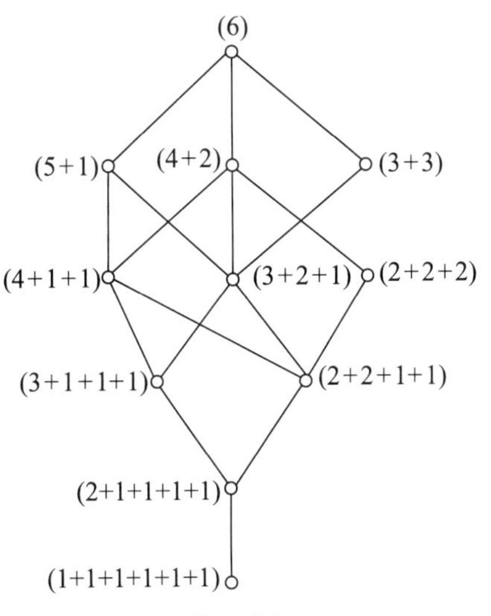

Рис. 2.1

Оценим сложность полного перебора для определения вложимости двух конкретных разбиений. Согласно определению вложимости этот перебор сводится к перебору всех возможных отображений $\varphi : \{1, \ldots, t\} \to \{1, \ldots, r\}$ и проверке системы из r неравенств $(4')$ для каждого из этих отображений. Так как полный образ каждого такого отображения φ есть упорядоченный список из t необязательно различных элементов, принимающих любое из r значений, то согласно схеме списка общее число таких отображений равно r^t. Следовательно, полный перебор для установления факта вложимости состоит из проверки r^t систем неравенств $(4')$ или из проверки r^{t+1} неравенств, составляющих системы $(4')$.

2.2. Простейшие свойства вложимости разбиений чисел

Помимо вложимости изучались и иные бинарные отношения на разбиениях. Некоторые частные случаи вложимости рассматривались и ранее. Так, упорядочение по вложимости на $P(n)$ именовалось доминированием либо по расщеплению, либо по склейке. В этих частных случаях исследовались, как правило, либо перечисленные, либо структурные вопросы, связанные с разбиениями (см., например, [127]). Но общности $P(n)$ не хватало для удобной постановки экстремальных задач. В данной общности понятие вложимости введено в [5] в связи с моделированием ряда инженерных явлений.

Вопрос об определении факта вложимости двух конкретных разбиений друг в друга оказывается алгоритмически трудной задачей, поскольку этот вопрос сводим к разрешимости системы диофантовых уравнений [5], а также эквивалентен одной из задач известного списка алгоритмически трудных задач — так называемый big-packing problem [21]. Однако подчас удается уменьшить число входных параметров.

2.2.1. Лемма о размене. Каждое разбиение числа можно интерпретировать как мультимножество, именно: разбиение $(1^a, 2^b, 3^c, \dots)$ соответствует мультимножеству $\{1^a, 2^b, 3^c, \dots\}$ и обратно. Это обеспечивает возможность использования операций объединения, пересечения и разности над разбиениями. Например, если p и q — два разбиения одного числа, то запись $(p \cap q)$ обозначает разбиение, полученное как результат пересечения мультимножества всех частей p с мультимножеством всех частей q. Использование этих операций при исследовании вложимости разбиений позволяет выявить ряд простейших свойств вложимости.

Лемма 2.1. *Разбиение q вложимо в разбиение p тогда и только тогда, когда разбиение $q - (p \cap q)$ вложимо в разбиение $p - (p \cap q)$.*

Иными словами, вопрос о вложимости разбиений эквивалентен вопросу о вложимости разбиений, полученных из исходных путем удаления в каждом из них одинакового количества одинаковых слагаемых. Например, если $(1, 2, 2, 3, 5) \subset (2, 3, 3, 7)$, то $(1, 2, 5) \subset (3, 7)$, и наоборот.

Доказательство. Достаточность очевидна, покажем необходимость. Пусть разбиение $q = (q_1, \dots, q_r)$ вложимо в разбиение $p = (p_1, \dots, p_t)$, т. е. имеет место система неравенств

$$p_i \geqslant q_{i,1} + \dots + q_{i,l}, \tag{1}$$

где $1 \leqslant i \leqslant t$ и $q = (q_{1,1}, q_{1,2}, \dots, q_{1,l}, q_{2,l}, \dots, q_{t,l})$.

Если в (1) имеется равенство с одним слагаемым в правой части, то сразу переходим к разбиениям с меньшим числом слагаемых. Если теперь для некоторого q_i найдется такое p_j, что $p_j = q_{i,m}$, то из (1) можно удалить j-е неравенство, а i-е неравенство представить в виде

$$\begin{aligned} p_i &\geqslant q_{i,1} + \dots + q_{i,m} + \dots + q_{i,l} = \\ &= q_{i,1} + \dots + p_j + \dots + q_{i,l} \geqslant \\ &\geqslant q_{i,1} + \dots + q_{i,m-1} + q_{j,1} + \dots + q_{j,l} + q_{i,m+1} + \dots + q_{i,l}. \end{aligned}$$

Таким образом, мы приходим к разбиению с меньшим рангом. В силу конечности такого процесса получаем требуемое.

Ясно, что практическая значимость леммы о размене ограничена сложностью выделения одинакового количества одинаковых частей в двух фиксированных разбиениях.

Однако, так или иначе, практическая надобность разрешения вопроса о вложимости разбиений полностью не исчезает, причем целый ряд реальных ситуаций не оставляет времени на проведение полного перебора. Нужно, стало быть, изыскивать быстрые способы проверки гарантированной вложимости. Например, если проверяется вложимость разбиения $(k_1, \dots, k_t) \vdash k$ в разбиение $(n_1, \dots, n_r) \vdash n$ и при этом выясняется, что $k > n$, то ответ ясен и без полного перебора — первое разбиение не вложимо во второе. Именно это тривиальное рассуждение лежит в основе предлагаемого здесь экстремального подхода к построению быстрых способов проверки гарантированной вложимости. В этом смысле проверка неравенства $k > n$ есть не что иное, как проверка экстремального (а именно: наибольшего возможного) значения k, поскольку n — это наибольшее возможное значение для k, при котором может существовать разбиение этого k, вложимое в разбиение числа n. Таким образом, экстремальный подход к вопросу установления факта вложимости состоит в обнаружении и вычислении таких (уже нетривиальных, но полиномиальных по сложности) экстремальных характеристик разбиений, сравнение которых дает гарантированные условия вложимости и невложимости.

Первым экстремальным результатом о вложимости разбиений является

2.2.2. Ранговое условие вложимости. В ряде случаев удается сразу, без какой-либо алгоритмической проверки, решить комбинаторную задачу распознавания о вложимости разбиений. Так, от необходимости выяснения вопроса о вложимости разбиений некоторых фиксированных рангов избавляет следующая теорема.

Теорема 2.1. *Пусть $t(n,k,r)$ — то наименьшее t, при котором*

$$\forall p \in P_r(n) \quad \forall q \in P_t(k) \qquad q \subset p. \tag{2}$$

Тогда

$$t(n,k,r) = \max\{k-]n/r[+1, 1\}. \tag{3}$$

Доказательство. Если $\max\{k-]n/r[+1,1\} = 1$, то $k \leqslant]n/r[$ и, согласно принципу Дирихле, в любом разбиении n на r частей найдется слагаемое, не меньшее k, т. е. будет иметь место требуемая вложимость. Пусть теперь

$$\max\{k-]n/r[+1,1\} = k-]n/r[+1.$$

Тогда выполнение вложимости разбиений

$$(k-t+1,1,\ldots,1) \subset (]n/r[,\ldots,[n/r]) \in P_r(n)$$

влечет справедливость неравенства $t \geqslant k-]n/r[+1$. Доказательство этого случая проведем индукцией по n.

Предположим, что (3) выполняется при всех значениях до $n-1$ включительно; остается доказать его справедливость при n.

Пусть $t = k-]n/r[+1$, $p = (m, p_{r-1}(n-m)) \in P_r(n)$, $q = (d, p_{t-1}(k-d)) \in P_t(k)$. Ясно, что $m \geqslant]n/r[= k-t+1 \geqslant d$. Если $m = d = k-t+1$, то $q = (k-t+1, 1^{t-1})$ и, значит, $\forall p \in P_r(n)$, $p \subset q$, как и для $q = (1^t)$. Следовательно, считаем, что $m > d > 1$.

Вложимость $q \subset p$ следует из вложимости $p_{t-1}(k-d) \subset (m-d, p_{r-1}(n-m))$, которая, в свою очередь, следует из неравенства $t-1 \geqslant t(n-d, k-d, r)$. Это неравенство, согласно индукционному предположению, принимает вид $k-]\,n/r\,[= t-1 \geqslant t(n-d,k-d,r) = k-$

$-d-](n-d)/r[+1$, или $]n/r[+1 \leqslant d+](n-d)/r[$, что всегда выполнимо при $d \geqslant 2$. Таким образом, теорема доказана.

Ясно, как можно пользоваться этой теоремой при установлении факта вложимости двух разбиений друг в друга. Если проверяется вложимость разбиения $(k_1, \ldots, k_t)$ в разбиение $(n_1, \ldots, n_r)$, то выполнимость неравенства $t \geqslant t(n, k, r)$ влечет вложимость $(k_1, \ldots, k_t) \subseteq (n_1, \ldots, n_r)$.

Следствие 2.1. *Если $n(k, t, r)$ — наименьшее n, при котором*

$$\forall p \in P_r(n) \quad \forall q \in P_t(k), \quad q \subset p,$$

то

$$n(k, t, r) = \max\{k, r(k-t)+1\}.$$

Следующим шагом к ответу на вопрос о факте вложимости двух конкретных разбиений будет отказ от свободы выбора вкладываемого разбиения; иными словами, фиксирование этого «меньшего» разбиения при наличии выбора для тех разбиений, в которые производится вложение. Таким образом, ответ соответствующей экстремальной задачи должен зависеть уже не от трех параметров, как в следствии 2.1, а от $(t+1)$ параметров — всех частей вкладываемого разбиения $(k_1, \ldots, k_t) \vdash k$ и r — ранга тех разбиений, в которые эта экстремальная граница должна гарантировать вложимость разбиения $(k_1, \ldots, k_t) \vdash k$.

2.3. Принцип полного размещения

Теорема 2.2. (принцип полного размещения). *Пусть $k_1 \geqslant k_2 \geqslant \ldots \geqslant k_t$, r — натуральные числа и $n(k_1, \ldots, k_t; r)$ — наименьшее n, при котором разбиение $(k_1, \ldots, k_t) \vdash k$ вложимо в каждое разбиение этого n на не более чем r частей. Тогда*

$$n(k_1, \ldots, k_t; r) = \max_{1 \leqslant i \leqslant t} \left(\sum_{j=1}^{i} k_j + (k_i - 1)(r-1) \right). \tag{4}$$

Доказательство. Правую часть (4) обозначим через $f(k_1, \ldots, k_t; r)$. Ясно, что $n(k_1, \ldots, k_t; r) \geqslant f(k_1, \ldots, k_t; r)$, поскольку вложимость $(k_1, \ldots, k_t) \subset \big(n-(r-1)(k_i-1), (k_i-1)^{r-1}\big)$ влечет неравенство $n-(r-1)(k_i-1) \geqslant k_1 + \cdots + k_i$. Кроме того, если $t > 1$, то

$$f(k_1, \ldots, k_t; r) \geqslant k_1 + f(k_2, \ldots, k_t; r), \tag{5}$$

поскольку если i — индекс, максимизирующий $f(k_2, \ldots, k_t; r)$, то

$$f(k_1, \ldots, k_t; r) \geqslant \sum_{j=1}^{i} k_j + (r-1)(k_i-1) =$$

$$= k_1 + \sum_{j=2}^{i} k_j + (r-1)(k_i-1) = k_1 + f(k_2, \ldots, k_t; r).$$

Равенство (4) докажем индукцией по t. При $t = 1$ это есть в точности принцип Дирихле. Для индукционного перехода от $t-1$ к t достаточно показать, что если $n = f(k_1, \ldots, k_t; r)$, то требуемая вложимость выполняется. Рассмотрим произвольное разбиение $(n_1, \ldots, n_r) \vdash n$, в нем всегда $n_1 \geqslant k_1$, так как $f(k_1, \ldots, k_t; r) \geqslant k_1 + (r-1)(k_1-1)$; поэтому вложимость

$$(k_2, \ldots, k_t) \subset (n_1 - k_1, n_2, \ldots, n_r) \tag{6}$$

влечет вложимость $(k_1, \ldots, k_t) \subset (n_1, \ldots, n_r)$. В свою очередь (6) вытекает из (5) и индукционного предположения

$$n_1 - k_1 + n_2 + \cdots + n_r = n - k_1 = f(k_1, \ldots, k_t; r) - k_1 \geqslant f(k_2, \ldots, k_t; r).$$

Если при этом $n_1 = k_1$, то следует воспользоваться еще и очевидной монотонностью f по r.

В формулировке принципа полного размещения условие «не более чем» можно опускать всегда, кроме вырожденного случая $k = t < r$. Принцип можно формулировать и в двойственной форме, именно как формулу для наибольшего r при фиксированном n.

Следствие 2.2. *Если для натуральных $k_1 > 1$, $k_1 \geqslant k_2 \geqslant \ldots \geqslant k_t$ выполнено $(k_1, \ldots, k_t) \vdash k \leqslant n$ и через $r(k_1, \ldots, k_t; n)$ обозначено наибольшее r, при котором в каждое разбиение n на r частей вложимо разбиение $(k_1, \ldots, k_t)$, то*

$$r(k_1, \ldots, k_t; n) = \min_{i k_i > 1} \left[\frac{n - \sum_{j=1}^{i} k_j}{k_i - 1} \right] + 1.$$

Действительно, искомое r согласно принципу полного размещения есть наибольший целый корень неравенства $n \geqslant n(k_1, \ldots, k_t; r)$.

Факты о вложимости разбиений можно излагать в терминах размещений. Например, если $k = n(k_1, \ldots, k_t; r)$, то каждое размещение k частиц по r ячейкам реализуемо размещением t групп частиц по k_j частиц в j-й группе $(j = 1, 2, \ldots, t)$ при условии, что каждая группа целиком размещается в одной ячейке. В частности, при любом размещении n частиц по r ячейкам найдется t различных групп частиц (по $[(n+r-1)/(t+r-1)]$ частиц в каждой), целиком лежащих в ячейках. Так, из рис. 2.1 видно, что каждое размещение 6 частиц по двум ячейкам осуществимо размещением лишь трех компоновок из 3, 2 и 1 частиц соответственно. Естественен вопрос о наименьшем числе таких компоновок, которыми реализуемы все размещения всех частиц. Подробнее этот вопрос будет рассмотрен ниже.

Ясно, как пользоваться принципом полного размещения при установлении факта вложимости двух разбиений друг в друга: если проверяется вложимость разбиения $(k_1, \ldots, k_t)$ в разбиение $(n_1, \ldots, n_r)$, то выполнимость неравенства $n \geqslant n(k_1, \ldots, k_t; r)$ влечет вложимость

$$(k_1, \ldots, k_t) \subseteq (n_1, \ldots, n_r).$$

Например, $n(3,2,1;2) = \max\{5,5,6\} = 6$ и, значит, разбиение $(3,2,1)$ вложимо в каждое разбиение числа 6 на не более чем две части; это же сохраняет свою силу, если рассматривается любое натуральное число, не меньшее, чем 6. Вместе с тем, в только что рассмотренном примере теорема 2.2 ничего не говорит ни о вложимости разбиения $(4,1,1)$ в разбиения $(5,1)$ и $(4,2)$, ни о невложимости разбиения $(4,1,1)$ в разбиение $(3,3)$.

2.4. Вложимость с ограничениями

Подчас требуется гарантировать вложимость разбиения $(k_1,\ldots,k_t)\vdash k$ отнюдь не во все разбиения числа n на r частей, но лишь в некоторые. Экстремальный результат, гарантирующий вложимости фиксированного разбиения уже не во все разбиения данного ранга, представляет

Теорема 2.3. *Пусть $n_2,\ldots,n_r$, $k_1 \geqslant \ldots \geqslant k_t$, r — натуральные числа и $n(k_1,\ldots,k_t;n_2,\ldots,n_r)$ — наименьшее n, при котором каждое разбиение $(p_1,\ldots,p_r)$ этого n на r частей такое, что $p_i \leqslant n_i$ $(i = 2,\ldots,r)$ обладает тем свойством, что $(k_1,\ldots,k_t) \subseteq (p_1,\ldots,p_r)$. Тогда*

$$n(k_1,\ldots,k_t;n_2,\ldots,n_r) = \max_{1\leqslant i\leqslant t}\left(\sum_{j=1}^{i} k_j + \sum_{l=2}^{r}\min(n_l,k_i-1)\right). \tag{7}$$

Доказательство. (а) Если $f(k_1,\ldots,k_t)$ — правая часть (7), то

$$f(k_1,\ldots,k_t) - k_1 \geqslant f(k_2,\ldots,k_t). \tag{8}$$

Действительно, если i максимизирует $f(k_2,\ldots,k_t)$, то

$$f(k_1,\ldots,k_t) \geqslant \sum_{j=1}^{i} k_j + \sum_{l=2}^{r}\min(n_l,k_i-1) =$$

$$= k_1 + \sum_{j=2}^{i} k_j + \sum_{l=2}^{r}\min(n_l,k_i-1) = k_1 + f(k_2,\ldots,k_t).$$

(б) Пусть $(p_1,\ldots,p_r)$ — разбиение числа $f(k_1,\ldots,k_t)$ на r частей, в котором $p_i \leqslant n_i$ $(i = 2,\ldots,r)$. Тогда в этом разбиении найдется часть, не меньшая чем k_1. Действительно, ведь в противном случае

$$f(k_1,\ldots,k_t) \geqslant k_1 + \sum_{l=2}^{r}\min(n_l,k_1-1) \geqslant$$

$$\geqslant \sum_{l=1}^{r}\min(p_l,k_1-1) = \sum_{l=1}^{r} p_l = f(k_1,\ldots,k_t).$$

(в) Теперь доказательство теоремы поведем индукцией по t. При $t = 1$ формула (7) дает

$$n(k; n_2, \ldots, n_r) = k + \sum_{l=2}^{r} \min(n_l, k-1),$$

и согласно (б) в любом разбиении $(p_1, \ldots, p_r)$ чисља $n(k; n_2, \ldots, n_r)$ на r частей таком, что $p_i \leqslant n_i$ $(i = 2, \ldots, r)$, найдется часть, не меньшая чем k.

(г) Предположим теперь, что требуемое выполнено вплоть до $t - 1$; покажем, что это так и при t. Пусть $(p_1, \ldots, p_r)$ — произвольное разбиение числа $f(k_1, \ldots, k_t)$ на r частей, в котором $p_i \leqslant n_i$ $(i = 2, \ldots, r)$. Тогда согласно (б) в этом разбиении найдется часть $p_j \geqslant k_1$. Значит, если

$$(k_2, \ldots, k_t) \subseteq (p_1, \ldots, p_j - k_1, \ldots, p_r), \tag{9}$$

то требуемая вложимость $(k_1, \ldots, k_t) \subseteq (p_1, \ldots, p_r)$ имеет место. В свою очередь, (9) следует из (8) и индукционного предположения

$$p_1 + \cdots + p_j - k_1 + \cdots + p_r = f(k_1, \ldots, k_t) - k_1 \geqslant$$
$$\geqslant f(k_2, \ldots, k_t) = n(k_2, \ldots, k_t; n_2, \ldots, n_r).$$

В отличие от принципа полного размещения доказанная теорема обеспечивает не только установление факта вложимости разбиений, но для некоторых разбиений может использоваться как условие невложимости. Демонстрирует это

Следствие 2.3. *Если* $\sum_{i=1}^{r} n_i \geqslant n(k_1, \ldots, k_t; n_2, \ldots, n_r)$, *то* $(k_1, \ldots$ $\ldots, k_t) \subseteq (n_1, \ldots, n_r)$.

Если $n(k_1, \ldots, k_t; n_2, \ldots, n_r) > \sum_{i=1}^{r} n_i \geqslant \max_{2 \leqslant j \leqslant r} n(k_1, \ldots, k_t;$ $n_2, \ldots, n_j - 1, \ldots, n_r)$, *то* $(k_1, \ldots, k_t) \nsubseteq (n_1, \ldots, n_r)$.

Доказательство. Пусть M — множество всех тех разбиений $(p_1, \ldots, p_r)$ числа $n = \sum_{i=1}^{r} n_i$, для которых $p_i \leqslant n_i$, $(i = 2, \ldots, r)$, а M_j — подмножество тех разбиений из M, для которых $p_j \leqslant n_j - 1$ $(j = 2, \ldots, r)$. Ясно, что $M = \bigcup_{j=2}^{r} M_j \cup (n_1, \ldots, n_r)$. Так как $n(k_1, \ldots, k_t; n_2, \ldots, n_r) > n$, то в M найдется разбиение $(q_1, \ldots, q_r)$ такое, что $(k_1, \ldots, k_t) \nsubseteq (q_1, \ldots, q_r)$, но так как

$$n \geqslant \max_{2 \leqslant j \leqslant r} n(k_1, \ldots, k_t; n_2, \ldots, n_j - 1, \ldots, n_r),$$

то для всякого $(p_1, \ldots, p_r) \in \bigcup_{j=2}^{r} M_j$ имеет место вложимость $(k_1, \ldots, k_t) \subseteq (p_1, \ldots, p_r)$. Значит, с необходимостью, $(q_1, \ldots, q_r) =$ $= (n_1, \ldots, n_r)$.

Таким образом, теорема 2.3, в частности, позволяет утверждать, что разбиение $(4, 1, 1)$ вложимо в разбиения $(5, 1)$ и $(4, 2)$, а следствие 2.3 устанавливает невложимость этого разбиения в разбиение $(3, 3)$.

С другой стороны, связь между этими теоремами остается весьма существенной, именно, функция $n(k_1, \ldots, k_t; n_2, \ldots, n_r)$ не только подобна функции $n(k_1, \ldots, k_t; r)$, но иногда выражается через последнюю:

$$n\big(k_1, \ldots, k_t; (m^{r-1})\big) = \sum_{j=1}^{l} k_j + n(m+1, k_{l+1}, \ldots, k_t; r) - m - 1,$$

где $k_{l+1} \leqslant m < k_l$. Действительно,

$$n\big(k_1, \ldots, k_t; (m^{r-1})\big) = \max_{1 \leqslant i \leqslant t} \left(\sum_{j=1}^{i} k_j + (r-1)\min(m, k_i - 1) \right) =$$

$$= \max\left(\sum_{j=1}^{l} k_j + (r-1)m, \quad \sum_{j=1}^{l} k_j + n(k_{l+1}, \ldots, k_t; r) \right) =$$

$$= \sum_{j=1}^{l} k_j + \max\big((r-1)m,\ n(k_{l+1}, \ldots, k_t; r)\big) =$$

$$= \sum_{j=1}^{l} k_j + n(m+1,\ k_{l+1}, \ldots, k_t; r) - m - 1.$$

2.5. Экстремумы полного размещения

Величину $n(k_1, \ldots, k_t; r)$ будем именовать *границей*, а правую часть (1) — *функцией полного размещения*, обозначая последнюю либо через $f(x_1, \ldots, x_t; r)$, либо через $f(X)$, когда значение r ясно из контекста. Следствие 2.1 эквивалентно равенству

$$\max_{(k_1, \ldots, k_t) \vdash k} n(k_1, \ldots, k_t; r) = \max\big(k, r(k-t) + 1\big).$$

Это значение реализуется при $(k_1, \ldots, k_t) = (k - t + 1, 1^{t-1})$.

Один из основных исследуемых здесь вопросов состоит в оценке наименьшего возможного значения границы полного размещения, т. е. в вычислении величины

$$m(k, t, r) = \min_{(k_1, \ldots, k_t) \vdash k} n(k_1, \ldots, k_t; r).$$

Прежде, чем переходить к оценкам, отметим некоторые простейшие свойства функции и границы полного размещения.

Монотонность функции $f(X; r)$ по r характеризуется следующим образом. Пусть $r_1 \geqslant r_2$ и пусть индексы v и w максимизируют $f(X; r_1)$ и $f(X; r_2)$ соответственно, тогда

$$(r_1 - r_2)(x_v - 1) \geqslant f(X; r_1) - f(X; r_2) \geqslant (r_1 - r_2)(x_w - 1).$$

Действительно:

$$
\begin{aligned}
&(r_1 - r_2)(x_v - 1) = \\
&= \sum_{j=1}^{v} x_j + (r_1 - 1)(x_v - 1) - \sum_{j=1}^{v} x_j - (r_2 - 1)(x_v - 1) \geqslant \\
&\geqslant f(X; r_1) - f(X; r_2) \geqslant \\
&= \sum_{j=1}^{w} x_j + (r_1 - 1)(x_w - 1) - \sum_{j=1}^{w} x_j - (r_2 - 1)(x_w - 1) \geqslant \\
&\geqslant (r_1 - r_2)(x_w - 1).
\end{aligned}
$$

В частности, эта монотонность характеризует подмножества тех индексов из множества $[t] = \{1, 2, \ldots, t\}$, которые максимизируют $f(X; r)$.

Пусть $I(r) = \{i \in [t] \colon f(X; r) = \sum_{j=1}^{i} x_j + (r-1)(x_i - 1)\} \subseteq [t]$, тогда $|I(r) \cap I(r+1)| \leqslant 1$. Более того, если $a(r) = \min_{i \in I(r)} i$, $b(r) = \max_{i \in I(r)} i$, то $b(r) \leqslant a(r-1)$, что, в свою очередь, обеспечивает рекуррентный способ вычисления функции полного размещения по формуле

$$
f(X; r) = \max_{1 \leqslant i \leqslant a(r-1)} \left(\sum_{j=1}^{i} x_j + (r-1)(x_i - 1) \right),
$$

где $a(1) = 1$.

Если X и Y — два действительных вектора одинаковой размерности, то

$$
f(X + Y; r) \leqslant f(X; r) + f(Y; r) + r - 1. \tag{10}
$$

Действительно, пусть индексы u, v и w максимизируют функции $f(X+Y; r)$, $f(X; r)$ и $f(Y; r)$ соответственно. Тогда

$$
\begin{aligned}
&f(X; r) + f(Y; r) + r - 1 = \\
&\qquad = \sum_{j=1}^{v} x_j + (x_v - 1)(r - 1) + \sum_{j=1}^{w} y_j + (y_w - 1)(r - 1) + r - 1 \geqslant \\
&\qquad \geqslant \sum_{j=1}^{u} (x_j + y_j) + (x_u + y_u - 1)(r - 1) = f(X + Y; r).
\end{aligned}
$$

Если l — натуральное число, то выполняются следующие равенства:

$$
f(lk_1, \ldots, lk_t; r) = lf(k_1, \ldots, k_t; r) + (r-1)(l-1), \tag{11}
$$

$$
f((k_1^l, \ldots, k_t^l); rl - l + 1) = lf(k_1, \ldots, k_t; r), \tag{12}
$$

$$
f((k_1^l, \ldots, k_t^l); r) = lf(k_1, \ldots, k_t; 1 + (r-1)/l). \tag{13}
$$

Эти же равенства выполняются и для границы полного размещения при тех параметрах, для которых величина $n(k_1, \ldots, k_t; r)$ корректна. Эти формулы обеспечивают возможность вычисления некоторых условных экстремумов, например, если вычисляется минимум функции полного размещения

$$\mu(k, t, r) = \min_{(k_1, \ldots, k_t) \vdash k} f(k_1, \ldots, k_t; r),$$

но не по всем векторам $(k_1, \ldots, k_t) \vdash k$, а лишь по тем, в которых каждая компонента наличествует ровно l раз, то, обозначая соответствующий минимум через $\mu_l(lk, lt, r)$, т. е. полагая

$$\mu_l(lk, lt, r) = \min_{(k_1^l, \ldots, k_t^l) \vdash lk} f(k_1^l, \ldots, k_t^l; r),$$

и используя равенство (13), находим

$$\mu_l(lk, lt, r) = l\mu(k, t, 1 + (r-1)/l).$$

Для $X \in \mathbb{N}^t$ функцию $n(X; r)$ доопределим в области $r \in \mathbb{R}$ по правилу $n(X; r) = f(X; r)$. Такое доопределение корректно, так как функция $f(X; r)$ непрерывна и монотонно не убывает по r.

Точные значения некоторых экстремумов функции полного размещения дает

Лемма 2.2. *Пусть* $X = (x_1, \ldots, x_t) \in \mathbb{R}^t$, *тогда*:

1) *если* $\sum_{i=1}^t x_i = p \geqslant 0$ *и* $f(X; r) = \sum_{j=1}^i x_j + (x_i - 1)(r - 1)$, *то* $x_i \geqslant 0$;
2) *если* $x_1 \geqslant \ldots \geqslant x_l > 0 \geqslant x_i$, $i = l+1, \ldots, t \geqslant l \geqslant 1$, *и* S_t — *симметрическая группа всех перестановок множества* $[t] = \{1, 2, \ldots, t\}$, *то*

$$\max_{s \in S_t} f(x_{s(1)}, \ldots, x_{s(t)}; r) = \sum_{j=1}^{l} x_j + (x_1 - 1)(r - 1); \tag{14}$$

если при этом $\sum_{i=1}^t x_i \geqslant 0$, *то*

$$\min_{s \in S_t} f(x_{s(1)}, \ldots, x_{s(t)}; r) = \sum_{j=l+1}^{t} x_j + f(x_1, \ldots, x_l; r); \tag{15}$$

3) *если* $\sum_{i=1}^t x_i = 0$ *и* $\sum_{i=1}^t |x_i| = d$, *то*

$$\max_X f(X; r) = 1 - r + dr/2, \tag{16}$$

$$\min_X f(X; r) = \frac{d(r-1)^{t-1}}{2(r^{t-1} - (r-1)^{t-1})} - r + 1; \tag{17}$$

4) *если* $\sum_{i=1}^t x_i = p \in \mathbb{R}$ *и* $1 \leqslant r \in \mathbb{R}$, *то*

$$\min_X f(X; r) = \frac{pr^t}{r^t - (r-1)^t} - r + 1. \tag{18}$$

Доказательство. 1) Предположим противное: $x_i < 0$, и рассмотрим наибольшее $m \in [i-1]$, для которого $x_m \geqslant 0$. Тогда

$$\sum_{j=1}^{m} x_j + (x_m - 1)(r-1) > \sum_{j=1}^{i} x_j + (x_i - 1)(r-1), \tag{19}$$

так как $x_{m+1}, \ldots, x_i$ отрицательные. Если такого m не существует, то рассмотрим наибольшее $m \in [i+1, t] = [t] \setminus [i]$, для которого $x_m \geqslant 0$. Но тогда опять-таки выполняется (19), поскольку $p \geqslant 0$, а $x_1, \ldots, x_i, x_m, \ldots, x_t$ все отрицательные. Действительно, в этом случае (19) равносильно неравенству

$$\sum_{j=i+1}^{m} x_j + (x_m - 1)(r-1) > (x_i - 1)(r-1),$$

которое следует из того, что $x_m \geqslant 0 > x_i$ и $\sum_{j=i+1}^{m} x_j \geqslant 0$, так как $p \geqslant 0$, а последняя сумма включает в себя все положительные x_j.

2) Далее,

$$\sum_{j=1}^{l} x_j + (x_1 - 1)(r-1) = f(x_1, \ldots, x_l, x_{l+1}, \ldots, x_t) \leqslant$$

$$\leqslant \max_{s \in S_t} f(X_s) \leqslant \max_s \max_i \sum_{j=1}^{i} x_{s(i)} + \max_s \max_i (x_{s(i)} - 1)(r-1) =$$

$$= \sum_{j=1}^{l} x_j + (x_1 - 1)(r-1).$$

Таким образом, (14) доказано.

Для доказательства (15) отметим два факта.

(a) Покажем сперва, что существует перестановка вида $(x_{l+1}, \ldots$ $\ldots, x_t, x_{s(1)}, \ldots, x_{s(l)})$, минимизирующая функцию f. Для этого достаточно проверить, что если в произвольной перестановке $Y = (y_1, \ldots, y_t)$ выполнено $y_q < 0$, то для

$$Y' = (y_q, y_1, \ldots, y_{q-1}, y_{q+1}, \ldots, y_t)$$

выполняется неравенство $f(Y') \leqslant f(Y)$.

Действительно, если $f(Y') = y_q + \sum_{j=1, j\neq q}^{p} y_j + (y_p - 1)(r-1)$, то

$$f(Y) = \sum_{j=1}^{p} y_j + (y_p - 1)(r-1) \geqslant$$

$$\geqslant y_q + \sum_{j=1, j\neq q}^{p} y_j + (y_p - 1)(r-1) = f(Y'),$$

а так как $\sum_{j=1}^{t} y_j \geqslant 0$, то в силу п.1) $p \neq q$.

(б) Покажем теперь, что если $x_1 \geqslant \ldots \geqslant x_l$, то

$$\min_{s \in S_l} f(x_{s(1)}, \ldots, x_{s(l)}; r) = f(x_1, \ldots, x_l; r),$$

для чего проверим, что если $x_i \leqslant x_{i+1}$, то

$$f(x_1, \ldots, x_l; r) \geqslant f(x_1, \ldots, x_{i+1}, x_i, \ldots, x_l; r).$$

Действительно, положим

$$X = (x_1, \ldots, x_l), \quad X' = (x_1, \ldots, x_{i+1}, x_i, \ldots, x_l);$$

тогда:
1°) если $f(X') = \sum_{j=1}^{p} x_j + (x_p - 1)(r - 1)$, где $p \neq i, i+1$, то

$$f(X) \geqslant \sum_{j=1}^{p} x_j + (x_p - 1)(r - 1) = f(X');$$

2°) если $f(X') = \sum_{j=1}^{i-1} x_j + x_{i+1} + (x_{i+1} - 1)(r - 1)$, то

$$f(X) \geqslant \sum_{j=1}^{i+1} x_j + (x_{i+1} - 1)(r - 1) \geqslant$$
$$\geqslant \sum_{j=1}^{i-1} x_j + x_{i+1} + (x_{i+1} - 1)(r - 1) = f(X');$$

3°) если $f(X') = \sum_{j=1}^{i+1} x_j + (x_i - 1)(r - 1)$, то

$$f(X) \geqslant \sum_{j=1}^{i+1} x_j + (x_{i+1} - 1)(r - 1) \geqslant \sum_{j=1}^{i+1} x_j + (x_i - 1)(r - 1) = f(X').$$

А так как всякая перестановка представима произведением транспозиций, то утверждение (б), а, тем самым, и (15), доказаны. В частности, (15) влечет, что если X — целочисленный вектор, обладающий положительными компонентами, то

$$\min_{s \in S_t} f(X_s; r) \geqslant \sum_j x_j.$$

3) Далее,

$$1 - r + \frac{dr}{2} = f\Big(\Big(\frac{d}{2}, 0, \ldots, 0, -\frac{d}{2}\Big); r\Big) \leqslant \max f(X; r) \leqslant$$
$$\leqslant \max_i \sum_{j=1}^{i} x_j + \max_i (x_i - 1)(r - 1) \leqslant \frac{d}{2} + \Big(\frac{d}{2} - 1\Big)(r - 1) = 1 - r + \frac{dr}{2}.$$

Значит, (16) доказано.

Равенство (17) реализуется при

$$Z = \left(-\frac{d}{2}, \frac{dr^{t-2}}{2(r^{t-1}-(r-1)^{t-1})}, \frac{dr^{t-3}(r-1)}{2(r^{t-1}-(r-1)^{t-1})}, \ldots \right.$$
$$\left. \ldots, \frac{d(r-1)^{t-2}}{2(r^{t-1}-(r-1)^{t-1})} \right).$$

Покажем, что (17) выполняется как нижняя оценка. Пусть $f(X) = \sum_{j=1}^{i} x_j + (x_i - 1)(r-1)$; согласно п. 1) $x_i \geqslant 0$, но тогда

$$f(X) \geqslant -\frac{d}{2} + \min_{\substack{x_j:\ \sum x_j = d/2 \\ x_j \geqslant 0}} f(x_i, \ldots, x_l; r) =$$
$$= -\frac{d}{2} + \frac{dr^l}{2(r^l-(r-1)^l)} - r + 1 = \frac{d(r-1)^l}{2(r^l-(r-1)^l)} - r + 1 \geqslant$$
$$\geqslant \frac{d(r-1)^{t-1}}{2(r^{t-1}-(r-1)^{t-1})} - r + 1.$$

Здесь первое неравенство выполняется в силу (15), а следующее за ним равенство — в силу (18), так что (17) доказано.

4) Пусть $q_i = \dfrac{pr^{t-i}(r-1)^{i-1}}{r^t-(r-1)^t}$ $(i = 1, \ldots, t)$; $Q = (q_1, \ldots, q_t)$, тогда $\sum_{i=1}^{t} q_i = p$ и

$$f(Q; r) = \frac{pr^t}{r^t-(r-1)^t} - r + 1, \tag{21}$$

причем при каждом $i \in [t]$ выполняется равенство $\sum_{j=1}^{i} q_j + (q_i - 1) \times (r-1) = f(Q; r)$. Последнее для $X = (x_1, \ldots, x_t)$: $\sum_{i=1}^{t} x_i = k \geqslant p$ влечет равенство

$$f(X; r) = \frac{pr^t}{r^t-(r-1)^t} + f(X - Q; r). \tag{22}$$

Кроме того,

$$\min_{X:\ \sum x_i = 0} f(X; r) = f(0; r) = -r + 1. \tag{23}$$

Действительно, предполагая противное, т. е. $\min f < -r+1$, приходим к системе

$$\sum_{j=1}^{t} x_j = 0,$$
$$\sum_{j=1}^{i} x_j + rx_i < 0, \quad i = 1, \ldots, t,$$

которая несовместна при $r \geqslant 1$. В самом деле, вычитая равенство из всех t неравенств, получаем $(r-1)x_i < x_{i+1} + \cdots + x_t$ $(i = 1, \ldots, t)$, откуда последовательно находим, что $x_t < 0$, $x_{t-1} < 0, \ldots, x_1 < 0$, а это противоречит равенству из исходной системы. Для доказательства (23) ссылаться на (17) при $d = 0$ пока нельзя, так как при доказательстве (17) мы ссылаемся на (18). Учитывая теперь (21) и (22) при $k = p$ и (23), получаем требуемое. Тем самым, лемма полностью доказана.

Следствие 2.4. *Если* $k \equiv 0 \pmod{(r^t - (r-1)^r)}$, *то*

$$m(k,t,r) = \frac{kr^t}{r^t - (r-1)^t} - r + 1; \tag{24}$$

это значение достигается на разбиении

$$\left(\frac{kr^{t-i}(r-1)^{i-1}}{r^t - (r-1)^t}\right), \quad 1 \leqslant i \leqslant t.$$

Рассмотрим теперь оценки для $m(k,t,r)$ в случае, когда $k \not\equiv 0 \pmod{(r^t - (r-1)^t)}$. Пусть всюду далее Q обозначает t-мерный вектор с компонентами

$$q_i = \left(\frac{kr^{t-i}(r-1)^{i-1}}{r^t - (r-1)^t}\right), \quad i = 1, \ldots, t,$$

и $l = \sum_{i=1}^{t} \{q_i\}$. Отметим одно свойство вектора Q. Именно, компоненты q_i вектора Q — либо одновременно нецелые, либо все целые числа; последнее имеет место тогда и только тогда, когда k кратно $r^t - (r-1)^t$. Это сразу следует из того, что числа $r^{t-i}(r-1)^{i-1}$ и $(r^t - (r-1)^t)$ взаимно просты при каждом $i \in [t]$. Следовательно, при каждом $i \in [t]$ справедливы оценки

$$\frac{1}{r^t - (r-1)^t} \leqslant \{q_i\} \leqslant 1 - \frac{1}{r^t - (r-1)^t}. \tag{25}$$

Кроме того, ясно, что $1 \leqslant l \leqslant t - 1$.

Докажем теперь следующую нижнюю оценку:

$$m(k,t,r) \geqslant \frac{kr^t}{r^t - (r-1)^t} - r + 1 + l - f(\{Q\}; r), \tag{26}$$

где $\{Q\} = (\{q_1\}, \ldots, \{q_t\})$, а $\{q_i\}$ — дробная доля числа q_i.

Если $K = (k_1, \ldots, k_t) \vdash k$, то согласно (22) имеем

$$f(K; r) = \frac{kr^t}{r^t - (r-1)^t} + f(K - Q; r).$$

В свою очередь,

$$f(K - Q; r) = f(K - [Q] - \{Q\}; r) \geqslant f(K - [Q]; r) - f(\{Q\}; r) - r + 1.$$

Здесь $[Q] = ([q_1], \ldots, [q_t])$, где $[q_i]$ — целая часть числа q_i. Последнее неравенство следует из (10), если в последнем положить $X = K - [Q] - \{Q\}, Y = Q$. Кроме того, согласно замечанию (20), имеем $f(K-[Q];r) \geqslant \sum_{i=1}^{t}(k_i - [q_i]) = l$. Значит,

$$f(K-[Q];r) - f(\{Q\};r) - r + 1 \geqslant l - r + 1 - f(\{Q\};r).$$

Заметим, что правая часть в (26) — всегда целое число. Из доказанной оценки следует, что если $\{q_M\} = \max_{1\leqslant i\leqslant t}\{q_i\}$, то

$$m(k,t,r) \geqslant \frac{kr^t}{r^t-(r-1)^t} - \{q_M\}(r-1),$$

поскольку

$$f(\{Q\};r) \leqslant \max_{1\leqslant i\leqslant t}\sum_{j=1}^{i}\{q_j\} + \max_{1\leqslant i\leqslant t}(\{q_i\}-1)(r-1) \leqslant$$
$$\leqslant l + (\{q_M\}-1)(r-1).$$

Другая нижняя оценка имеет более геометрический вид, именно, если $d = \min \|Z-Q\|_{l_1}$, где min берется по всем целочисленным векторам $Z = (z_1, \ldots, z_t)$ таким, что $\sum_{i=1}^{t} z_i = k$, то

$$m(k,t,r) \geqslant \frac{kr^t}{r^t-(r-1)^t} + \frac{d(r-1)^{t-1}}{2(r^{t-1}-(r-1)^{t-1})} - r + 1.$$

Эта оценка сразу следует из (17) и (22). В частности, она подсказывает, что минимизирующее разбиение не может быть целым вектором, слишком далеко отстоящим от Q по метрике l_1. Кроме того, она может использоваться при оценке границы полного размещения любого конкретного разбиения $K = (k_1, \ldots, k_t)$:

$$n(K;r) \geqslant \frac{kr^t}{r^t-(r-1)^t} + \frac{\|K-Q\|_{l_1}(r-1)^{t-1}}{2(r^{t-1}-(r-1)^{t-1})} - r + 1.$$

В качестве верхней оценки докажем неравенство

$$\frac{kr^t}{r^t-(r-1)^t} - \{q_{ml}\}(r-1) \geqslant m(k,t,r),$$

где $\{q_{ml}\} = \min_{t-l+1\leqslant i\leqslant t}\{q_i\}$ и $\{q_j\}$ — дробная доля q_j. Рассмотрим разбиение

$$K = \big([q_1], \ldots, [q_{t-l}],]q_{t-l+1}[, \ldots,]q_t[\big) \vdash k.$$

Для этого разбиения согласно п. 1) леммы имеем

$$f(K-Q) = \max_{t-l+1\leqslant i\leqslant t}\left(\sum_{j=1}^{i}(k_j-q_j) + (k_i-q_i-1)(r-1)\right) \leqslant$$

$$\leqslant \max_{t-l+1\leqslant i\leqslant t} \sum_{j=1}^{i}(k_j - q_j) + \max_{t-l+1\leqslant i\leqslant t}(k_i - q_i - 1)(r-1) =$$
$$= -\min_{t-l+1\leqslant i\leqslant t}\{q_i\}(r-1),$$

что с учетом (22) влечет требуемое. Таким образом, из (25), (26) и последней оценки следуют двусторонние оценки

$$\frac{kr^t - r + 1}{r^t - (r-1)^t} \geqslant m(k,t,r) \geqslant \frac{kr^t + r - 1}{r^t - (r-1)^t} - r + 1. \tag{27}$$

Рассмотрим некоторые уточнения полученных общих оценок.

При $r \leqslant 2$ разница между верхними и нижними оценками всегда меньше единицы, и, значит, в силу целочисленности $m(k,t,r)$, они дают точное значение:

$$m(k,t,r) = \left]\frac{kr^t}{r^t - (r-1)^t}\right[- r + 1, \quad r = 1, 2. \tag{28}$$

Предложение 2.1. *Если $k, t, p \in \mathbb{N}$ и $1 \leqslant r \leqslant 2$, то*

$$m_p(pk, pt, r) = \left]\frac{pk(p+r-1)^t}{(p+r-1)^t - (r-1)^t} - r\right[+ 1,$$

причем если

$$K = \Big(\Big[\frac{pk(p+r-1)^{t-1}(r-1)^0}{(p+r-1)^t - (r-1)^t}\Big], \ldots, \Big[\frac{pk(p+r-1)^l(r-1)^{t-l+1}}{(p+r-1)^t - (r-1)^t}\Big],$$
$$\Big]\frac{pk(p+r-1)^{l-1}(r-1)^{t-l}}{(p+r-1)^t - (r-1)^t}\Big[, \ldots, \Big]\frac{pk(p+r-1)^0(r-1)^{t-l}}{(p+r-1)^t - (r-1)^t}\Big[\Big),$$

где

$$l = \sum_{i=1}^{t}\Big\{\frac{pk(p+r-1)^{t-i}(r-1)^{i-l}}{(p+r-1)^t - (r-1)^t}\Big\},$$

то $n(K^p; r) = m_p(pk, pt, r)$.

(Для вектора K запись K^p означает вектор, каждая компонента которого повторена p раз.)

Доказательство. Имеем

$$m_p(pk, pt, r) \geqslant \mu_p(pk, pt, r) = p\mu(k, t, 1 + (r-1)/p) =$$
$$= p\Big(\frac{k(p+r-1)^t}{(p+r-1)^t - (r-1)^t} - \frac{r-1}{p}\Big) = \frac{pk(p+k-1)^t}{(p+r-1)^t - (r-1)^t} - r + 1,$$

что в силу целочисленности m_p и влечет требуемое как нижнюю оценку. С другой стороны,

$$n(K^p; r) = pn\Big(K; 1 + \frac{r-1}{p}\Big) < p\frac{k(p+r-1)^t}{(p+r-1)^t - (r-1)^t};$$

следовательно, разница между верхними и нижними оценками строго меньше единицы, если $r \leqslant 2$.

При $l = 1$ для верхней оценки воспользуемся разбиением

$$K = \big([q_1], \ldots, [q_{M-1}],]q_M[, [q_{M+1}], \ldots, [q_t]\big) \vdash k,$$

где $\{q_M\} = \max_{1 \leqslant i \leqslant t}\{q_i\}$. Для этого разбиения согласно п. 1) леммы 2.2 имеем

$$\begin{aligned} f(K - Q) &= -\sum_{j=1}^{M-1}\{q_j\} + (1 - \{q_M\}) - \{q_M\}(r-1) = \\ &= 1 - \sum_{j=1}^{M}\{q_j\} - \{q_M\}(r-1) = \sum_{i=M+1}^{t}\{q_j\} - \{q_M\}(r-1) < \\ &< 1 - \{q_M\}(r-1), \end{aligned}$$

что, в сравнении с нижней оценкой из (26), дает разницу, меньшую единицы. Следовательно, если $l = 1$, то

$$m(k,t,r) = \frac{kr^t}{r^t - (r-1)^t} + \sum_{j=M+1}^{t}\{q_j\} - \{q_M\}(r-1), \tag{29}$$

или

$$m(k,t,r) = \Big]\frac{kr^t}{r^t - (r-1)^t} - \{q_M\}(r-1)\Big[. \tag{30}$$

Таким образом, при $l = 1$ границу полного размещения минимизирует целочисленный вектор, ближайший к Q по метрике l_1. В частности, это дает полное решение вопроса минимизации для случая $t = 2$. В общем случае это явление не всегда имеет место; наименьший по t пример известен при $k = 422$, $t = 5$ и $r = 5$; при этих параметрах $Q = (125.5355, 100.4284, 80.3427, 64.27416, 51.41933)$. Ближайшим к этому вектору Q по метрике l_1 целочисленным вектором является вектор $X = (126, 101, 80, 64, 51)$, для которого $\|X - Q\|_{l_1} = 2.072346$ и $n(126, 101, 80, 64, 51; 5) = 627$. Однако для вектора $Y = (126, 100, 80, 64, 52)$ имеем $\|Y - Q\|_{l_1} = 2.090435$ и $n(126, 100, 80, 64, 52; 5) = 626$; наименьший по k и r известный пример имеет параметры $k = 76$, $t = 6$ и $r = 3$, при которых $Q = (27.77143, 18.51429, 12.34286, 8.228571, 5.485715, 3.657143)$. Ближайшим к этому вектору Q по метрике l_1 целочисленным вектором является вектор $X = (28, 19, 12, 8, 5, 4)$, для которого $\|X - Q\|_{l_1} = 2.114285$ и $n(28, 19, 12, 8, 5, 4; 3) = 83$. Однако для вектора $Y = (28, 18, 12, 8, 6, 4)$ имеем $\|Y - Q\|_{l_1} = 2.171428$ и $n(28, 18, 12, 8, 6, 4; 3) = 82$.

Теорема 2.4. *Величина $m(k,t,r)$ есть то наименьшее целое C, при котором для рекуррентно определяемого вектора*

$$y_i = \Big[\Big(C + r - 1 - \sum_{j=1}^{i-1} y_j\Big)/r\Big], \quad i = 1, 2, \ldots, t,$$

выполняется равенство

$$\sum_{j=1}^{t} y_j = k.$$

Сразу заметим, что в силу полученных выше оценок для $m(k,t,r)$ перебор по C не превосходит разницы между этими оценками, т. е. $r-1$. В силу монотонности суммы $\sum_{j=1}^{t} y_j$ по C этот перебор можно осуществить за число операций порядка $\log_2 r$.

Доказательство. Ясно, что всегда $n(Y;r) \leqslant C$, поэтому положим $C = m(k,t,r)$. Если при этом $\sum_{j=1}^{t} y_j = k$, то $n(Y;r) = m(k,t,r)$ в силу минимальности $m(k,t,r)$. Если $\sum_{j=1}^{t} y_j > k$, то, уменьшив потребное количество компонент y_j вектора Y на величину $(\sum_{j=1}^{t} y_j - k)$, получим разбиение числа k, имеющее значение границы полного размещения не большее, чем $m(k,t,r)$, а значит, равное $m(k,t,r)$.

В альтернативном случае $\sum_{j=1}^{t} y_j < k$ рассмотрим минимизирующее разбиение $X = (x_1, \ldots, x_t) \vdash k$, являющееся самым «большим» в смысле лексикографического порядка $\succcurlyeq$ на множестве $P_t(k)$, и рассмотрим также наименьшее $i \in [t]$, при котором $x_i > y_i$. Такое i, очевидно, всегда существует, причем $[i-1] \neq \varnothing$, поскольку $x_1 \leqslant [(m+r-1)/r] = y_1$.

Существует $j \in [i-1]$ такое, что $x_j < y_j$, поскольку в противном случае $(x_j = y_j,\ j = 1, \ldots, i-1,\ x_i > y_i)$ имеем $\sum_{j=1}^{i} x_j + (r-1)(x_i - 1) > m(k,t,r)$. Действительно, так как в этом случае $x_i \geqslant y_i + 1$, то

$$\sum_{j=1}^{i} x_j + (r-1)(x_i - 1) \geqslant \sum_{j=1}^{i} y_j + (r-1)(y_i - 1) + r > m(k,t,r),$$

поскольку невыполнимость последнего неравенства эквивалентна тому, что

$$y_i \leqslant \Big[\Big(m - 1 - \sum_{j=1}^{i-1} y_j\Big)/r\Big] = y_i - 1.$$

Рассмотрим теперь $j \in [i-1]$ такое, что $x_j < y_j$, и оценим для разбиения

$$X' = (x'_1, \ldots, x'_t) = (x_1, \ldots, x_j + 1, \ldots, x_i - 1, \ldots, x_t) \vdash k$$

значение его границы полного размещения $n(X';r)$.

Пусть v — индекс, максимизирующий $n(X';r)$, т. е.

$$n(X';r) = \sum_{w=1}^{v} x'_w + (r-1)(x'_v - 1).$$

Если $v > i$, то ясно, что $n(X';r) = n(X;r) = m(k,t,r)$.

Если $v = i$, то

$$n(X';r) = \sum_{w=1}^{i} x'_w + (r-1)(x'_i - 1) = \sum_{w=1}^{i} x_w + (r-1)(x_i - 2) + 1 =$$

$$= \sum_{w=1}^{i} x_w + (r-1)(x_i - 1) - r + 2 \leqslant$$

$$\leqslant n(X;r) - r + 2 = m(k,t,r) - r + 2,$$

которое не превосходит $m(k,t,r)$ при $r \geqslant 2$.

Если $v < i$, то $x'_w \leqslant y_w$ $(w = 1, \ldots, v)$. Значит, и в этом случае

$$n(X';r) = \sum_{w=1}^{v} x'_w + (r-1)(x'_v - 1) \leqslant n(Y;r) \leqslant m(k,t,r).$$

Таким образом, $n(X';r) \leqslant m(k,t,r)$, а следовательно, $n(X';r) = m(k,t,r)$, т. е. разбиение X' тоже является минимизирующим, но в то же время $X' \succcurlyeq X$, что противоречит максимальности X в смысле лексикографического порядка. Теорема полностью доказана.

Пусть $t(k,r)$ — наименьшее t, при котором существует разбиение числа k на t частей, вложимое в каждое разбиение этого же k на r частей.

Следствие 2.5. *Величина $t(k,r)$ есть то наименьшее целое t, при котором для рекуррентно определяемого вектора*

$$y_i = \left[\left(k + r - 1 - \sum_{j=1}^{i-1} y_i\right)/r\right], \quad i = 1, 2, \ldots, t,$$

выполняется равенство

$$\sum_{j=1}^{t} y_i = k.$$

Действительно, ведь искомое t есть наименьший целый корень уравнения $k = m(k,t,r)$. Здесь опять-таки перебор ограничен имеющимися для t оценками, которые следуют из оценок для $m(k,t,r)$:

$$\frac{\ln(k+r-1)}{\ln(r) - \ln(r-1)} \geqslant t(k,r) \geqslant \frac{\ln(k+r-1) - \ln(r-1)}{\ln(r) - \ln(r-1)}.$$

В связи со следствием 2.5 надо отметить один весьма существенный момент: как, собственно, происходит построение искомого разбиения $y_1, \ldots, y_t$ и почему с необходимостью всегда $y_1 + \cdots + y_t = k$?

Ясна рекуррентность

$$y_1 = \left[\frac{k+l-1}{l}\right],$$

$$y_2 = \left[\frac{k+l-1-y_1}{l}\right]\left[\frac{k+l-1-y_1-\left[\frac{k+l-1}{l}\right]}{l}\right], \ldots$$

$$\ldots y_t = \left[\frac{k+l-1-y_1-\cdots-y_{t-1}}{l}\right], \ldots$$

и ясно, что этот процесс конечен, именно, начиная с некоторого, все $y_i = 0$. Пусть это $y_{t+1} = 0$. Но почему тогда $y_1 + \cdots + y_t = k$? Покажем, что это действительно так. Если $y_{t+1} = 0$, то $\left[\frac{k+l-1-y_1-\cdots-y_{t-1}}{l}\right] = 0$ или же $k + r - 1 - y_1 - \cdots - y_t < r$, то есть, $k < 1 + \sum_{i=1}^{t} y_i$, так что $k \leqslant \sum_{i=1}^{t} y_i$. Проверим теперь обратное неравенство. Если $t = 1$, то имеем его выполнение, поскольку $y_1 \leqslant k$ следует из того, что

$$y_1 = \left[\frac{k+l-1}{l}\right] \leqslant \frac{k+l-1}{l} \leqslant k,$$

где последнее неравенство выполняется, если $k \geqslant l \geqslant 1$. Если же $t > 1$, то проверка неравенства $k \geqslant \sum_{i=1}^{t} y_i$ сводима к проверке аналогичного неравенства для $t-1$ и $k' = k - y_1 = k - \left[\frac{k+l-1}{l}\right]$.

В частности, доказанная необходимость исполнения равенства $y_1 + \cdots$ $\cdots + y_t = k$ означает, что $t(k,l)$ можно определить как то наименьшее t, при котором $y_{t+1} = 0$, где y_i — из следствия 2.5.

Таким образом, в частности, доказано следующее формальное тождество для натуральных $k \geqslant l \geqslant 1$:

$$k = \left[\frac{k+l-1}{l}\right] + \left[\frac{k+l-1-\left[\frac{k+l-1}{l}\right]}{l}\right] + \\ + \left[\frac{k+l-1-\left[\frac{k+l-1}{l}\right]-\left[\frac{k+l-1-\left[\frac{k+l-1}{l}\right]}{l}\right]}{l}\right] + \ldots$$

В действительности, теорема 2.4 не только дает точное значение для $m(k,t,r)$, но и оценивает $t(k,r)$. Именно, если $t \geqslant t(k,r)$, то число ненулевых компонент вектора y из формулировки теоремы 2.4 в точности равно $t(k,r)$; ясно, что если $t \geqslant t(k,r)$, то $m(k,t,r) = k$. Таким образом, при $t > t(k,r)$ этот вектор y с необходимостью обладает нулевыми компонентами. Если в этом случае требуется построить разбиение $p \in$ $\in P_t(k)$, минимизирующее границу полного размещения $n(p;r) = k$, то, очевидно, что в качестве такого p можно взять любое разбиение из $P_t(k)$, вложимое в вектор y как в разбиение. Самое большее, в смысле лексикографического порядка, требуемое разбиение тоже задается рекуррентно и для $i = 1, 2, \dots, t$ имеет вид

$$k_i = \min\Big(\Big[\big(k + r - 1 - \sum_{j=1}^{i-1} k_j\big)/r\Big], k - \sum_{j=1}^{i-1} k_j - t + i\Big).$$

2.6. Взвешивания

Проиллюстрировать использование полученных выше результатов поможет следующая старинная

Задача. Сколь малым количеством гирь можно взвесить любое целое число фунтов от 1 до k?

На равноплечных рычажных весах осуществимы два типа взвешиваний — одночашечные и двухчашечные. В случае одночашечных взвешиваний гири кладутся только на одну чашку весов, противоположную чашке с грузом. Двухчашечные взвешивания предполагают возможность располагать гири на обеих чашках весов. Само состояние равновесия, записанное аналитически, подсказывает связь с разбиениями. Действительно, если груз весом n при одночашечном взвешивании уравновешен гирями $n_1, \dots, n_r$, то выполняется равенство $n = n_1 + \dots + n_r$. Поскольку состояние равновесия от расположения гирь в чашке не зависит, то и порядок слагаемых в приведенном равенстве также несуществен, стало быть, эту сумму можно рассматривать как разбиение.

Связь вложимости разбиений со взвешиваниями основывается на том простом факте, что система гирь $(k_1, \dots, k_t) \vdash k$ обеспечивает одночашечное взвешивание груза $v \leqslant k$ тогда и только тогда, когда $(k_1, \dots, k_t) \subseteq \subseteq (v, k - v)$.

Двухчашечные взвешивания сводятся к одночашечным — система гирь $(k_1, \dots, k_t) \vdash k$ обеспечивает двухчашечное взвешивание груза $v \leqslant k$ тогда и только тогда, когда

$$(k_1^2, \dots, k_t^2) \subseteq (k - v, k + v).$$

Действительно, равенство $v = \sum_{j=1}^{t} \varepsilon_j k_j$, где $\varepsilon_j := 0, 1, -1$, эквивалентно равенству $k + v = \sum_{j=1}^{t} \eta_j k_j$, где $\eta_j := (\varepsilon_j + 1) := 0, 1, 2$. Поэтому система гирь $(k_1, \dots, k_t) \vdash k$ обеспечивает точное p-чашечное взвешивание любого целого груза не тяжелее k тогда и только тогда, когда разбиение $(k_1^p, \dots, k_t^p)$ вложимо во все разбиения числа pk вида $(k - v, (p-1)k + v)$, $v = 0, 1, \dots, k$, что, согласно принципу полного размещения и теореме 2.3, имеет место тогда и только тогда, когда $pk \geqslant n(k_1^p, \dots, k_t^p; 2)$, что, согласно (1), эквивалентно системе неравенств

$$k_i \leqslant 1 + p \sum_{j=i+1}^{t} k_j \leqslant (p+1)^{t-i}; \quad i = 1, \dots, t.$$

Значит, наименьшее количество гирь $t_p(k)$, потребное для такого p-чашечного взвешивания, есть наименьший целый корень неравенства $pk \geqslant \geqslant m_p(pk, pt, 2)$, а так как

$$m_p(pk, pt, 2) \geqslant \mu_p(pk, pt, 2) = p\mu(k, t, 1 + 1/p),$$

то $k \geqslant \mu(k, t, 1 + 1/p)$ и, стало быть, согласно (8), $(p + 1)^t \geqslant pk + 1$, откуда с учетом верхних оценок для t получаем, что $t_p(k)$ выражается по формуле $t_p(k) =]\log_{p+1}(pk+1)[$, а сами гири могут быть заданы, например, рекуррентно:

$$y_i = \Big[\Big(pk + 1 - p\sum_{j=1}^{i-1} y_j\Big)/(p+1)\Big], \quad i = 1, 2, \ldots, t_p(k).$$

Имеется и явное решение для p-чашечных взвешиваний на единственных весах, именно, в качестве наименьшей можно взять систему гирь

$$K = \Big(\Big[\frac{pk(p+1)^{t-1}}{(p+1)^t - 1}\Big], \ldots, \Big[\frac{pk(p+1)^l}{(p+r-1)^t - 1}\Big],$$
$$\Big]\frac{pk(p+1)^{l-1}}{(p+1)^t - 1}\Big[, \ldots, \Big]\frac{pk}{(p+1)^t - 1}\Big[\Big),$$

где

$$l = \sum_{i=1}^{t}\Big\{\frac{pk(p+1)^{t-i}}{(p+1)^t - 1}\Big\} \quad \text{и} \quad t = t_p(k).$$

Здесь $\{x\}$ обозначает дробную долю числа x, т.е. $\{x\} = x - [x]$. Смысл всех этих выражений при $p > 2$ весьма прост и реализуется взвешиваниями на весах хотя и специальной, но естественной конструкции. Это неравноплечные рычажные весы, имеющие на коротком плече чашку для взвешивания исключительно груза, а на другом плече — p чашек, которые отстоят друг от друга на одинаковом расстоянии, равном величине меньшего плеча.

Помимо p-чашечных взвешиваний на одних весах можно рассматривать параллельные или одновременные взвешивания на нескольких весах. Система гирь $(k_1, \ldots, k_t) \vdash k$ обеспечивает точное взвешивание $(r-1)$ грузов $v_1, \ldots, v_{r-1}$ на $(r - 1)$ весах, если каждый из этих грузов уравновешен этими гирями и гиря, наличествующая на одних весах, не может присутствовать на других. Конечно, и при параллельном взвешивании допустимы как одночашечные, так и двухчашечные взвешивания. Вопрос прежний — каким наименьшим количеством гирь можно обеспечить одновременное взвешивание любых $(r - 1)$ грузов суммарного веса не более k и каковы соответствующие системы гирь?

Если на всех $(r - 1)$ весах применяются только одночашечные взвешивания, то требуемое осуществимо системой гирь $(k_1, \ldots, k_t) \vdash k$ тогда и только тогда, когда $k \geqslant n(k_1, \ldots, k_t; r)$, что из полученных выше экстремальных результатов дает все экстремальные характеристики.

Ясно, что такая модель взвешиваний эквивалентна реализации всех исходов в схеме размещений. В частности, отсюда следует, что при фиксированном r и n, стремящемся к бесконечности, наименьшее возможное число компоновок, которыми можно реализовать все исходы в схеме размещений n неразличимых частиц по r неразличимым ячейкам, асимптотически ведет себя как величина

$$\frac{\ln(n+r-1)}{\ln(r)-\ln(r-1)},$$

а остаточный член (всегда не превосходящий нуля) — как величина порядка

$$\frac{\ln(r-1)}{\ln(r)-\ln(r-1)}.$$

Сама система из минимального числа компоновок определяется вектором $Y = (y_1, \ldots, y_t)$ из следствия 2.4.

Если на всех $(r-1)$ весах допускаются двухчашечные взвешивания и система гирь $(k_1, \ldots, k_t) \vdash k$ обеспечивает требуемые одновременные взвешивания, то $rk \geqslant n(k_1^r, \ldots, k_t^r; r)$.

Действительно, если система гирь $(k_1, \ldots, k_t) \vdash k$ обеспечивает одновременное двухчашечное взвешивание $(r-1)$ грузов $v_1, \ldots, v_{r-1}$ суммарного веса не более k на $(r-1)$ весах, то выполняется система неравенств

$$v_j = \sum_{i=1}^{t} \varepsilon_{ij} k_i, \quad \text{где } j = 1, \ldots, r-1, \quad \varepsilon_{ij} := 0, +1, -1,$$

$$\sum_{i=1}^{t} |\varepsilon_{ij}| \leqslant 1, \quad i = 1, 2, \ldots, t,$$

которая, очевидно, эквивалентна следующей системе неравенств:

$$k - v_j = \sum_{i=1}^{t} \eta_{ij} k_i, \quad \text{где } j = 1, \ldots, r-1, \quad \eta_{ij} = 1 - \varepsilon_{ij} := 0, 1, 2,$$

$$\sum_{i=1}^{t} |1 - \eta_{ij}| \leqslant 1, \quad i = 1, 2, \ldots, t.$$

Значит, согласно принципу Дирихле, $\sum_{i=1}^{t} \eta_{ij} \leqslant r$ $(i = 1, 2, \ldots, t)$. Поэтому

$$(k_1^r, \ldots, k_t^r) \subseteq (k - v_1, \ldots, k - v_{r-1}, k + v_1 + \cdots + v_{r-1}),$$

т. е. если система гирь $(k_1, \ldots, k_t) \vdash k$ обеспечивает одновременное двухчашечное взвешивание любых $(r-1)$ целых грузов суммарного веса не более k на $(r-1)$ весах, то разбиение $(k_1^r, \ldots, k_t^r)$ вложимо во все те разбиения числа rk на r частей, в которых $(r-1)$ частей не превосходят k, что, согласно теореме 2.3, эквивалентно неравенству

$$rk \geqslant n(k_1^r, \ldots, k_t^r; (k^{r-1})).$$

Но так как

$$n(k_1^r, \ldots, k_t^r; (k^{r-1})) = n(k_1^r, \ldots, k_t^r; r),$$

то это и обеспечивает требуемое условие:

$$rk \geqslant n(k_1^r, \ldots, k_t^r; r).$$

Таким образом, если система гирь $(k_1, \ldots, k_t) \vdash k$ обеспечивает одновременное двухчашечное взвешивание любых $(r-1)$ целых грузов суммарного веса не более k на $(r-1)$ весах, то

$$k_i \leqslant 1 + r\sum_{j=i+1}^{t} k_j/(r-1), \quad i = 1, \ldots, t,$$

а для наименьшего потребного количества таких гирь t справедлива оценка

$$t \geqslant \log_{(2r-1)/(r-1)}\big((rk + r - 1)/(r-1)\big),$$

поскольку $n(k_1^r, \ldots, k_t^r; r) = rn(k_1, \ldots, k_t; 2 - 1/r)$, и согласно предположению 2.1

$$m(k, t, 2 - 1/r) = \left]\frac{k(2r-1)^t}{(2r-1)^t - (r-1)^t} - \frac{r-1}{r}\right[.$$

В случае одновременного двухчашечного взвешивания на двух весах подходящей оказывается система гирь $\{]2^{i-1}[\}_{i=0,1,2,\ldots}$.

2.7. Задачи и утверждения

В данном параграфе приводятся некоторые известные результаты (в виде вопросов и утверждений, требующих доказательства) и открытые проблемы, помеченные знаком (?). Попытайтесь доказать эти результаты и ответить на поставленные вопросы.

2.1. Каким наименьшим количеством купюр по 1, 3, 5, 10 и 25 р. можно расплатиться с молочницей, зеленщицей, прачкой и мясником, если всем им причитается 37 р.? А если при этом известно, что женщины запросят не дороже 3, 5 и 5 р. соответственно?

2.2. Разбиение (k^t) вложимо в разбиение $(n_1, \ldots, n_r)$ тогда и только тогда, когда выполняется неравенство

$$\sum_{i=1}^{r} [n_i/k] \geqslant t.$$

Попробуйте рассмотреть двойственный вопрос — когда разбиение $(k_1, \ldots, k_t)$ вложимо в разбиение (n^r)?

2.3. Пусть $n_a(k,t,r)$ — наибольшее n, при котором никакое разбиение числа k на t частей не вложимо ни в какое разбиение числа n на r частей. Тогда

$$n_a(k,t,r) = \max\{k-1, k-1-t+r\}.$$

2.4. Если $n_b(k,t,r)$ — наименьшее n, при котором $\forall p \in P_r(n)$ и $\forall q \in \in P_t(k)$ выполнено $p \not\subset q$, то $n_b(k,t,r) = \max\{k+1, k+1-t+r\}$.

2.5. Пусть $n_c(q_1, \ldots, q_t; r)$ — наименьшее n, при котором никакое разбиение числа n на r частей не вложимо в разбиение $(q_1, \ldots, q_t)$, где $q_1 \geqslant \ldots \geqslant q_t$. Тогда

$$n_c(q_1, \ldots, q_t; r) = 1 + \sum_{i=1}^{\min\{r,t\}} q_i.$$

2.6. Если $q \in P_t(k)$ и $n_d(q;r)$ — наибольшее n, при котором разбиение числа q не вложимо ни в какое разбиение числа n на r частей, то $n_d(q;r) = = \max\{k-1, k-1-t+r\}$.

2.7. Если $n_e(k,t,r)$ — наименьшее n, при котором $\forall p \in P_r(n)$ и $\forall q \in \in P_t(k)$ выполнено $q \subset p$, то $n_e(k,t,r) = \max\{k, r(k-t)+1\}$.

2.8. Если $n_f(k,t,r)$ — наибольшее n, при котором $\forall p \in P_r(n)$ и $\forall q \in \in P_t(k)$ выполнено $p \subset q$, то $n_f(k,t,r) = \min\{k,]k/t[+r-1\}$.

Один из насущных открытых вопросов экстремальной тематики о разбиениях чисел представляет следующая задача.

2.9(?) Для данных $n_1, \ldots, n_r, t$ вычислить $k(n_1, \ldots, n_r; t)$ — наибольшее k, при котором $\forall (k_1, \ldots, k_t) \vdash k$ выполняется вложимость $(k_1, \ldots, k_t) \subset (n_1, \ldots, n_r)$.

2.10. Разбиение $(k_1, \ldots, k_t)$ вложимо в любое разбиение из $P_r(n)$ тогда и только тогда, когда разбиение $(lk_1, \ldots, lk_t)$ вложимо в любое разбиение из $P_r(nl + (r-1)(l-1))$.

2.11. Разбиение $(k_1, \ldots, k_t)$ вложимо в любое разбиение из $P_r(n)$ тогда и только тогда, когда разбиение $(k_1^l, \ldots, k_t^l)$ вложимо в любое разбиение из $P_{rl-l+1}(nl)$.

2.12. Если разбиение $(k_1, \ldots, k_t)$ вложимо в любое разбиение из $P_r(n)$, то разбиение $(k_1^l, \ldots, k_t^l)$ вложимо в любое разбиение из $P_r(nl + (r-1) \times \times (l-1))$.

2.13. Если для натуральных $r, t, n_1, \ldots, n_r, k_1 \geqslant \ldots \geqslant k_t$ выполняется неравенство

$$\max_{l|k_i} \left\{ \sum_{i=1}^{r} l[n_i/l] + (r-1)(l-1) \right\} \geqslant \max_{1 \leqslant i \leqslant t} \left\{ \sum_{j=1} k_j + (r-1)(k_i - 1) \right\},$$

то разбиение $(k_1, \ldots, k_t)$ вложимо в разбиение $(n_1, \ldots, n_t)$.

2.14. Если $p(k_1, \ldots, k_t; r)$ — наименьшее p, при котором $(k_1, \ldots, k_t) \subset \subset (p^r)$, то

$$p(k_1, \ldots, k_t; r) \leqslant]n(k_1, \ldots, k_t; r)/r[.$$

2.15. Если $M(k, t, r)$ — наибольшее M, при котором $\forall q \in P_t(k)$ $\exists p \in \in P_r(M)$ такое, что $q \not\subset p$, то для достаточно большого r

$$M(k, t, r) = \big([k/[k/t]] + r - 1\big) \cdot]k/t[- r.$$

2.16. Если $N(k, t, r)$ — наименьшее N, при котором $\forall p \in P_r(N)$ $\exists q \in \in P_t(k)$ такое, что $p \subset q$, то

$$N(k, t, r) = k + \big(]k/t[- 1\big) \max\{0, r - t\}.$$

2.17. При любом размещении n неразличимых частиц по r неразличимым ячейкам найдется r групп частиц (по $n/(2r)$ частиц в каждой группе), целиком лежащих в ячейках.

2.18. При любом размещении n неразличимых частиц по r неразличимым ячейкам найдется t групп частиц (по $[(n + r - 1)/(t + r - 1)]$ частиц в каждой группе), целиком лежащих в ячейках.

2.19. Если $k = n(k_1, \ldots, k_t; r)$, то каждое размещение k частиц по r ячейкам реализуемо размещением t групп частиц по k_j частиц в j-й группе $(j = 1, 2, \ldots, t)$ при условии, что каждая группа целиком размещается в одной ячейке.

2.20. Если в разбиении $(n_1, \ldots, n_r) \vdash n$ выполняются неравенства $n_1 \geqslant \geqslant \ldots \geqslant n_r$, то

$$\{(p_1, \ldots, p_r) \in P_r(n)\colon\ p_i \leqslant n_i,\ i = 2, \ldots, r\} \subseteq \subseteq \{(p_1, \ldots, p_r) \in P_r(n)\colon\ (p_1, \ldots, p_r) \succcurlyeq (n_1, \ldots, n_r)\},$$

$$\{(p_1, \ldots, p_r) \in P_r(n)\colon\ p_i \leqslant n_i,\ i = 1, \ldots, r - 1\} \subseteq \subseteq \{(p_1, \ldots, p_r) \in P_r(n)\colon\ (n_1, \ldots, n_r) \succcurlyeq (p_1, \ldots, p_r)\}.$$

2.21. *Задача о стойке бара.* В некоем городке открывается кооперативный кондитерский бар с одной длинной стойкой. Известно, что жители ходят в бар семьями — по k_i человек в i-й семье, а всего семей t. Каждая семья рассаживается за стойкой, занимая места подряд, и не окружает себя с обеих сторон незанятыми местами. Посидев, она уходит, но может прийти снова, когда пожелает. Стойка какой вместимости гарантирует отсутствие очередей?

Если в кооператив включен еще и администратор, рассаживающий гостей по своему усмотрению (не разделяя семьи), то какую часть стойки он может сэкономить?

2.22. *Транспортная задача.* Пусть имеются p складов, на каждом из которых хранится m_i единиц продукции одного наименования $(i = 1, \ldots, p)$. Пусть также имеются q потребителей, каждый из которых может использовать по n_j единиц продукции со складов ($j = 1, \ldots, q$), и пусть, для определенности, $m_1 + \cdots + m_p = n_1 + \cdots + n_q = n$. Каким наименьшим количеством перевозок можно всю продукцию со складов перевезти потребителям? Одной перевозкой считается перемещение продукции с одного склада потребителю.

2.23. Для натурального n через $s(n)$ обозначаем число тех натуральных m ($m \geqslant 2$), для которых число $(m-1)$ делит нацело число $[n(m-1)/m]$, а через $d(n)$ — число всех делителей числа n. Докажите, что число $(n-1)$ простое тогда и только тогда, когда выполняется равенство $d(n) = s(n)$. Докажите, что числа $(n-1)$ и $(n+1)$ суть простые («близнецы») тогда и только тогда, когда выполняется равенство $2d(n) = s(n) + s(n+1)$.

Указание. Докажите и используйте равенство $d(n-1) + d(n) = s(n) + 2$.

2.24. Пусть $M(p,k)$ обозначает множество всех разбиений числа k, все части которых не превосходят p. Для фиксированного разбиения $(k_1, \ldots, k_t)$ числа k вычислите или оцените $p(k_1, k_2, \ldots, k_t)$ — то наибольшее p, при котором каждое разбиение из множества $M(p,k)$ будет вложимо в разбиение $(k_1, k_2, \ldots, k_t)$. Проанализируйте, сколь мало частей может иметь разбиение из множества $M(p,k)$.

ГЛАВА 3

ЭКСТРЕМАЛЬНЫЕ ЗАДАЧИ О ГРАФАХ И СИСТЕМАХ МНОЖЕСТВ

Глава, посвященная экстремальным задачам о графах и системах множеств, на первый взгляд покажется никак не связанной с материалом предыдущей главы об экстремальных задачах на разбиениях чисел. Однако оказывается, что целый класс задач об экстремальных свойствах графов — именно класс задач о локальных свойствах графов — по существу сводится к экстремальным задачам о разбиениях чисел, причем в точности к тем задачам, которые рассматривались и были решены во второй главе.

Введем необходимые обозначения. Через $S_n = \{a_1, \ldots, a_n\}$ и $S = \{a, \ldots\}$ будем обозначать соответственно индексированные и неиндексированные множества вершин графов или гиперграфов. *Подмножество вершин* называется *независимым* в графе, если никакая пара вершин из этого подмножества не соединена ребром этого графа.

Через $G^2(S_n)$ будем обозначать произвольный граф на множестве вершин S_n, а через G_n^2 — граф на некотором множестве из n вершин; таким образом, $G^2(S_n) \subseteq C^2(S_n)$. (Определение $C^k(S_n)$ см. в гл. 1, п. 1.1.4.) Введем следующие обозначения для специальных видов графов:

K_n — полный граф на n вершинах, т. е. $K_n = C^2(S_n)$;

$K_{p,q}$ — полный двудольный граф на двух подмножествах вершин (долях) по p и q вершин в каждой доле соответственно; таким образом, если $S_p \cap S_q = 0$, то $K_{p,q} = C^1(S_p) \cdot C^1(S_q)$;

Z_n — звезда, т. е. двудольных граф с одной одновершинной долей ($Z_n = K_{1,n}$);

$\overline{G} = C^2(S) \backslash G$ — граф, дополнительный к графу G на множестве вершин S. Например, графом, дополнительным к полному двудольному графу $K_{p,q}$, будет граф $K_p + K_q$ — граф, состоящий из двух полных подграфов на двух непересекающихся подмножествах по p и q вершин, соответственно.

Для $S \subset S_n$ через $G(S)$ обозначим подграф $G(S) \subset G(S_n)$ графа $G(S_n)$, индуцированный (или порожденный, или собственный) подмножеством вершин S, т. е. состоящий из тех и только тех ребер графа $G(S_n)$, которые соединяют вершины из этого подмножества S, так что

$$G(S) = G(S_n) \cap C^2(S).$$

Ребра графа называются *независимыми*, если они несмежны, т. е. не имеют общих вершин. Система попарно независимых ребер называется *паросочетанием*.

$\mathcal{F}_k$ обозначает k-вершинный граф с $[k/2]$ независимыми ребрами (паросочетанием);

$\mathcal{F}'_k$ — паросочетание с «вилкой», т. е. k-вершинный граф с $]k/2[$ (по возможности независимыми) ребрами;

C_k — простой цикл на k вершинах;

P_k — простой путь на k вершинах.

Хроматическое число n-вершинного графа $G(S_n)$ определяется как наименьшее возможное количество цветов $\chi(G(S_n))$, в которые можно раскрасить вершины S_n так, что вершины, соединенные ребром в графе $G(S_n)$, будут окрашены в разные цвета. Иными словами, $\chi(G(S_n))$ — это то наименьшее целое χ, при котором существует отображение $\varphi : S_n \to [\chi] = \{1, 2, \ldots, \chi\}$ такое, что для каждого «цвета» $i \in [\chi]$ его полный прообраз при этом отображении $\varphi^{-1}(i) = \{a \in S_n : \varphi(a) = i\} \subseteq S_n$ оказывается независимым подмножеством вершин графа $G(S_n)$. Следовательно, для вычисления хроматического числа графа требуется найти разбиение множества его вершин, обладающее наименьшим возможным рангом, при сформулированных выше условиях на такое разбиение.

Связным называется граф, в котором каждая пара его вершин соединена путем, состоящим из ребер этого графа.

Дерево — это связный граф без циклов.

Лес — это граф, в котором каждая компонента связности есть дерево.

Гиперграфом на множестве вершин S называется всякое подмножество G множества $\mathcal{P}(S)$. Элементы множества G представляют собой подмножества $e \in \in S$ и называются *гиперребрами*, так что всякий гиперграф G — это некоторое множество $\{e_i\}_{1\leqslant i\leqslant m}$ из $m = |G|$ гиперребер $e_i \subset S$ на вершинах S; l-граф — это $G^l \subset C^l(S)$, так что обычный граф — это 2-граф; его элементы суть просто ребра. Иногда удобно не указывать вершинные множества; так, гиперграф F может быть задан своими гиперребрами $\{A_1, \ldots, A_m\}$, нумерация которых, вообще говоря, несущественна.

Для $X \cap S = \varnothing$ запись $C^k(X) \cdot C^l(S)$ обозначает $(k + l)$-граф на множестве вершин $X + S$ вида $\{e \subset X + S\colon |e \cap X| = k, |e \cap S| = l\}$.

Под системой множеств будем понимать гиперребра некоторого гиперграфа с той лишь разницей, что в гиперграфе все его гиперребра различны, а элементы системы множеств могут повторяться. Значит, система множеств — это мультигиперграф.

Достаточной конструкцией будем называть либо граф, либо гиперграф, либо систему множеств, удовлетворяющую наперед заданному свойству; *экстремальной конструкцией* будем именовать достаточную конструкцию в том случае, когда она является предельно возможной по каким-либо параметрам или структурным характеристикам. Например, полный n-вершинный граф — это экстремальная конструкция по наибольшему возможному числу ребер среди всех n-вершинных графов.

3.1. Теоремы Мантеля, Турана и Шпернера

Исторически первым экстремальным результатом о графах явилась

Теорема Мантеля. *Наибольшее возможное количество ребер в n-вершинном графе без треугольников равно $[n^2/4]$.*

Экстремальная конструкция единственна и представляет собой полный двудольный граф с (по возможности) равными долями, т. е. по $[n/2]$ и $]n/2[= = n-[n/2]$ вершинами в первой и второй доле соответственно. В свою очередь, непосредственная проверка удостоверяет, что $[n/2]\cdot]n/2[= [n^2/4]$.

Ясно, что согласно принципу ящиков среди любых трех вершин этого графа найдется пара вершин из одной доли, т. е. пара, не соединенная ребром. Следовательно, на этих вершинах треугольника K_3 нет.

Обобщение этого результата представляет

Теорема Турана. *Пусть $T(n,k,2)$ — наименьшее возможное количество ребер в n-вершинном графе, у которого среди любых k вершин найдется по крайней мере одно ребро. Тогда*

$$T(n,k,2)=\sum_{i=0}^{k-2}\binom{[\frac{n+i}{k-1}]}{2}.$$

Экстремальная конструкция единственна и представляет собой систему из $(k-1)$ полных графов с (по возможности) равным числом вершин (по $[(n+i)/(k-1)]$ вершин в i-м полном графе, $i=0,1,\ldots,k-2$).

Согласно принципу ящиков, среди любых k вершин найдется пара вершин, принадлежащая одному из таких полных подграфов, а значит, соединенная ребром. Ясно, как связаны между собой эти две теоремы. Если граф $G(S_n)$ обладает свойством, предписанным теоремой Мантеля, т. е. $K_3 \not\subset G(S_n)$, то это, очевидно, эквивалентно тому, что в дополнительном графе $\overline{G}=C^2(S_n)\backslash G(S_n)$ среди любых трех вершин найдется, по крайней мере, одно ребро. Следовательно, $T(n,3,2)=C_n^2-[n^2/4]$.

Аналогичный вопрос для однородных гиперграфов открыт и называется **Проблема Турана.** Рассматриваются однородные l-графы $G_n^l\subseteq C^l(S_n)$ на множестве вершин S_n, т. е. гиперграфы, чьи ребра суть l-элементные подмножества множества вершин S_n. Пусть $T(n,k,l)$ — наименьшее возможное число l-ребер в n-вершинном графе $G_n^l\subseteq C^l(S_n)$ таком, что

$$\forall S_k\subseteq S_n\quad \exists S_l\in G_n^l:\quad S_l\subseteq S_k.$$

Вопрос состоит в вычислении значений $T(n,k,l)$ при всех допустимых параметрах $n\geqslant k\geqslant l\geqslant 1$.

Помимо теоремы Турана известно лишь несколько частных решений этой общей постановки, именно:

$$T(n,k,l)=n-k+l \iff n\leqslant (k-l)l/(l-1);$$
$$T(n,n-1,l)=]n/(n-l)[;$$
$$T(n,n-2,n-3)=\,]n/3](n-1)/2[[;$$

$$T(n,k+1,l)=\begin{cases}]n(3l-2)/l[-3k, & l/(l-1)\leqslant n/k\leqslant 3l/(3l-4),\\ & l \text{ четно},\\ 3n-[k(3l-1)/(l-1)], & l/(l-1)\leqslant n/k\leqslant\\ & \quad\leqslant (3l+1)/(3l-3),\\ & l \text{ нечетно};\end{cases}$$

$$T(n,k+1,3)=\begin{cases} n-k, & 1\leqslant n/k\leqslant 3/2,\\ 3n-4k, & 3/2\leqslant n/k\leqslant 2,\\ 4n-6k, & 2\leqslant n/k\leqslant 9/4,\ n\neq (9k-1)/4,\\ 4n-6k+2, & n=(9k+d)/4,\ d:=1,1,2.\end{cases}$$

Имеется очень притягательная гипотеза самого Турана о том, что $T(2n, 5, 3) = 2C_n^3$, это значение реализуется 3-графом $K_n^3 + K_n^3$, состоящим из двух полных 3-графов с n вершинами у каждого. Однако до настоящего времени и этот частный вопрос открыт.

Вообще, начало экстремальным задачам о системах множеств положил результат, который известен теперь как

Теорема Шпернера. *Наибольшее количество подмножеств n-элементного множества, взаимно не содержащих друг друга, равно* $\binom{n}{[n/2]}$.

Экстремальной конструкцией, реализующей это значение, может служить, например, множество всех $[n/2]$-элементных подмножеств n-элементного множества, поскольку все подмножества одинаковой мощности попарно невложимы друг в друга.

Остановимся теперь на некоторых подходах к решению этих и подобных экстремальных задач. Наиболее употребительным остается способ двустороннего оценивания, который удобно продемонстрировать на простом конкретном примере.

Пример. Сколь много гиперребер может иметь n-вершинный гиперграф без непересекающихся гиперребер?

Если $G \subseteq \mathcal{P}(S_n)$ — достаточная конструкция и $e \in G$, то очевидно, что $(S_n \backslash e) \notin G$, поэтому G не может содержать более половины от числа всех возможных гиперребер, т. е.

$$|G| \leqslant |\mathcal{P}(S_n)|/2 = 2^n/2 = 2^{n-1}.$$

С другой стороны, для $a \in S_n$ гиперграф $C(a) \cdot \mathcal{P}(S_n \backslash a)$ обладает предписанным свойством и имеет число ребер, равное

$$|C(a) \cdot \mathcal{P}(S_n \backslash a)| = |C(a)| \cdot |\mathcal{P}(S_n \backslash a)| = 1 \cdot 2^{n-1} = 2^{n-1}.$$

В основе большинства способов оценивания лежит использование различных мощностных соотношений для системы множеств.

Лемма 3.1. *Если гиперграф F и система гиперграфов $W = \{G, \dots\}$ таковы, что $\forall G \in W |G \cap F| \leqslant 1$, то*

$$\sum_{S \in F} \frac{\deg_w(S)}{|W|} \leqslant 1,$$

где $\deg_w(S) = |\{G \in W : S \in G\}|$.

Доказательство. Напомним, что для гиперграфа G, множества вершин A и целого неотрицательного q валентность определяется как число $v(A, q, G) = |\{e \in G : |A \cap e| = q\}|$. Тогда если G и F — две системы множеств, то

$$\sum_{a \in F} v(A, q, G) = \sum_{B \in G} v(B, q, F).$$

Действительно,

$$\sum_{a\in F} v(A,q,G) = \sum_{A\in G} |\{B\in G\colon |A\cap B| = q\}| =$$
$$= \sum_{A\in F}\sum_{B\in G} \chi\{|A\cap B| = q\} = \sum_{B\in G}\sum_{A\in F} \chi\{|A\cap B| = q\} =$$
$$= \sum_{B\in G} |\{A\in G\colon |A\cap B| = q\}| = \sum_{B\in G} v(B,q,F).$$

Ясно, что если $S \subseteq S_n$, то $v(S,q;C^l(S_n)) = C^q_{|S|}C^{l-q}_{n-|S|}$, поэтому для $C^l_n \subseteq G^l(S_n)$ из доказанного тождества следует, что

$$\sum_{S_p\subseteq S_n} v(S_p,q;G^l_n) = C^q_l C^{p-q}_{n-l}|G^l_n|;$$

если G — гиперграф, а S — некоторое множество вершин, то

$$\sum_{a\in S} \deg_G(a) = \sum_{e\in G} |e\cap S|,$$

где $\deg_G(a) = |\{e\in G\colon a\in e\}|$ — степень вершины гиперграфа G.

В самом деле,

$$\sum_{a\in S} \deg_G(a) = \sum_{a\in S} |\{e\in G\colon a\in e\}| = \sum_{a\in S}\sum_{e\in G} \chi\{a\in e\} =$$
$$= \sum_{e\in G}\sum_{a\in S} \chi\{a\in e\} = \sum_{e\in G} |e\cap S|.$$

Следовательно, если теперь в качестве S рассмотреть некий гиперграф F, а в качестве G — систему гиперграфов $W = \{G,\dots\}$ соответственно, то получим тождество

$$\sum_{S\in F} \deg_W(S) = \sum_{G\in W} |G\cap F|,$$

из которого, в силу того, что $\forall G\in W$ выполнено $|G\cap F| \leqslant 1$, получаем требуемое.

В частности, эта лемма позволяет доказать теорему Шпернера. Имеет место

Следствие 3.1. *Если гиперграф $F\subset \mathcal{P}(S_n)$ обладает тем свойством, что $\forall A,B\in F$ выполняется $A \not\subset B$, то выполняется неравенство*

$$\sum_{A\in F} \frac{|A|!\,(n-|A|)!}{n!} \leqslant 1.$$

Для доказательства достаточно в лемме 3.1 в качестве F рассмотреть гиперграф, в котором $\forall A, B \in F$ выполнено $A \not\subseteq B$, а в качестве W рассмотреть множество всех гиперграфов G, каждый из которых представляет собой полную цепь вида $G = \{\{S_0\}, \{S_1\}, \ldots, \{S_n\}\}$; такой гиперграф является цепью, если $\{S_0 \subset S_1 \subset \ldots \subset S_n\}$. Ясно, что общее число таких цепей в булеане $\mathcal{P}(S_n)$ равно $n!$, поэтому $|W| = n!$. Так как каждый гиперграф G есть цепь, то

$$\forall G \in W |G \cap F| \leqslant 1.$$

Наконец, несложно проверить, что $\deg_W(S) = |S|!\,(n - |S|)!$

Теперь теорема Шпернера сразу следует из следствия 3.1, поскольку

$$|F| \frac{[n/2]!\,(n - [n/2])!}{n!} = \sum_{A \in F} \frac{[n/2]!\,(n - [n/2])!}{n!} \leqslant \sum_{A \in F} \frac{|A|!\,(n - |A|)!}{n!} \leqslant 1,$$

и, значит,

$$|F| \leqslant \binom{n}{[n/2]}.$$

В ряде случаев удается получить точное решение, не прибегая к двустороннему оцениванию; это осуществимо для монотонных свойств графов и гиперграфов. Свойство $\mathcal{A}$ называется *монотонным* (наследственным), если из того, что граф F обладает этим свойством (что будем записывать в форме $G \in \mathcal{A}$), следует, что и всякий его подграф также обладает этим свойством, т. е. свойство $\mathcal{A}$ монотонно тогда и только тогда, когда $G \in \mathcal{A} \implies \forall F \subseteq \subseteq G$ выполнено $F \in \mathcal{A}$. Оказывается, для некоторых монотонных свойств достаточно вычислить точное решение для одного конкретного значения n, после чего проверить скорость роста искомой экстремальной границы как функции от n: если эта функция удовлетворяет известным аналитическим условиям, то она и является искомой экстремальной границей. Основание этому способу дает следующая

Лемма 3.2. *Пусть для произвольного монотонного свойства $\mathcal{A}$ вычисляется величина*

$$f(n, l; \mathcal{A}) = \max_{G_n^l \in \mathcal{A}} |G_n^l|.$$

Тогда, если существует целочисленная функция $f(n)$ такая, что

$$f(n_0) = f(n_0, l; \mathcal{A}), \quad n_0 \geqslant l, \tag{1}$$

$$0 \leqslant f(n) \leqslant f(n, l; \mathcal{A}), \quad n > n_0, \tag{2}$$

$$\frac{f(n-1)}{1 + f(n)} \leqslant \frac{n-l}{n}, \quad n > n_0, \tag{3}$$

то для всякого $n \geqslant n_0$ выполняется равенство

$$f(n, l; \mathcal{A}) = f(n).$$

Доказательство. Так как свойство $\mathcal{A}$ монотонно, то

$$G^l(S_n) \in \mathcal{A} \Longrightarrow \forall S_{n-1} \subset S_n \qquad G^l(S_{n-1}) = G^l(S_n) \cap C^l(S_{n-1}) \in \mathcal{A},$$

и, следовательно, $\forall S_{n-1} \subset S_n \ |G^l(S_{n-1})| \leqslant f(n-1, l; \mathcal{A})$. А поскольку для любого l-графа $G^l(S_n)$ выполняется равенство

$$\sum_{S_{n-1} \subset S_n} |G^l(S_{n-1})| = (n-l) \cdot |G^l(S_n)|,$$

то получаем, что если $G^l(S_n)$ — экстремальная конструкция, то справедливо неравенство $f(n, l; \mathcal{A}) \leqslant [nf(n-1, l; \mathcal{A})/(n-l)]$. Докажем теперь требуемое индукцией по $n \geqslant n_0$. Для $n = n_0$ это имеет место в силу (1). Пусть это справедливо всюду вплоть до $n-1$. Покажем, что это так и для n. Согласно индукционному предположению, имеем

$$f(n) \leqslant f(n, l; \mathcal{A}) \leqslant \left[\frac{n \cdot f(n-1, l; \mathcal{A})}{n-l}\right] = \left[\frac{n \cdot f(n-1)}{n-l}\right] \leqslant f(n).$$

Здесь первое неравенство следует из (2), второе доказано выше, равенство есть результат индукционного предположения, а последнее неравенство следует из (3). Лемма полностью доказана.

Продемонстрируем работу этой леммы на конкретных примерах. Функция $f(n) = [n^2/4]$ удовлетворяет неравенству (3) при всех $n \geqslant 2$. Следовательно, если свойство $\mathcal{A}$ состоит в том, что граф не содержит треугольников, то полный двудольный граф с (по возможности) равными долями действительно является экстремальной конструкцией для теоремы Мантеля, поскольку в этом случае условия (1) и (2), очевидно, выполнены для $n_0 = 2$. Таким образом, теорема Мантеля сразу следует из леммы 3.1.

Проверка порогового значения n_0 в лемме весьма существенна. Чтобы убедиться в этом, рассмотрим еще одно монотонное свойство: пусть свойство $\mathcal{A}$ состоит в том, что граф не содержит пентагонов, т. е. пятивершинных циклов; положив

$$f(n; C_5) = \max_{C_5 \not\subseteq G_n} |G_n|,$$

покажем, что

$$f(n; C_5) = \begin{cases} C_n^2, & \text{если } 2 \leqslant n \leqslant 4, \\ 7, & \text{если } n = 5, \\ [n^2/4], & \text{если } n \geqslant 6. \end{cases}$$

При $n \leqslant 5$ экстремальные значения легко проверяются непосредственно и поэтому, хотя функция $f(n) = [n^2/4]$ удовлетворяет неравенству (3) при всех $n \geqslant 2$, получаем, что для данного $\mathcal{A}$ пороговое значение $n_0 = 6$. При $n = 5$ экстремальной конструкцией служит граф K_4, пополненный еще одним ребром, инцидентным пятой вершине; при $n \geqslant 6$ экстремальной конструкцией служит тот же полный двудольный граф, что и в теореме Мантеля.

3.2. Запрещенные подграфы и локальные свойства

Результат Мантеля может служить модельным примером широкого класса экстремальных задач, общая форма которых имеет следующий вид.

Для фиксированного графа F вычислить наибольшее возможное число ребер в n-вершинном графе, не содержащем в себе этого графа F в качестве подграфа.

Принято, однако, рассматривать несколько более общую постановку, именуемую как

Задача о запрещенных подграфах. Пусть $L = \{G, \dots\}$ — список фиксированных «запрещенных» подграфов. Требуется вычислить величину $f(n; L)$ — наибольшее возможное число ребер в n-вершинном графе, не содержащем в себе в качестве подграфа ни одного графа из списка запрещенных подграфов L.

В рамках этой постановки результат Турана принимает вид

$$f(n; K_k) = C_n^2 - T(n, k, 2).$$

Известные точные формулы для некоторых списков запрещенных подграфов приведены в разделе задач.

Асимптотическое решение задачи о запрещенных подграфах дает

Теорема Эрдёша–Шимоновича.

$$f(n; L) = \left(1 + \frac{1}{1 - \max_{G \in L} \chi(G)}\right)\frac{n^2}{2} + o(n^2).$$

Следует заметить, что основной характеристикой, определяющей коэффициент при главном члене асимптотики в этой теореме, является хроматическое число, т. е. трудно вычисляемая характеристика графа.

Из теоремы Эрдёша–Шимоновича явствует, что коэффициент при главном члене асимптотики отличен от нуля тогда и только тогда, когда среди запрещенных подграфов нет двухцветных, т. е. раскрашиваемых в два цвета. Случай наличия двухцветных запрещенных подграфов принято именовать «дегенеративным», и в этом случае задача вычисления $f(n; L)$ состоит в оценке остаточного члена $o(n^2)$. Изучена область «самых дегенеративных» случаев.

Равенство $f(n; L) = O(n)$ выпоняется тогда и только тогда, когда среди запрещенных подграфов имеется либо дерево, либо лес (при конечном L).

Равенство $f(n; L) = O(1)$ выполняется тогда и только тогда, когда среди запрещенных подграфов имеются паросочетание и звезда.

Для примера покажем, что

$$f(n; K_{r,s}) \leqslant 0,5 \cdot (s-1)^{1/r} n^{2-1/r} + O(n), \quad r \leqslant s, \quad n \to \infty.$$

Если $d_1, \dots, d_n$ — степени вершин графа G, то число звезд $K_{r,1}$ в графе G равно

$$\sum_{i=1}^{n} \binom{d_i}{r}.$$

Если граф G не содержит полного двудольного графа $K_{r,s}$ в качестве подграфа, то у каждых r вершин может быть не более $s-1$ общих соседей, следовательно, и общее число звезд $K_{r,1}$ не может превышать величины $(s-1)C_n^r$, а из неравенства

$$\sum_{i=1}^{n}\binom{d_i}{r} \leqslant (s-1)C_n^r$$

вытекает требуемое:

$$2|G| = \sum_{i=1}^{n} d_i \leqslant (s-1)^{1/r} n^{2-1/r} + O(n).$$

По поводу остальных «дегенеративных» случаев см. раздел задач настоящей главы.

Тот же самый результат Мантеля может служить модельным примером иного класса экстремальных задач, общая форма которых имеет следующий вид.

Задача о локальных свойствах. Для фиксированного k-вершинного графа H_k вычислить $m(n;H_k)$ — наименьшее возможное число ребер в n-вершинном графе G_n, каждый k-вершинный подграф которого содержит в себе подграф, изоморфный графу H_k.

Класс задач о локальных свойствах является подклассом класса задач о запрещенных подграфах; это включение определяется очевидным равенством

$$m(n;H_k) = C_n^2 - f\big(n; \{G_k : G_k \not\subset \overline{H}_k\}\big).$$

Через $\mu(n;F_k)$ обозначаем максимум числа ребер в n-вершинном графе, у которого любой k-вершинный подграф вложим в k-вершинный граф F_k. Ясно, что

$$m(n;H_k) + \mu(n;\overline{H}_k) = C_n^2,$$

поэтому всюду далее предполагаем, что $F_k = \overline{H}_k$, и будем выбирать ту или иную форму записи в зависимости от удобства.

3.3. Точные решения для локальных свойств графов

В этом параграфе приводятся решения некоторых конкретных экстремальных задач о локальных свойствах графов. Введем вспомогательные обозначения. Через $\Delta(G)$ будем обозначать максимальную степень графа G. Через $Z(a)$ обозначаем множество вершин, смежных вершине a. Через $t(G)$ обозначаем наибольшее число независимых ребер в графе G.

Теорема 3.1. *Пусть H_k — произвольный фиксированный k-вершинный граф, обладающий вершиной степени $k-1$ и $F_k = \overline{H}_k$. $\mathcal{F}_k$ — паросочетание на k вершинах. Тогда граф G_n обладает тем свойством, что всякий его индуцированный k-вершинный подграф содержит в себе граф H_k, т. е.*

$$\forall S_k \subset S_n \quad G_n(S_k) = \big(C^2(S_k) \cap G_n\big) \supset H_k$$

тогда и только тогда, когда $G_n \supset (K_n - F_k)$ *при* $F_k \not\supset \mathcal{F}_k$ *и* $G_n \supset (K_n - F_k)$ *или* $G_n \supset (K_n - \mathcal{F}_n)$ *при* $F_k \supset \mathcal{F}_k$.

Доказательство. Достаточность этого утверждения очевидна. Покажем его необходимость. Пусть граф G_n обладает указанным свойством. Выделим в дополнительном к нему графе систему $\mathcal{F}_{2t}$ из t независимых ребер.

Неравенство $t > t(F_k)$ может выполняться только тогда, когда $F_k \supset \mathcal{F}_k$, но в этом случае с необходимостью $\overline{G}_n = \mathcal{F}_{2t} \subset \mathcal{F}_n$, поскольку при добавлении любого ребра e к графу $\mathcal{F}_{2t}$ (ребро e должно быть смежным с одним из ребер графа $\mathcal{F}_{2t}$, в силу максимальности последнего) получим граф $\mathcal{F}_{2t} + \{e\}$, в котором всегда найдутся k вершин S_k таких, что индуцированный ими собственный подграф $(\mathcal{F}_{2t} + \{e\})(S_k)$ не будет иметь изолированной вершины, предписанной графу F_k условием

$$H_k \supset K_{1,k-1}.$$

Пусть теперь $t \leqslant t(F_k)$. В этом случае число неизолированных вершин графа, дополнительного к графу G_n, не превосходит $k-1$. Действительно, выбрав в противном случае в качестве $S_k \subset S_n$ любое множество из k неизолированных вершин графа G_n, включающее в себя $2t$ вершин графа $\mathcal{F}_{2t}$, в силу максимальности последнего получаем, что собственный подграф $\overline{G}_n(S_k)$ на этих k вершинах изолированной вершины не имеет, что противоречит условию теоремы. Ясно, что граф на не более чем $k-1$ неизолированных вершинах должен быть подграфом графа F_k.

В качестве следствия получаем решение одной задачи о локальных свойствах графов.

Следствие 3.2. *Пусть k-вершинный граф F_k обладает изолированной вершиной. Тогда*

$$\mu(n; F_k) = \begin{cases} |F_k|, & \text{если } F_k \not\supset \mathcal{F}_k, \\ \max([n/2], |F_k|), & \text{если } F_k \subset \mathcal{F}_k. \end{cases}$$

Таким образом, если в задаче о локальных свойствах граф H_k обладает вершиной степени $k-1$, то точное решение этой задачи дается следствием 3.2.

Теорема 3.2.

$m(n; C_k) =]n(n-k+2)/2[.$

Доказательство. Ясно, что при $k = 3$ экстремальным является полный граф, а при $k = 4$ — полный граф без паросочетания, поэтому всюду далее предполагаем, что $k \geqslant 5$.

Если G_n — достаточная конструкция, то степень каждой ее вершины не меньше, чем $(n-k+2)$. Действительно, если найдется вершина $a \in S_n$ степени $d(a) \leqslant n-k+1$, то найдется подмножество вершин $S_k \subset S_n$, содержащее в себе эту вершину и такое, что $d_{G(S_k)}(a) \leqslant 1$ (здесь $d_{G(S_k)}(a)$ — это степень вершины a в графе $G(S_k)$), а это значит, что

$G(S_k) \supset C_k$. Поскольку сумма степеней графа равна удвоенному числу его ребер, получаем, что $|G_n| \geqslant]n(n-k+2)/2[$.

Для описания экстремальных конструкций на множестве вершин S_n введем расстояние d по правилу

$$d(a_i, a_j) = \min\big(|i-j|, n - |i-j|\big).$$

Для этого расстояния выполняется следующее неравенство: если $1 \leqslant i_1 < \cdots < i_k \leqslant n$, то

$$d(a_{i_1}, a_{i_k}) \leqslant \min\Big(\sum_{j=1}^{k-1} d(a_{i_j}, a_{i_{j+1}}), \quad n - \sum_{j=1}^{k-1} d(a_{i_j}, a_{i_{j+1}})\Big). \qquad (4)$$

Степень цикла C_n^t на n вершинах определяется как граф $C_n^t = \{(a_i, a_j) : 1 \leqslant d(a_i, a_j) \leqslant t\}$, так что $C_n^1 = C_n$, следовательно, в графе C_n^t степень каждой вершины равна $\min(2t, n-1)$ и

$$|C_n^t| = \min(nt, C_n^2).$$

Покажем достаточность степени цикла C_n^t при $t = [(n-k+2)/2]$. Пусть $S_k = \{a_{i_1}, \ldots, a_{i_k}\} \subset S_n$, где $1 \leqslant i_1 < \cdots < i_k \leqslant n$. Если $d(a_{i_j}, a_{i_{j+1}}) \leqslant t$ $(j = 1, \ldots, k-1)$ и $d(a_{i_1}, a_{i_k}) \leqslant t$, то

$$C_n^t(S_k) \supset C_k = \{(a_{i_1}, a_{i_2}), \ldots, (a_{i_{k-1}}, a_{i_k}), (a_{i_k}, a_{i_1})\}.$$

Рассмотрим альтернативный случай. Пусть, для определенности, $d(a_{i_1}, a_{i_k}) \geqslant t+1$, но тогда если $1 \leqslant i_j < i_{j+1} \leqslant i_k$, то

$$d(a_{i_j}, a_{i_{j+l}}) \leqslant](n-k+2)/2[+l-2. \qquad (5)$$

Действительно, согласно (4),

$$d(a_{i_1}, a_{i_k}) \leqslant d(a_{i_1}, a_{i_2}) - \cdots - d(a_{i_{j-1}}, a_{i_j}) - d(a_{i_j}, a_{i_{j+l}}) -$$
$$- d(a_{i_{j+l}}, a_{i_{j+l+1}}) - \cdots - d(a_{i_{k-1}}, a_{i_k}) \leqslant n - (k-l-1) - d(a_{i_j}, a_{i_{j+l}}),$$

откуда $t + 1 \leqslant n - k + l + 1 - d(a_{i_j}, a_{i_{j+l}})$. Так как правая часть (5) не превосходит t при $l = 1$, то всегда

$$C_n^t(S_k) \supset P_k = \{(a_{i_1}, a_{i_2}), \ldots, (a_{i_{k-1}}, a_{i_k})\}.$$

Значит, если $n-k$ четно, то при четном k

$$C_n^t(S_k) \supset C_k = \big\{(a_{i_1}, a_{i_3}), (a_{i_3}, a_{i_5}), \ldots, (a_{i_{k-3}}, a_{i_{k-1}}), (a_{i_{k-1}}, a_{i_k}),$$
$$(a_{i_k}, a_{i_{k-2}}), \ldots, (a_{i_4}, a_{i_2}), (a_{i_2}, a_{i_1})\big\},$$

а при нечетном k

$$C_n^t(S_k) \supset C_k = \big\{(a_{i_1}, a_{i_3}), (a_{i_3}, a_{i_5}), \ldots, (a_{i_{k-2}}, a_{i_k}), (a_{i_k}, a_{i_{k-1}}),$$
$$(a_{i_{k-1}}, a_{i_{k-3}}), \ldots, (a_{i_4}, a_{i_2}), (a_{i_2}, a_{i_1})\big\}.$$

Итак, если $n-k$ четно, то экстремальной является степень цикла C_n^t.

Пусть теперь $n-k$ нечетно. Если $d(a_{i_1}, a_{i_k}) \geqslant t+2$, то $t+2 \leqslant n-k+1-d(a_{i_j}, a_{i_{j+l}})$, следовательно, $d(a_{i_j}, a_{i_{j+l}}) \leqslant](n-k+2)/2[+l-3$ и при $l=2$ эта величина не превосходит t; значит, и в этом случае $C_n^t(S_k) \supset C_k$. Таким образом, осталось рассмотреть случай $d(a_{i_1}, a_{i_k}) = t+1$; здесь если $d(a_{i_j}, a_{i_{j+2}}) \leqslant t$ $(j=1,\ldots,k-2)$, то $C_n^t(S_n) \supset C_k$; значит, можно предположить, что $d(a_{i_1}, a_{i_k}) = t+1 = d(a_{i_j}, a_{i_{j+2}})$, но тогда

$$d(a_{i_1}, a_{i_2}) = \cdots = d(a_{i_{j-1}}, a_{i_j}) = d(a_{i_{j+2}}, a_{i_{j+3}}) \cdots = d(a_{i_{k-1}}, a_{i_k}) = 1.$$

Поэтому для упрощения обозначений предположим далее, что

$$S_k = \{a_1, \ldots, a_j, a_l, a_{j+t+1}, \ldots, a_{k+t-1}\},$$

где $j+1 \leqslant l \leqslant j+t$, $1 \leqslant j \leqslant [(k-1)/2]$, и рассмотрим теперь несколько случаев.

Предположим, что n четно, а k нечетно. Тогда, пополнив степень цикла C_n^t паросочетанием

$$\mathcal{F} = \{(a_i, a_j) \colon d(a_i, a_j) = n/2\},$$

обозначим полученный граф через G и проверим его достаточность.

Пусть $t>1$, $j<(k-1)/2$. Ясно, что $(a_1, a_{n/2+1}) \in G(S_k)$, а так как $j<(k-1)/2$, то $t+j+1 < n/2+1 < k+t-1$. Значит, $G(S_k) \supset C_k$, где C_k состоит из пути

$$\{(a_{n/2+1}, a_1), (a_1, a_2), \ldots, (a_j, a_l), (a_l, a_{t+j+1}), (a_{t+j+1}, a_{t+j+2}), \ldots \ldots, (a_{n/2-1}, a_{n/2})\}$$

и пути на вершинах

$$\{a_{n/2}, a_{n/2+1}, \ldots, a_{k+t-1}\},$$

который начинается в вершине $a_{n/2}$ и заканчивается в вершине $a_{n/2+1}$; существование такого пути следует из того, что $t>1$ (см. рис. 3.1).

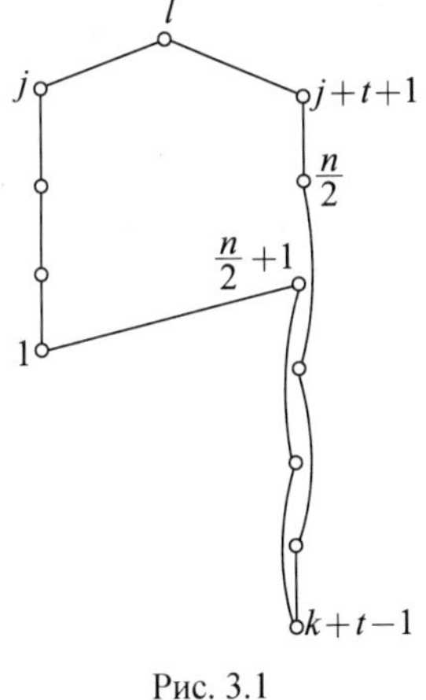

Рис. 3.1

Пусть $t>1$, $j=(k-1)/2$ и j нечетно. Здесь $n/2+1 = t+j+1$ и, значит, $G(S_k) \supset C_k$, где C_k такой же, как на рис. 3.2.

Пусть $t>1$, $j=(k-1)/2$ и j четно. Тогда либо $(a_{j-1}, a_l) \in G(S_k)$, либо $(a_l, a_{j+t-2}) \in G(S_k)$. Пусть, для определенности, выполняется первое условие, но тогда $G(S_k) \supset C_k$, где C_k такой же, как на рис. 3.3.

Пусть $t=1$. Здесь $n=k+1$ и экстремальным является граф

$$C_n + \{(a_1, a_{n/2+1}), (a_2, a_n), (a_3, a_{n-1}), \ldots, (a_{n/2}, a_{n/2}+2)\}.$$

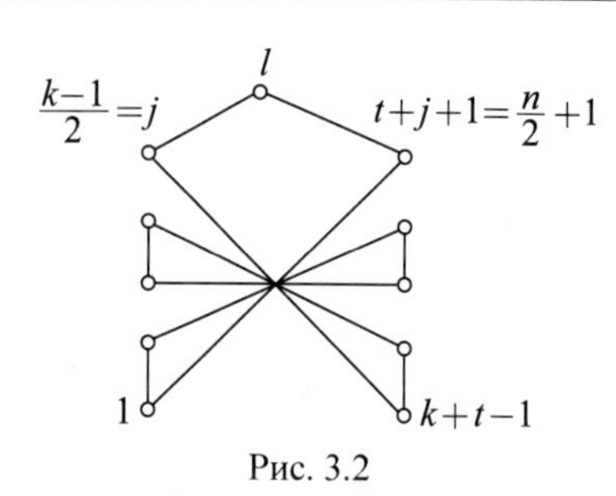

Рис. 3.2

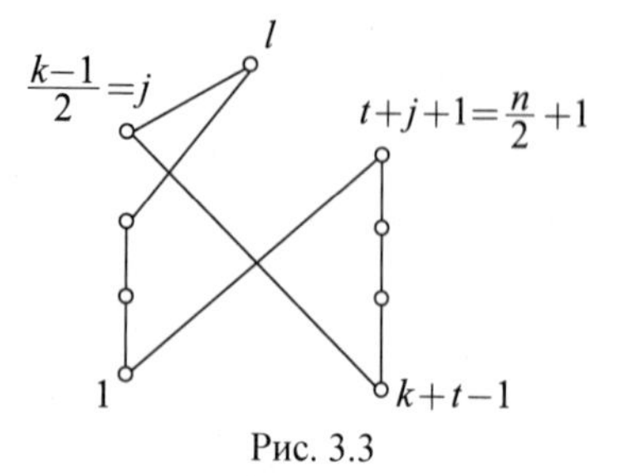

Рис. 3.3

Действительно, если удаляется вершина a_1, то

$$C_{n-1} = \{(a_2, a_3), (a_3, a_4), \ldots, (a_{n-1}, a_n), (a_n, a_2)\},$$

если же удаляется вершина a_j, $j \neq 1, n/2+1$, то C_{n-1} имеет вид, как на рис. 3.4.

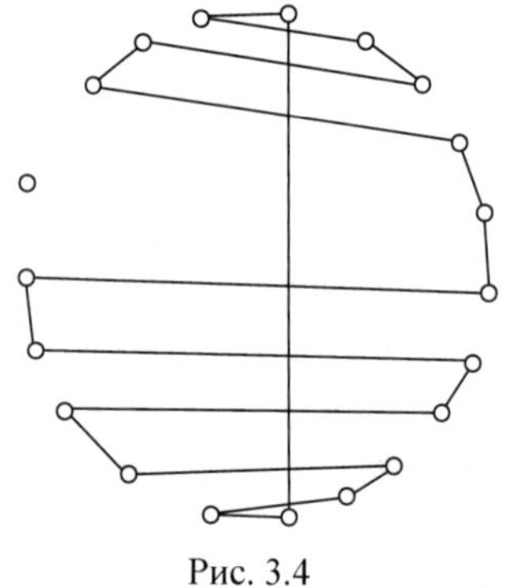
Рис. 3.4

Предположим, что n нечетно, а k четно. Пополним степень цикла C_n^t паросочетанием с «вилкой»

$$\mathcal{F}' = \{(a_1, a_{(n+1)/2}), (a_i, a_j)\colon j - i = (n+1)/2,\ i = 1, \ldots, (n-1)/2\},$$

обозначив полученный граф через G', и проанализируем его достаточность.

Заметим сначала, что граф G' уже не обладает той симметричностью графа G в выборе S_k, поэтому перебор различных S_k в G' удобнее заменить перебором двух различных паросочетаний с «вилками» — изначального и следующего:

$$\mathcal{F}' = \{(a_{(n-1)/2}, a_n), (a_i, a_j)\colon j - i = (n-1)/2,\ i = 1, \ldots, (n-1)/2\}.$$

Эквивалентность этих переборов очевидна, а их наличие объясняет бóльшее количество вариантов, чем для G. Первый вариант обозначим *а*), а второй — *б*).

а) $t > 1$. Так как всегда $j \leqslant [(k-1)/2] = (k-2)/2 < k$, то $t + j + 1 < (n+3)/2 < k + t - 1$ и, значит, $G'(S_k) \supset C_k$ так же, как граф G в случае четного n, нечетного k и $t > 1$, $j < (k-1)/2$.

б) $t > 1$, $j < (k-2)/2$. Так как $j < (k-2)/2$, то $t + j + 1 < (n+1)/2 < k + t - 1$ и $G'(S_k) \supset C_k$, как в предыдущем случае.

б) $t > 1$, $j = (k-2)/2$, j нечетно. Здесь $G'(S_k) \supset C_k$, где C_k такой же, как на рис. 3.5.

б) $t > 1$, $j = (k-2)/2$, j четно. Здесь либо $(a_{j-1}, a_l) \in G'$, либо $(a_l, a_{t+j+2}) \in G'$, но тогда $G'(S_k) \supset C_k$, где C_k такой же, как на рис. 3.6.

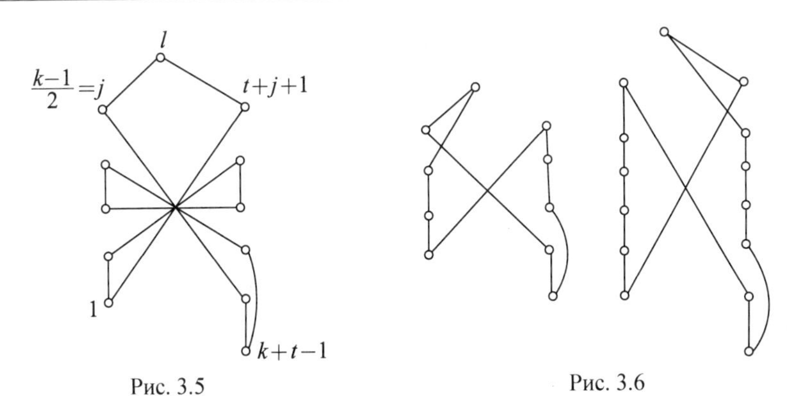

Рис. 3.5 Рис. 3.6

Пусть, наконец, $t = 1$. Здесь $n = k + 1$, и экстремальный граф имеет вид

$$C_n + \big\{(a_1, a_{(n+3)/2}), (a_1, a_{(n+1)/2}), (a_2, a_n), (a_3, a_{n-1}), \ldots, (a_{(n-1)/2}, a_{(n+5)/2})\big\}.$$

Действительно, если удаляется вершина a_1, то

$$C_{n-1} = \big\{(a_2, a_3), (a_3, a_4), \ldots, (a_{n-1}, a_n), (a_n, a_2)\big\},$$

если удаляется вершина a_i, $i \neq 1, (n+3)/2, (n+1)/2$, то C_{n-1} имеет вид, как на рис. 3.7, *а*, если же удаляется вершина a_i, $i = (n+3)/2, (n+1)/2$, то C_{n-1} имеет вид, как на рис. 3.7, *б*. Теорема полностью доказана.

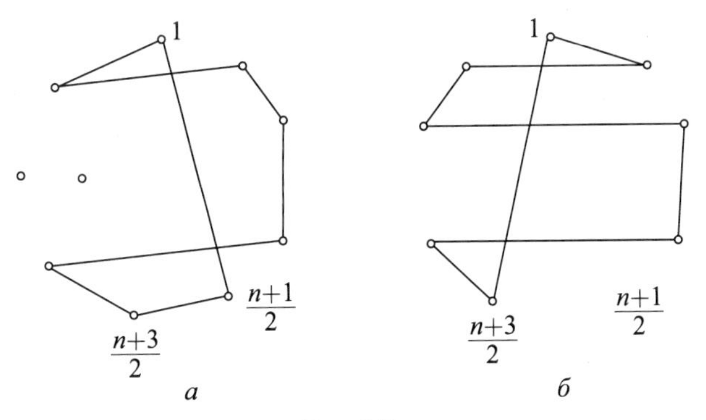

Рис. 3.7

Отметим одно структурное следствие полученного результата. Будем называть n-вершинный граф *локально гамильтоновым*, если для натурального k ($3 \leqslant k \leqslant n$) всякий его k-вершинный собственный подграф гамильтонов, т. е. имеет гамильтонов цикл C_k. Как обычно, под гамильтоновым путем понимается простой путь, проходящий через все вершины графа однократно.

Следствие 3.3. *Из каждой вершины локально гамильтонового графа выходит гамильтонов путь.*

Доказательство. Предположим противное — в локально гамильтоновом графе G_n рассмотрим вершину a_1, из которой не выходит гамильтонов путь. Пусть $P_l = \{(a_1, a_2), \ldots, (a_{l-1}, a_l)\}$ — длиннейший путь, исходящий из этой вершины a_l; ясно, что $k \leqslant l \leqslant n - 1$. Положим $S_k = \{a_t, \ldots, a_l, \ldots, a_{t+k-1}\}$, где $n - k + 1 > t > l - k + 1$, $l \geqslant t \geqslant 2$, что, очевидно, всегда осуществимо. Так как граф G_n локально гамильтонов, то $G_n(S_k) \supset C_k$, поэтому в графе $G_n(S_k)$ из каждой вершины, а значит, и из вершины a_t выходит гамильтонов путь. Рассмотрим такой путь P_k, исходящий из вершины a_t. Тогда в графе G_n имеются: путь

$$P_t = \{(a_1, a_2), \ldots, (a_{t-1}, a_t)\} \subset P_l$$

и путь P_k, начинающийся из вершины a_t и не проходящий через вершины $\{a_1, \ldots, a_{t-1}\}$ (по построению); следовательно, в графе G_n имеется путь $P_t \cup P_k$, исходящий из a_1 на $t + k - 1 > l$ вершинах, что противоречит максимальности выбранного пути P_l.

Примечательно, что формула следствия 3.2 асимптотически не меняется, даже если объем локального графа уменьшить вдвое; этот факт подтверждает

Следствие 3.4. *Если $m(n; \mathcal{F}'_k)$ обозначает наименьшее возможное число ребер в n-вершинном графе, у которого среди любых k вершин найдется паросочетание с «вилкой», то*

$$m(n; \mathcal{F}'_k) =]n(n-k+1)/2[.$$

Обсуждая результат этого следствия, П. Эрдёш начал интересоваться условием наличия системы некоторых независимых подграфов в локальном графе, причем системы уже не столь тривиальной, как паросочетание, а в первую очередь системы из двух независимых треугольников. Найти эти условия позволяет, в частности,

Теорема 3.3. *Если $n \geqslant 2p + q$, то*

$$\mu(n; K_{p,p+q}) =$$

$$= \begin{cases} C_n^2, \quad p = 1, \; q = 0, & (6) \\ [n^2/4], \quad p = 1, \; q = 1, & (7) \\ n - 1, \quad p = 1, \; q \geqslant 2, & (8) \\ \max(p^2, n), \quad p \geqslant 2, \; q = 0, & (9) \\ 3[n/2], \quad p = 2, \; q = 1, \; n = 5, 7, 9, & (10) \\ [3n/2], \quad p = 2, \; q = 1, \; n \neq 5, 7, 9, & (11) \\ p^2 + p, \quad p \geqslant 3, \; q = 1, \; n = 2p + 1, & (12) \\ \max((p+1)^2, 3[n/2]), \quad p \geqslant 3, \; q = 1, \; n \geqslant 2p + 2, & (13) \\ p^2 + pq, \quad p \geqslant 2, \; q \geqslant 2. & (14) \end{cases}$$

Доказательство. Пусть $f(\Delta, t)$ — максимум числа ребер в графе с максимальной степенью не более Δ и числом независимых ребер не более t. Тогда выполняется оценка $f(\Delta, t) \leqslant t(\Delta + 1)$ и имеет место следующая точная формула:

$$f(\Delta, t) = \begin{cases} \Delta t, & \text{если } \Delta \geqslant 2t + 1, \\ \Delta t + [\Delta/2]\,\big[t/[(\Delta+1)/2]\big], & \text{если } \Delta \leqslant 2t. \end{cases}$$

Докажем формулы (6)–(14), начало решения каждой из них обозначаем соответствующим номером.

Равенство (6) тривиально.

В случае (7) задача эквивалентна вычислению максимума числа ребер в n-вершинном графе без треугольников, а следовательно, эквивалентна теореме Мантеля, так что единственной экстремальной конструкцией служит полный двудольный граф с (по возможности) равными долями.

В случае (8) в достаточной конструкции G_n не может быть двух независимых ребер, т. е. $|G_n| \leqslant n - 1$, и это значение реализуется звездой $K_{1,n-1}$ — опять-таки единственной экстремальной конструкцией.

(9). При $p > 1$ максимальная степень графа $K_{p,p+q}$ равна $p + q < 2p + q - 1$; значит, $\Delta(G_n) \leqslant \Delta(K_{p,p+q}) = p + q$ и, следовательно, $|G_n| \leqslant [n(p + q)/2]$. Пусть G_n — произвольная достаточная конструкция и $a \in S_n$ — ее вершина степени $\Delta = \Delta(G_n)$. Так как $K_{p,p} \not\supset K_3$, то $G_n \not\supset K_3$, поэтому $G_n\big(\{a\} + Z(a)\big) = K_{1,\Delta}$. Положим $S = S_n \backslash \{a\} \backslash Z(a)$ и рассмотрим индуцированный $(n-\Delta-1)$-вершинный подграф $G(S) \subset G_n$. Если $\Delta \geqslant 3$, то $t(G(S)) \leqslant p - \Delta$. Действительно, так как $K_{p,p} \not\supset K_{1,\Delta} + \mathcal{F}_{2(p-\Delta+1)}$, что корректно при $2p \geqslant 1 + \Delta + 2p - 2\Delta + 2$ или $\Delta \geqslant 3$, то $G(S) \not\supset \mathcal{F}_{2(p-\Delta+1)}$. Стало быть, в этом случае

$$|G_n| \leqslant \Delta^2 + |G(S)| \leqslant \Delta^2 + f(\Delta, p - \Delta) \leqslant \\ \leqslant \Delta^2 + (p - \Delta)(\Delta + 1) = p\Delta + p - \Delta \leqslant p^2.$$

Если $\Delta \leqslant 2$, то очевидно, что $|G_n| \leqslant n$. Экстремальными конструкциями служат $K_{p,p}$ и гамильтонов цикл C_n.

(14). Так как $t(k_{p,p+q}) = p < [(2p + q)/2]$, то $t(G_n) \leqslant p$; значит, $|G_n| \leqslant f(p + q, p)$. Если $p + q \geqslant 2p + 1$ или $q \geqslant p + 1$, то $f(p + q, p) = p(p + q)$ и в этом случае (14) доказано, так как $K_{p,p+q}$ — конструкция достаточная.

Отметим некоторые свойства достаточной конструкции G_n. Во-первых, заметим, что $\chi(G_n) = 2$; действительно, граф G_n не имеет «коротких» ($\leqslant 2p + q$) нечетных циклов как графов, невложимых в граф $K_{p,p+q}$; в то же время, наличие «большого» $(2p+q)$ цикла влекло бы наличие более чем p независимых ребер. Следовательно, G_n может содержать лишь циклы $C_4, \ldots, C_{2p}$. Если $\Delta(G_n) \leqslant p + q - 1$, то $|G_n| \leqslant f(p + q - 1, p) \leqslant p(p + q - 1 + 1) = p(p + q)$, поэтому предполагаем, что $\Delta(G_n) = p + q$.

Пусть l — наибольшее целое число ($1 \leqslant l \leqslant p$), при котором $K_{l,p+q} \subset \subset G_n$, причем l-доля графа $K_{l,p+q}$ состоит из вершин S_l, а его $(p+q)$-доля состоит из вершин S_{p+q}. Положим $S_{n-l} = S_n \backslash S_l$ и рассмотрим подграф, индуцированный этими вершинами: $G(S_{n-l}) \subset G_n$. Так как $t(G_n) \leqslant p$, то $t(G_{n-l}) \leqslant p - l$. Если $\Delta(G(S_{n-l})) \leqslant p + q - 1$, то

$$|G(S_{n-l})| \leqslant f(p+q-1, p-l) \leqslant (p-l)(p+q-1+1) = (p-l)(p+q),$$

и, значит,

$$|G_n| = l(p+q) + |G(S_{n-l})| \leqslant l(p+q) + (p-l)(p+q) = p(p+q),$$

поэтому предполагаем, что $\Delta(G(S_{n-l})) = p+q$ и что $a \in S_{n-l}$ — вершина, реализующая эту степень в графе $G(S_{n-l})$. Так как $\Delta(G(S_n)) = p + q$, то $a \notin S_{p+q}$.

Рассмотрим множество $Z(a)$; если $Z(a) = S_{p+q}$, то это противоречит максимальности l, значит, $Z(a) \cap (S_{n-l} \backslash S_{p+q}) \neq \varnothing$. Рассмотрим ребро $(a,b) \in G(S_{n-l})$, где $b \in Z(a) \cap (S_{n-l} \backslash S_{p+q})$; но тогда если $1 \leqslant l \leqslant p-2$, то $K_{p,p+q} \not\supset K_{l,p+q} + (a,b)$, т. е. и в этом случае наличие вершины степени $p+q$ в графе $G(S_{n-l})$ неосуществимо. Рассмотрим оставшийся вариант $l = p, p-1$. Так как $|G(S_{n-l})| \leqslant f(p+q, p-l)$, то, так как при $l := p, p-1$ справедливо неравенство $p+q \geqslant 2(p-l)+1$, получаем, что в этих случаях имеет место равенство $f(p+q, p-l) = (p-l)(p+q)$, и, значит,

$$|G_n| = |K_{l,p+q}| + |G(S_{n-l})| \leqslant l(p+q) + (p-l)(p+q) = p(p+q).$$

Экстремальной конструкцией для случая (14) служит граф $K_{p,p+q}$.

(12). Этот случай очевиден; экстремальной конструкцией служит граф $K_{p,p+1}$.

В случаях (10)–(12) имеет место общая оценка: если $p \geqslant 2$, $q = 1$, то

$$\mu(n; K_{p,p+1}) \leqslant \max\big((p+1)^2, [3n/2]\big). \tag{15}$$

Действительно, в обозначениях доказательства формулы (9), если $\Delta \geqslant \geqslant 4$, то $t(G(S)) \leqslant p - \Delta + 1$, так как $K_{p,p+1} \not\supset K_{1,\Delta} + \mathcal{F}_{2(p-\Delta+2)}$, что корректно при $2p+1 \geqslant 1 + \Delta + 2p + 4 - 2\Delta$, или $\Delta \geqslant 4$, и, значит, $G(S) \not\supset \not\supset \mathcal{F}_{2(p-\Delta+2)}$. Следовательно,

$$|G_n| \leqslant \Delta^2 + |G(S)| \leqslant \Delta^2 + f(\Delta, p - \Delta + 1) = \\ = \Delta^2 + (p - \Delta + 1)(\Delta + 1) = p\Delta + p + 1 \leqslant (p+1)^2.$$

Если $\Delta \leqslant 3$, то очевидно, что $|G_n| \leqslant [3n/2]$. Таким образом, (15) доказано.

В случаях (10), (11) при $n \geqslant 6$ оценка (15) принимает вид

$$\mu(n; K_{p,p+1}) \leqslant [3n/2].$$

(10). Пусть G_n — экстремальная конструкция. Случай $n = 5$ тривиален: $G_5 = K_{2,3}$. При $n = 7$, если $G_7 \supset G_7$, то $|G_7| = 7$; если $\chi(G_n) = 2$, то $|G_n| \leqslant 3[n/2]$, эта оценка реализуется графом $K_{3,3}$ при $n = 7$. Пусть $n = 9$; рассмотрим кратчайший нечетный цикл, содержащийся в G_9; если это C_9, то $|G_9| = 9$; если это C_7, то для реализации (15) остальным двум вершинам должны быть инцидентны шесть ребер, что неосуществимо. Следовательно, и здесь $\chi(C_9) = 2$, т. е. $|G_9| \leqslant 3[9/2] = 12$, и это значение реализуется графом $\mathcal{T}_8$.

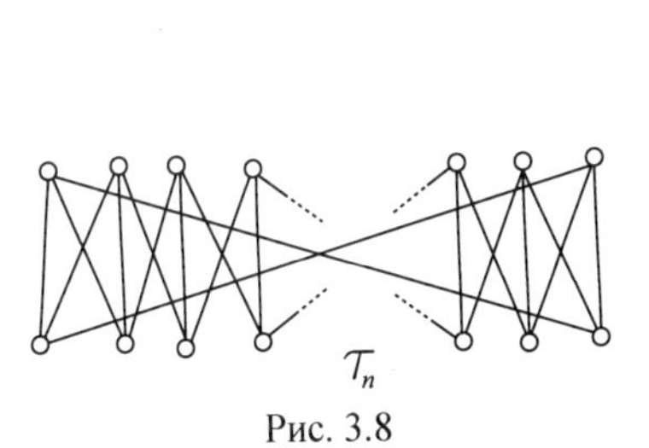

Рис. 3.8

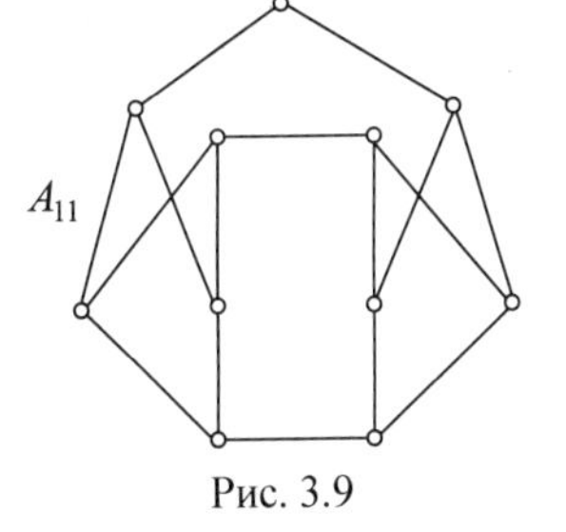

Рис. 3.9

(11). Если n четно, то (15) реализуется графом $\mathcal{T}_n$ (см. рис. 3.8). Если $n = 11$, то (15) реализуется графом $\mathcal{A}_{11}$. Если $n \equiv 1 (\mathrm{mod}\ 4)$, $n \geqslant 13$, то (15) реализуется графом $\mathcal{A}_1$. Если $n \equiv 3 (\mathrm{mod}\ 4)$, $n \geqslant 15$, то (15) реализуется графом $\mathcal{A}_3$ (см. рис. 3.9–3.11). Достаточность этих конструкций проверяется непосредственно и основывается на том факте, что при $p = 2$, $q = 1$ граф G_n является достаточной конструкцией тогда и только тогда, когда $\Delta(G_n) \leqslant 3$, $G_n \not\supset C_3, C_5$.

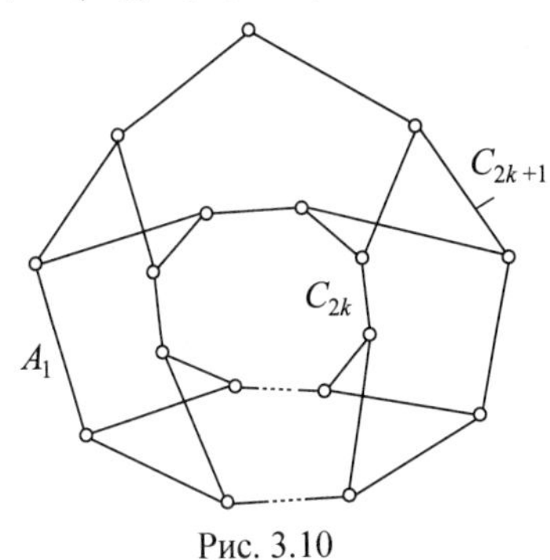

Рис. 3.10

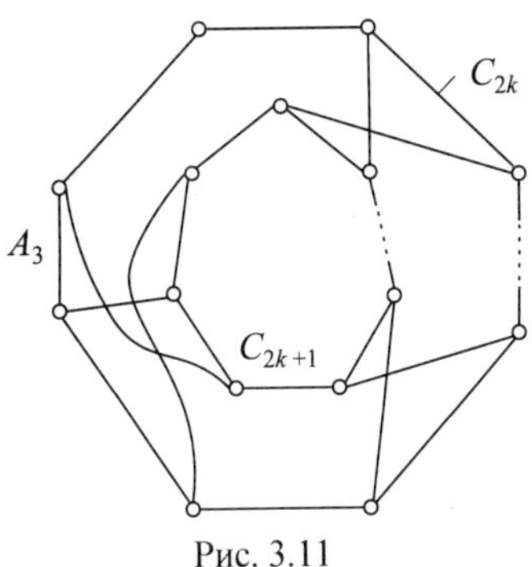

Рис. 3.11

(13). Теорема Сильвестра, приведенная в гл.2, обосновывает существование следующего графа для целых неотрицательных a и b:

$$\mathcal{A}_n = \begin{cases} K_{p+1,p+1}, & \text{если } 3[n/2] \leqslant (p+1)^2, \\ a\mathcal{T}_6 + b\mathcal{T}_8, & \text{если } 3[n/2] \geqslant (p+1)^2, \quad 3a + 4b = [n/2], \end{cases}$$

где $\mathcal{T}_6 = K_{3,3}$, а граф $\mathcal{T}_8$ изоморфен графу ребер обычного трехмерного куба.

Покажем, что граф $\mathcal{A}_n$ является экстремальной конструкцией. Так как $|\mathcal{A}_n| = \max\big((p+1)^2, 3[n/2]\big)$, что при четном n совпадает с (15), то (13) для четных n доказано. Пусть n нечетно. Покажем, что $\mu(n; K_{p,p+1}) \leqslant \max\big((p+1)^2, 3[n/2]\big)$. Для этого рассмотрим произвольный экстремальный граф G_n такой, что $\Delta(G_n) \leqslant 3$; он содержит нечетные циклы и ровно $[3n/2]$ ребер. Невыполнение любого из этих условий сразу влечет требуемую оценку. В свою очередь, условие $|G_n| = [3n/2]$ влечет наличие в графе G_n ровно $(n-1)$ вершин степени 3 и одной вершины степени 2. Рассмотрим наименьший нечетный цикл $C_r \subset G_n$. Ясно, что $r > 2p+1$; рассмотрим путь $P_{2p+1} \subset C_r$, не содержащий в себе вершины степени 2 графа G_n; последнее всегда осуществимо, даже если такая вершина принадлежит циклу C_r, поскольку $r > 2p+1$.

Пусть, для определенности,

$$P_{2p+1} = \big\{(a_1, b_1), (b_1, a_2), (a_2, b_2), \ldots, (b_p, a_{p+1})\big\}$$

и $S_p = \{b_1, \ldots, b_p\}$, $S_{p+1} = \{a_1, \ldots, a_{p+1}\}$. Рассмотрим все ребра графа G_n, инцидентные вершинам b_i и не принадлежащие пути P_{2p+1}. В силу своей максимальности цикл C_r не содержит хорд, поэтому число таких ребер равно p; множество концов этих ребер обозначим через $V = \{v_1, v_2, \ldots\}$, а граф, образованный ими и путем P_{2p+1}, — через H. Если среди вершин из множества V найдется вершина v такая, что $(v, b_i), (v, b_j) \in H$, причем $j - i > 1$, то подграф графа H, индуцированный вершинами $S_{p+1} + (S_p \backslash b_l) + \{v\}$, где $i < l < j$, связен и, будучи раскрашенным в два цвета, имеет $(p-1)$ вершин одного цвета и $(p+2)$ вершин другого цвета, т. е. не вкладывается в граф $K_{p,p+1}$. В альтернативном случае все вершины графа H имеют степень, не превосходящую 2, причем если $(v, b_i), (v, b_j) \in H$, то $|i - j| = 1$, т. е. вершины степени 2 инцидентны «соседним» b_i.

Здесь рассмотрим два случая. Пусть сначала $p \geqslant 4$ и пусть, для определенности, $(v_1, b_1), (v_2, b_{p-1}) \in H$. Ясно, что если $p \geqslant 4$, то $v_1 \neq v_2$, поскольку подграф графа H, индуцированный вершинами $(S_{p+1} \backslash \{a_{p+1}\}) + (S_p \backslash \{b_p\}) + \{v_1\} + \{v_2\}$, представляет собой $(2p+1)$-вершинное дерево, не вложимое в граф $K_{p,p+1}$, так как, будучи раскрашенным в два цвета, оно имеет $(p-1)$ вершин одного цвета и $(p+2)$ вершин другого цвета. Пусть, наконец, $p = 3$; если $|V| = 3$, то поступаем точно так же, как и при $p \geqslant 4$; если $|V| = 2$, то аналогичное дерево, не вложимое в $K_{3,4}$, индуцируется либо вершинами $\{v_1, v_2, b_1, b_2, a_1, a_2, a_3\}$, либо вершинами $\{v_1, v_2, b_2, b_3, a_4, a_3, a_2\}$. Теорема полностью доказана.

Локальные свойства гиперграфов представляют много более трудные экстремальные задачи; здесь мы рассмотрим лишь одно такое свойство — локально турановское. Будем говорить, что n-вершинный k-граф $G_n^k \subset C^k(S_n)$ обладает *локально турановким свойством*, если

$$\forall S_p \subset S_n \quad \exists S_q \subset S_p: \quad C^k(S_q) \subset G_n^k.$$

Основной вопрос состоит в вычислении величины

$$m(n, p, q, k) = \min |G_n^k|,$$

где $\min$ берется по всем локально турановским n-вершинным k-графам G_n^k. Ясно, как связаны между собой турановское и локально турановское свойства: $T(n,p,q) = m(n,p,q,q)$. Однако связь между ними не исчерпывается тем, что одно — частный случай другого. Так, из определений следует, что если q-граф F^q обладает турановским свойством, то k-граф

$$G^k = \bigcup_{S_q \in F^q} C^k(S_q)$$

обладает локально турановским свойством.

Теорема 3.4. *Имеют место следующие формулы*:

1) *если* $p \leqslant k(q-1)/(k-1)$, *то* $m(n,p,q,k) = C_{n-p+q}^k$;
2) *если* $n \leqslant q(p-1)/(q-1), 2k \geqslant q+1$, *то* $m(n,p,q,k) = (n-p+1)C_q^k$.

Доказательство. Пусть G^k обладает локально турановским свойством и множество

$$H \in \sum_{i=0}^{k(p-q)} C^i(S_n)$$

таково, что

$$\forall S \in \sum_{i=0}^{k} C^i(S_n \backslash H) \quad \exists S_p \supset H + S, \quad \exists S_q \subset S_p: \quad C^k(S_p) \subset G^k, \quad S \subset S_q.$$

Для доказательства существования требуемого множества H построим последовательность подмножеств по $F = \{S^{(i)}\}_{1 \leqslant i \leqslant l}$ по следующему правилу:

$$S^{(1)} = S_k \in C^k(S_n) \backslash G^k,$$

$$S^{(2)} \in \sum_{j=1}^{k} C^j\Big(S_n \backslash \sum_{v=1}^{i-1} S^{(v)}\Big): \quad \forall S_p \supset \sum_{j=1}^{i} S^{(j)} \quad \forall S_q \subset S_p,$$

$$C^k(S_q) \subset G^k \Longrightarrow S^{(i)} \not\subset S_q.$$

Пусть этот процесс обрывается на l-м шаге. Положим

$$H = \sum_{i=1}^{l} S^{(i)}$$

и покажем, что $l \leqslant p-q$. Тогда, в силу ограничения, $|S^{(i)}| \leqslant k$; значит, $|H| \leqslant \leqslant k(p-q)$ и, очевидно, это множество H обладает требуемыми свойствами. Если $l = p-q+1$, то $|H| \leqslant k(p-q+1) \leqslant p$ и в силу достаточности G^k

$$\forall S_p \supset H \quad \exists S_q \subset S_p: \quad C^k(S_q) \subset G^k;$$

пусть множества S_q и S_p именно таковы, тогда, по построению,

$$\forall S^{(i)} \in F \quad S^{(i)} \not\subset S_q,$$

значит, $|(S_p \backslash S_q) \cap S^{(i)}| \geqslant 1$, и, следовательно, в силу попарной разделенности F:

$$\forall S^{(j)},\ S^{(i)} \in F \qquad S^{(i)} \cap S^{(j)} = \varnothing,$$

получаем противоречие:

$$p - q = |S_p \backslash S_q| \geqslant \sum_{i=1}^{p-q+1} |(S_p \backslash S_q) \cap S^{(i)}| \geqslant p - q + 1.$$

Ясно, что

$$\forall S_q \subset S_p \supset H \qquad |S_q \cap H| \geqslant |H| - (p - q).$$

Следовательно, если

$$v(S_p, S_q, G) = |\{e \in G \colon S_p \cap e = S_q\}|,$$

то, в силу достаточности G^k и по определению множества H имеем

$$v(S_n \backslash H, S, G^k) \geqslant \binom{|S|}{|S|}\binom{|S_q \cap H|}{k - |S|} \geqslant \binom{|H| - p + q}{k - |S|}.$$

Тогда

$$|G^k| = \sum_{S \subset S_n \backslash H} v(S_n \backslash H, S, G^k) \geqslant \sum_{S \subset S_n \backslash H} C_{|H|-p+q}^{k-|S|} =$$

$$= \sum_{j=0}^{k} C_{n-|H|}^{j} C_{|H|-p+q}^{k-j} = C_{n-p+q}^{k},$$

или $|G^k| \geqslant C_{n-p+q}^k$. А так как конструкция $C^k(S_{n-p+q})$ является достаточной, то отсюда следует первое утверждение теоремы.

Представим минимально локально турановский k-граф G^k в форме

$$G^k = \bigcup_{S_q \in F^q} C^k(S_q),$$

где турановский q-граф обладает следующими двумя свойствами: q-граф F^q является критическим, т. е. будучи лишенным любого своего q-ребра, оказывается уже не турановским; q-граф F^q обладает свойством попарной разделенности:

$$\forall S_q^{(i)}, S_q^{(j)} \in F^q \quad S_q^{(i)} \cap S_q^{(j)} = \varnothing.$$

Тогда
$$|G^k| \geqslant T(n,p,q)\,C_q^k = (n-p+1)\,C_q^k,$$
если же всегда
$$\exists S_q^{(i)}, S_q^{(j)} \in F^q: \quad S_q^{(i)} \cap S_q^{(j)} \neq \varnothing,$$
то
$$\exists a \in S_n: \quad v(a,1;G^k) \geqslant C_q^k.$$
Покажем наличие такой вершины. Сразу ясно, что если
$$k \geqslant 0,5\big((5q^2-8q+4)^{0,5}-q+2\big),$$
то требуемое имеет место, поскольку при таких k условие наличия двух пересекающихся q-ребер $S_q^{(i)}, S_q^{(j)} \in F^q$, влечет
$$\forall a \in S_q^{(i)} \cap S_q^{(j)}$$
$$v(a,1;G^k) \geqslant 2C_{q-1}^{k-1} - \binom{|S_q^{(i)} \cap S_q^{(j)}|-1}{k-1} \geqslant 2C_{q-1}^{k-1} - C_{q-2}^{k-1} > C_q^k.$$

Пусть теперь F^q — критический турановский k-граф и пусть
$$\forall S_q^{(i)}, S_q^{(j)}, S_q^{(l)} \in F^q \qquad S_q^{(i)} \cap S_q^{(j)} \cap S_q^{(l)} = \varnothing,$$
если при этом
$$\exists S_q^{(i)}, S_q^{(j)} \in F^q: \quad |S_q^{(i)} \cap S_q^{(j)}| \leqslant q/2,$$
то для таких q-ребер
$$\forall a \in S_q^{(i)} \cap S_q^{(j)} \qquad v(a,1;G^k) \geqslant C_q^k.$$
Если же
$$\forall S_q^{(i)}, S_q^{(j)} \in F^q \quad \text{либо } |S_q^{(i)} \cap S_q^{(j)}| > q/2, \text{ либо } S_q^{(i)} \cap S_q^{(j)} = \varnothing,$$
то F^q, очевидно, не является критическим. Альтернативный вариант
$$\exists S_q^{(i)}, S_q^{(j)}, S_q^{(l)} \in F^q: \quad S_q^{(i)} \cap S_q^{(j)} \cap S_q^{(l)} \neq \varnothing$$
не влечет за собой требуемое непосредственно, если только
$$\forall S_q^{(i)}, S_q^{(j)} \in F^q$$
$$\text{либо } |S_q^{(i)} \cap S_q^{(j)}| = q-1, \quad \text{либо } S_q^{(i)} \cap S_q^{(j)} = \varnothing.$$
Но из последнего, в силу турановости и критичности F^q, следует, что
$$\exists S_{q+1} \subset S_n: \quad C^q(S_{q+1}) \subset F^q.$$

Таким образом, и здесь для такого S_{q+1}

$$\forall a \in S_{q+1} \quad v(a,1;G^k) \geqslant C_q^k.$$

В свою очередь, наличие вершины столь высокой степени обеспечивает проведение индукции по числу вершин. Ясно, что $m(p,p,q,k) = C_q^k$ при любых $p \geqslant q \geqslant k$. Пусть доказываемое равенство выполнено вплоть до $n-1$; покажем, что оно выполняется и для n. Предположим противное: $m(n,p,q,k) < (n-p+1)C_q^k$. Очевидно, что если k-граф G^k является локально турановским, то k-граф, полученный из него удалением всех k-ребер, инцидентных произвольной вершине, является $(n-1)$-вершинным k-графом и тоже локально турановским с теми же параметрами. Пусть вершина $a \in S_n$ такова, что

$$v(a,1;G^k) \geqslant C_q^k.$$

Тогда согласно предыдущему замечанию и исходному предположению

$$m(n-1,p,q,k) \leqslant |G^k| - v(a,1;G^k) \leqslant m(n,p,q,k) - C_q^k <$$
$$< (n-p+1)C_q^k - C_q^k = (n-p)C_q^k,$$

что противоречит индукционному предположению.

3.4. Асимптотика для локальных свойств графов

Если известно, что k-вершинный граф G_k содержится в качестве подграфа в полном t-дольном графе с долями по k_i вершин ($k_1 \geqslant \ldots \geqslant k_t$, $k_1 + \cdots + k_t = k$), то это, очевидно, влечет следующую «хроматическую» информацию:

$$\chi(G_k) \leqslant t, \quad \chi(\overline{G}_k) \geqslant k_1.$$

Можно ли извлечь какую-нибудь «хроматическую» информацию о графе G_k, если оговоренная вложимость не выполняется? Оказывается, можно.

Внешним хроматическим числом k-вершинного графа F_k называем число

$$\chi'(F_k) = \min_{G_k \not\subseteq F_k} \chi(G_k),$$

где $\chi(G_k)$ — обычное хроматическое число k-вершинного графа G_k. В отличие от обычного хроматического числа внешнее хроматическое число вычисляется в явном виде.

Лемма 3.3. *Если $F_k \neq K_k$ и граф $\overline{F}_k$ состоит из t компонент связности по k_i вершин в i-й компоненте связности, причем $k_1 \geqslant k_2 \geqslant \ldots \geqslant k_t \geqslant 1$, $k_1 + k_2 + \cdots + k_t = k$, то*

$$\chi'(F_k) = \min_{i:k_i>1} \left[\frac{\sum_{j=i}^{t} k_j - 1}{k_i - 1} \right] + 1.$$

Доказательство. Если $G_k \not\subset F_k$ и $G_k \subseteq K_{n_1,\dots,n_r}$, где $(n_1,\dots,n_r) \vdash k$, то $K_{n_1,\dots,n_r} \not\subset F_k$; поэтому равенство $\chi'(F_k) = r$ эквивалентно тому, что

$$\exists (n_1,\dots,n_r) \vdash k\colon \quad K_{n_1,\dots,n_r} \not\subset F_k,$$
$$\forall (n_1,\dots,n_{r-1}) \vdash k\colon \quad K_{n_1,\dots,n_{r-1}} \subset F_k.$$

Значит, если r — это наибольшее целое, при котором

$$\forall (n_1,\dots,n_r) \vdash k\colon \quad K_{n_1,\dots,n_r} \subset F_k,$$

то $\chi'(F_k) = r + 1$. В свою очередь,

$$K_{n_1,\dots,n_r} \subset F_k \iff \overline{K}_{n_1,\dots,n_r} \supset \overline{F}_k,$$

или

$$K_{n_1} + \dots + K_{n_r} \supset H_k = \overline{F}_k,$$

а последнее вложение, очевидно, имеет место тогда и только тогда, когда $(n_1,\dots,n_r) \supset (k_1,\dots,k_t) \vdash k$, где k_i — число вершин графа H_k в его i-й компоненте связности. Следовательно, искомое r — это в точности $r(k_1,\dots,k_t;k)$ из следствия 2.1, согласно которому (при учете того, что $F_k \neq K_k$, а значит, $k_1 > 1$) имеем:

$$r(k_1,\dots,k_t;k) = \min_{i\colon k_i>1}\left[\frac{k-\sum_{j=1}^{i}k_j}{k_i-1}\right]+1 =$$
$$= \min_{i\colon k_i>1}\left[\frac{\sum_{j=i+1}^{t}k_j}{k_i-1}\right]+1 = \min_{i\colon k_i>1}\left[\frac{\sum_{j=i}^{t}k_j-1}{k_i-1}\right].$$

Тем самым, лемма полностью доказана.

Отметим теперь связь между обычным и внешним хроматическими числами. Непосредственно из определения внешнего хроматического числа следует неравенство

$$\chi(G_k) \geqslant \max_{F_k \not\supset G_k} \chi'(F_k),$$

которое, в частности, позволяет получать для обычного хроматического числа явные оценки снизу. В частности, имеет место неравенство

$$\chi(G_k) \geqslant \max \min_{i\colon k_i>1}\left[\frac{\sum_{j=i}^{t}k_j-1}{k_i-1}\right]+1,$$

где $\max$ берется по тем разбиениям $(k_1,\dots,k_t) \vdash k$, для которых граф $K_{k_1,\dots,k_t}$ не содержит в себе графа G_k в качестве подграфа. Поэтому наибольшей эффективности последнее неравенство достигает на разбиениях $(k_1,\dots,k_t) \vdash k$, максимизирующих значение функции $r(k_1,\dots,k_t;k)$. Хорошо известна следующая оценка: если b — наибольшее возможное число независимых вершин в графе G_k, то $\chi(G_k) \geqslant k/b$. Выведем ее из предыдущего неравенства; для этого положим

$$H_k = K_{b+1} + (k-b-1)K_1.$$

Это означает, что граф H_k состоит из полного графа K_{b+1} и $(k-b-1)$ изолированных вершин. Тогда

$$\overline{H}_k = F_k \not\supset G_k \quad \text{и} \quad \chi(G_k) \geqslant \chi'(F_k) = [(k-1)/b] + 1 \geqslant k/b.$$

Несколько иные конкретные реализации общей оценки хроматического числа через внешнее хроматическое число приведены в разделе задач. Знание точного значения внешнего хроматического числа обеспечивает асимптотическое решение задачи о локальных свойствах, в котором коэффициент при главном члене асимптотики вычисляется в явном виде.

Теорема 3.5. *Пусть непустой k-вершинный граф H_k состоит из t компонент связности по k_i вершин в i-й компоненте связности, причем $k_1 \geqslant k_2 \geqslant \ldots \geqslant k_t \geqslant 1$, $k_1 + k_2 + \cdots + k_t = k$. Тогда*

$$m(n; H_k) = \frac{n^2}{2 \min_{i: k_i > 1} \left[\frac{\sum_{j=i}^{t} k_j - 1}{k_i - 1} \right]} + o(n^2).$$

Доказательство теоремы сразу следует из теоремы Эрдёша–Шимоновича и леммы 3.3:

$$m(n; H_k) = C_n^2 - \mu(n; F_k) = C_n^2 - f(n; \{G_k : G_k \not\subset F_k\}) =$$
$$= C_n^2 - \left(1 + \frac{1}{1 - \chi'(F_k)}\right)\frac{n^2}{2} + o(n^2) = \frac{n^2}{(\chi'(F_k) - 1)2} + o(n^2) =$$
$$= \frac{n^2}{2 \min_{i: k_i > 1} \left[\frac{\sum_{j=i}^{t} k_j - 1}{k_i - 1} \right]} + o(n^2).$$

3.5. Элементы теории Рамсея

Во второй главе уже отмечался один экстремальный факт, установленный Рамсеем. Результаты подобного рода сформировались к настоящему времени в отдельное направление, которое все чаще именуют теорией Рамсея; ее проблематика по существу сводится к двум следующим вопросам.

Если большая структура разбивается на непересекающиеся части, то наличие какой подструктуры можно гарантировать в одной из частей? Обратно: сколь богатой должна быть большая структура, чтобы любое ее разбиение содержало часть предписанной природы? Основным первичным фактом такого типа, равно как и основным инструментом разрешения подобных вопросов, служит принцип Дирихле.

Проиллюстрируем это стандартными примерами рамсеевского толка:

- среди любых трех людей найдутся двое одного пола;
- среди любых шестерых людей либо найдутся трое попарно знакомых, либо трое попарно незнакомых.

И если первый из них есть просто переформулировка принципа ящиков, то второй представляет собой частный случай теоремы Рамсея. Рассмотрим доказательство этого факта. У любого человека из выбранных шести людей может быть p знакомых и q незнакомых среди остальных пяти, так что p и q могут принимать любые из значений $0, 1, \ldots, 5$, при условии, что $p + q = 5$. Ясно, что $\max(p, q) \geqslant 3$; пусть, для определенности, $p \geqslant q$. Рассмотрим тогда этих p знакомых. Если среди них есть хотя бы одна пара знакомых между собой, то тройка попарно знакомых человек найдена, если же среди этих p человек нет ни одной пары знакомых людей, то имеется тройка попарно незнакомых, поскольку $p \geqslant 3$. Таким образом, требуемое доказано.

Нужно заметить, что объем выборки из шести человек является экстремальным, а именно, наименьшим возможным числом, гарантирующим исполнение сформулированного свойства, так как может существовать выборка из пяти человек, таким свойством не обладающая, т. е. в которой нет ни тройки попарно знакомых, ни тройки попарно незнакомых. Это проистекает из нетранзитивности знакомства как бинарного отношения и того очевидного факта, что полный пятивершинный граф K_5 представим в виде объединения двух непересекающихся пентагонов: $K_5 = C_5 + C_5$, где первый цикл есть граф попарных знакомств, а второй — попарных незнакомств. Это подсказывает, что отношение «знакомство–незнакомство» можно адекватно представлять раскраской ребер полного графа в два разных цвета, например, пары знакомых — в красный цвет, а незнакомых — в синий. Теорему Рамсея принято формулировать именно в терминах реберной раскраски графов.

Теорема Рамсея (частный случай). *Для натуральных r и s существует наименьшее целое $R = R(r, s)$, при котором в любой раскраске всех ребер полного R-вершинного графа K_R в два цвета (каждое ребро красится в один из двух цветов) либо найдется одноцветный полный подграф K_r первого цвета, либо найдется одноцветный полный подграф K_s другого цвета.*

Таким образом, разобранный нами пример устанавливает, что $R(3, 3) = 6$. Вообще, точное вычисление таких чисел Рамсея для графов представляет собой трудную и еще далеко не решенную задачу; знание $R(r, s)$ даже для самых начальных значений параметров далеко от совершенного, как это показывает табл. 3.1, в которой собрана вся имеющаяся на сегодняшний день информация о точных значениях чисел Рамсея для графов при раскраске в два цвета.

Числа Рамсея можно вычислять не только для обычных графов, но и для l-графов, причем используя раскраску в более чем два цвета; так, например, формула $(1')$ из гл. 1 представляет числа Рамсея для 1-графов при их раскраске в r цветов.

По аналогии с этим результатом можно рассматривать вложимость разбиений чисел в терминах 1-графов или 1-подмножеств, естественно поэтому распространить ее (вложимость) на l-графы и сравнить соответствующие экстремальные границы с числами Рамсея. Пусть $C(r, s)$ — наименьшее целое C, при котором в любом раскрашивании ребер C-

Таблица 3.1

Оценки*) и точные значения чисел Рамсея $R(r, s)$

r	s						
	3	4	5	6	7	8	9
3	6	9	14	18	23	28–29	36
4		18	25–28	34–44	−66	−95	−130
5			42–55	57–94	126–156	−245	−370
6				102–169	−322	−533	−902
7					205–586	−1139	−2016
8						282–2214	−4108
9							565–8066

*) Знак − соответствует верхней оценке

вершинного полного графа K_C в два цвета найдутся реберно непересекающиеся подграфы K_r и K_s, каждый из которых одноцветен. Следующий факт подтверждает, что разница между числами C и R для 2-подмножеств уже не столь разительна, как для 1-подмножеств, но, напротив, что числа эти, по существу, совпадают.

Утверждение 3.1. *Если $r > s$, то $C(r, s) = R(r, r)$.*

Доказательство. Ясно, что всегда $C(r, s) \geqslant R(r, r)$, а если $R(r, r) - r + 1 \geqslant R(s, s)$, то $C(r, s) = R(r, r)$. Действительно, положим $R = R(r, r)$ и рассмотрим произвольную раскраску R-вершинного полного графа K_R в два цвета; эта раскраска с необходимостью содержит одноцветный граф K_r, скажем, на вершинах $[r]$. Рассмотрим теперь нашу раскраску на вершинах $[r, R] = \{r, \ldots, R\}$. Так как $\big|[r, R]\big| = R - r + 1 \geqslant R(s, s)$, то в этой раскраске найдется s-вершинный полный граф K_s, который может пересекаться с уже выбранным графом K_r не более чем по одной вершине, так что требуемая конфигурация получена.

Покажем теперь, что если $r > s$, то неравенство $R(r, r) - r + 1 \geqslant R(s, s)$ всегда выполнено. Для этого достаточно привести раскраску графа $K_{R(s,s)+r-2}$ в два цвета, не содержащую одноцветного полного подграфа на r вершинах. Представим граф $K_{R(s,s)+r-2}$ в виде суммы непересекающихся подграфов:

$$K_{R(s,s)+r-2} = K_{R(s,s)-1} + K_{r-1} + K_{R(s,s)-1,r-1},$$

где ребра графа $K_{R(s,s)-1}$ раскрашены в два цвета так, что этот граф не содержит полного одноцветного графа на s вершинах, все ребра графа K_{r-1} раскрашены в синий цвет, а все ребра графа $K_{R(s,s)-1,r-1}$ раскрашены в красный цвет. Ясно, что таким образом раскрашенный граф $K_{R(s,s)+r-2}$ одноцветного полного подграфа на r вершинах не содержит.

Не только гиперграфы могут быть разбиваемыми структурами, ими могут служить совершенно различные множества, например, из числовых или геометрических объектов. Наиболее ранними теоретико-числовыми фактами рамсеевского типа явились следующие теоремы.

Теорема Шура. *В любом разбиении множества натуральных чисел на конечное число частей найдется часть, содержащая числа x, y, z такие, что $x + y = z$.*

Теорема Ван дер Вардена. *В любом разбиении множества натуральных чисел на две части найдется часть, содержащая арифметическую прогрессию из l членов $a, a + b, \ldots, a + (l - 1)b$, вне зависимости от величины этой заданной конечной длины l.*

Экстремальную задачу теоремы Ван дер Вардена составляет задача вычисления $W(n)$ — наименьшего целого W, при котором в любом разбиении множества первых W натуральных чисел $[W] = \{1, \ldots, W\}$ на две части найдется часть, содержащая n-членную арифметическую прогрессию. Эта задача, так же как и вычисление чисел Рамсея для графов, представляет открытый вопрос.

Геометрические факты рамсеевского типа стали проявляться несколько позже; наиболее ранний из них был рассмотрен Эрдёшем и Секерешем в виде следующей экстремальной задачи, поставленной Э. Клейн.

Вычислить $N(n)$ — вычислить то наименьшее целое N, при котором из любых N точек плоскости в общем положении (т. е. никакие три не лежат на одной прямой) можно выбрать n, образующих вершины выпуклого n-угольника.

В частности, было показано, что

$$2^{n-2} + 1 \leqslant N(n) \leqslant C_{2n-4}^{n-2} + 1,$$

и высказано предположение, что нижняя оценка, на самом деле, и есть точное значение, что подтверждено пока лишь для $n = 3, 4, 5$. Именно оценка этого $N(n)$ привела Эрдёша к переоткрытию им теоремы Рамсея, однако несколько позже самого Рамсея.

В специфических формах рамсеевских постановок помимо только инциндентностных отношений учитываются и специальные; так, в теоретико-числовых — аддитивные, а в геометрических — конфигурационные и метрические. Примером учета метрических отношений может служить следующий факт.

При любом раскрашивании точек плоскости в три цвета найдется одноцветная пара точек, отстоящих друг от друга на расстоянии единица. Открытым остается вопрос о наименьшем числе цветов, при котором свойство не выполняется; известно лишь, что это число заключено между 4 и 7.

В ходе решения задачи Э. Клейн о выпуклых многоугольниках выявилась одна экстремальная задача о перестановках (см. задачу 3.25).

Комбинаторные задачи о перестановках составляют теперь отдельное самостоятельное направление, состоящее как из чисто комбинаторных «перестановочных» постановок, так и из задач, связанных с групповыми свойствами подстановок. Эта тематика заслуживает специального рассмотрения, выходящего за рамки нашей книги. Ограничимся лишь несколькими постановками в виде задач.

3.6. Задачи и утверждения

3.1. Пусть на множестве вершин S_n заданы гиперграф $F \subseteq \mathcal{P}(S_n)$ и система гиперграфов $W = \{G, \dots\}$, $G \subseteq \mathcal{P}(S_n)$. Пусть, кроме того, на булеане $\mathcal{P}(S_n)$ задано бинарное отношение $R \subseteq \mathcal{P}^2(S_n)$. Для $G \subseteq \mathcal{P}(S_n)$ через $R(G)$ будет обозначать полный образ G при отношении R, т.е. $R(G) = \{X \in \mathcal{P}(S_n) \colon \exists e \in G \colon eRX\}$, а для $S \subseteq S_n$ введем величину

$$\deg_w(S) = |\{G \in W \colon\ S \in R(G)\}|.$$

Тогда имеет место равенство

$$\sum_{S \in F} \deg_w(S) = \sum_{G \in W} |R(G) \cap F|.$$

3.2. Если G — гиперграф, а S — некоторое множество вершин, то выполняются тождества

$$\sum_{S_p \subseteq S} \binom{v(S_p, p; G)}{k} \sum_{1 \leqslant i_2 \cdots < i_k \leqslant |G|} \binom{|S \bigcap_{j=1}^{k} e_{i_j}|}{p},$$

$$\sum_{S_p \subseteq S} v(S_p, q; G) \sum_{e \in G} \binom{|e \cap S|}{q} \binom{|S| - |e \cap S|}{p - q}.$$

3.3. Вычислить сумму

$$\sum_{S_p \subseteq S} \binom{v(S_p, q; G)}{k}.$$

3.4. Если граф H_k состоит из t компонент связности по l вершин в каждой компоненте и $(k - lt)$ изолированных вершин, то

$$m(n; H_k) = \left(\frac{1}{1 + \left[\frac{k - lt}{l - 1}\right]} \right) \frac{n^2}{2} + o(n^2).$$

3.5. Если граф H_k не имеет изолированных вершин, то

$$m(n; H_k) = n^2/2 + O(n).$$

3.6. Запрещенные подграфы:

$f(n; C_n) = C_{n-1}^2 + 1$; экстремальной конструкцией служит полный $(n-1)$-вершинный граф K_{n-1}, пополненный еще одним ребром, инцидентным n-й вершине;

$$f(n;\{C_3,C_4,\dots\})=n-1;$$

$$f(n;C_l)=C^2_{l-1}+C^2_{n-l+2},\quad l\leqslant n\leqslant 2l-3;$$

$$f(n;C_{2l+1})=\begin{cases}C^2_n, & n\leqslant 2l,\\ C^2_{2l}+C^2_{n-2l+1}, & 2l\leqslant n\leqslant 4l-1,\\ [n^2/4], & n\geqslant 4l-1;\end{cases}$$

$$f(n;\{C_l,C_{l+1},\dots,C_n\})=n(l-1)/2-r(l-r)/2,$$
$$n=q(l-2)+r,\quad 0<r\leqslant l-2;$$

$$f(n;\{C_4,C_6,C_8,\dots\})=n-1+[(n-1)/2].$$

Экстремальной конструкцией в последнем случае может служить граф $C^1(a)C^1(S_n\backslash a)+\mathcal{F}(S_n\backslash a)$.

3.7. Запрещенные подграфы, «дегенеративный» случай:

$$f(n;C_r)\leqslant c\cdot n^{1+1/r};$$

$$f(n;C_4)=0,5\cdot n^{1,5}+O(n);$$

$$f(n;\{C_4,C_5\})=(0,5\cdot n)^{1,5}+O(n);$$

$$c_1\cdot n^{5/3}\leqslant f(n;K_{3,3})\leqslant c_2\cdot n^{5/3}.$$

3.8 (?) Гипотеза Эрдёша и Шоша. Для всякого k-вершинного дерева T_k справедливо неравенство $f(n;T_k)\leqslant n(k-2)/2$.

3.9. Если $n\geqslant k\geqslant 2$ и k четно, то во всяком n-вершинном графе без изолированных вершин найдется собственный k-вершинный подграф без изолированных вершин.

3.10. Докажите следующее равенство:

$$m(n;P_k)=\begin{cases}k-1, & \text{если } n=k,\\ ]n(n-k+1)/2[, & \text{если } n>k.\end{cases}$$

3.11. Пусть $m(n,k)$ — минимум числа ребер в графе $G_n\subset C^2(S_n)$, таком, что

$$\forall S_k\subset S_n\quad \exists a\in S_n\backslash S_k:\quad C^1(a)\cdot C^1(S_k)\subset G_n.$$

Тогда

$$m(n,k)=(k-1)n-C^2_k+[(n-k)/2]+1$$

и экстремальная конструкция имеет вид

$$C^2(S_n)=C^2(S_{n-k+1})+\mathcal{F}'(S_{n-k+1}).$$

3.12. Пусть $E(n,t)$ — максимум числа ребер в n-вершинном графе с числом независимых ребер не более t. Тогда

$$E(n,t)=\begin{cases}C^2_n, & \text{если } n\leqslant 2t+1,\\ \max(C^2_{2t+1},C^2_n-C^2_{n-t}), & \text{если } n\geqslant 2t+1.\end{cases}$$

3.13. Если $\alpha_l(G_k)$ — наибольшее число непересекающихся независимых l-множеств вершин в графе G_k, то при любом l таком, что $2 \leqslant l \leqslant b+1$, имеет место оценка

$$\chi(G_k) \geqslant \left[\frac{k - l\alpha_l(G_k) - 1}{l-1}\right] + 1.$$

3.14. Если $\delta(G_k)$ — наименьшая степень в графе G_k, то

$$\chi(G_k) \geqslant \left[\frac{k-1}{k-\delta(G_k)}\right] + 1.$$

3.15. Максимальное число k-ребер в n-вершинном k-графе $G_n^k \subset C^k(S_n)$, не содержащем тройки k-ребер $A, B, C \in G_n^k$ такой, что $A \circ B \subset C$, при $k = 2, 3, 4$ равно

$$\left[\frac{n}{k}\right]\left[\frac{n+1}{k}\right] \ldots \left[\frac{n+k-1}{k}\right].$$

3.16. Минимальное суммарное число треугольников в n-вершинном графе и его дополнении равно

$$C_n^3 - \left[\frac{n}{2}\left[\left(\frac{n-1}{2}\right)^2\right]\right].$$

Указание. Показать, что суммарное число треугольников в n-вершинном графе и его дополнении выражается по формуле

$$\frac{1}{2}\left(\sum_{i=1}^{n}\binom{d_i}{2} + \sum_{i=1}^{n}\binom{n-1-d_i}{2} - \binom{n}{3}\right),$$

где $d_1, d_2, \ldots, d_n$ — степени вершин графа. Таким образом, нужно минимизировать это выражение, учитывая четность суммы всех степеней графа.

3.17. Реберно-хроматическое число графа G определяется как наименьшее целое X, для которого существует раскраска ребер этого графа в X цветов такая, что любые два смежных ребра разноцветны. Докажите, что если Δ — максимальная степень графа G, а t — наибольшее число независимых ребер в графе G, то $\Delta \leqslant X \leqslant \Delta + 1$, причем если $|G| > \Delta t$, то $X = \Delta + 1$, а если $\Delta \geqslant 2t + 1$, то $X = \Delta$.

3.18. Сколь мало ребер может иметь n-вершинный граф, у которого среди любых k вершин найдется t независимых ребер?

3.19 (?) Попробуйте вычислить $\mu(n, K_p + K_q)$.

3.20, а. Граф будем называть *четно-покрывающе-связным*, если в нем для всякой пары его вершин существует система из четного числа вершинно-непересекающихся путей, соединяющих эти вершины и покрывающих при этом все вершины графа. Докажите, что плоский граф гамильтонов тогда и только тогда, когда он четно-покрывающе-связен.

Указание. Воспользуйтесь достаточным условием гамильтоновости, принадлежащим Татту: плоский четырехсвязный граф гамильтонов.

3.20, б (?) Верен ли предыдущий критерий гамильтоновости для неплоских графов?

3.21. Если n_a — наименьшее n, для которого при любой раскраске ребер полного графа K_n в два цвета найдутся два одноцветных треугольника, быть может, разных цветов, но без общих ребер, то $n_a = 7$.

3.22. Если n_b — наименьшее n, для которого при любой раскраске ребер полного графа K_n в два цвета найдутся два одноцветных треугольника одного цвета и без общих ребер, то $n_b = 8$.

3.23. Докажите, что для чисел Рамсея выполняется следующее неравенство: $R((r-1)(s-1)+1, (r-1)(s-1)+1 > (R(r,r)-1)(R(s,s)-1)$.

Указание. Рассмотрите $K_{R(r,r)-1}$, раскрашенный в два цвета так, что он не содержит одноцветного подграфа на r вершинах, и в котором каждая «вершина» представляет собой полный граф $K_{R(s,s)-1}$, раскрашенный в два цвета так, что он не содержит одноцветного подграфа на s вершинах.

3.24. Пусть $m(n,2,3)$ — максимум числа гиперребер в n-вершинном гиперграфе, у которого каждые два гиперребра имеют непустое, а каждые три — пустое пересечение. Тогда

$$m(n,2,3) = [(1 + (8n+1)^{0,5})/2].$$

Проанализируйте связь чисел m с числами Турана $T(n,k,l)$.

3.25. Сколь мало членов может содержать максимальная монотонная подпоследовательность в перестановке первых n натуральных чисел?

3.26. Какова средняя (на множестве всех перестановок) длина максимальной монотонной подпоследовательности в перестановке первых n натуральных чисел?

3.27. *Универсальный ключ для имени файла.* Предположим, что неизвестное имя файла состоит из n различных символов. Сколь короткой может быть последовательность из n символов, в которой наличествуют все возможные перестановки этих n символов в виде подпоследовательностей из подряд расположенных элементов последовательности?

3.28. *Универсальная линейка.* Сколь малым количеством рисок $N(n)$ можно обойтись на линейке, чтобы этими рисками можно было точно измерить любое целое расстояние от 0 до n?

3.29. *Локально-рамсеевское свойство.* Пусть H_k — произвольный k-вершинный граф по крайней мере с одним ребром и m ($m \geqslant 2$) — натуральное число. Докажите, что существует $LR(H_k, m)$ — наименьшее натуральное R ($R \geqslant k$), при котором для любого R-вершинного графа G_R выполняется одно из двух условий:

$$\exists G_k \subset G_R\colon \quad H_k \not\subset G_k \text{ или } \mathrm{cl}\,(G_R) \geqslant m,$$

где $\mathrm{cl}\,(G)$ — кликовое число графа G, т. е. число вершин наибольшего полного подграфа в G.

Докажите следующие равенства:

1) $LR(K_2 \cup (k-2)K_1, m) = R(k, m)$;
2) $LR(P_3 \cup (k-3)K_1, m) = \max(k, R(K_k - \mathcal{F}_k, m))$;
3) пусть $K_{1,k-1} \subseteq H_k$, тогда

$$LR(H_k, m) = \begin{cases} k - \mathrm{cl}\,(H_k) + \max\{m, \mathrm{cl}\,(H_k)\}, & \mathcal{F}_k \not\subset (K_k - H_k), \\ \max\{k, m + \max\{m-1, k - \mathrm{cl}\,(H_k)\}\}, & \mathcal{F}_k \subset (K_k - H_k) \end{cases}$$

(воспользуйтесь теоремой 3.1);

4) $LR(K_{2,3}, m) = 3m - 2 (m \geqslant 3)$ (по поводу решения этой задачи см. [59]).

3.30. Пусть $R(G, H)$ — наименьшее R, при котором в любой 2-раскраске ребер полного графа K_R найдется либо подграф G первого цвета, либо подграф H второго цвета. (Факт существования чисел $R(G, H)$ выведите из теоремы Рамсея.)

Если nG — это n непересекающихся копий графа G и $n \geqslant 2$, то $R(nK_3) = R(nK_3, nK_3) = 5n$.

Если D — это четырехвершинный граф, состоящий из K_3 и еще одного ребра, и $n \geqslant 2$, то $R(nD) = 6n$.

ГЛАВА 4
ЭКСТРЕМАЛЬНЫЕ ГЕОМЕТРИЧЕСКИЕ ЗАДАЧИ

Данная глава посвящена знакомству с еще одной тематикой экстремальных задач — о дискретных совокупностях геометрических объектов. В качестве приложений излагаются связи с экстремальными задачами о гиперграфах, а также некоторые применения к матричной алгебре.

4.1. Линейные нормированные пространства

Непустое множество X называется *линейным пространством* над множеством действительных чисел $\mathbb{R}$, если на X задана операция сложения, относительно которой это X замкнуто и обладает нейтральным элементом 0, а также определена операция умножения элементов множества X на действительные числа из $\mathbb{R}$, результатом которой также являются элементы из X. При этом должны еще выполняться следующие условия: $\forall\alpha,\beta\in\mathbb{R}$, $\forall x,y\in X$ выполнено $\alpha(\beta x)=(\alpha\beta)x$; $(\alpha+\beta)x=\alpha x+\beta x$; $\alpha(x+y)=$ $=\alpha x+\alpha y$.

Линейное пространство называется также *векторным пространством*, а его элементы $x\in X$ — *точками* или *векторами*. Наряду со множеством действительных чисел $\mathbb{R}$ можно рассматривать линейные пространства над множеством всех комплексных чисел C (или вообще над произвольным полем P).

Система векторов $x_1,x_2,\ldots,x_d\in X$ линейного пространства X называется *линейно зависимой*, если существуют числа $\alpha_1,\alpha_2,\ldots,\alpha_d\in$ $\in\mathbb{R}$, не равные нулю одновременно, для которых выполняется равенство $\alpha_1x_1+\alpha_2x_2+\cdots+\alpha_dx_d=0$. В противном случае, т. е. если таких $\alpha_1,\alpha_2,\ldots,\alpha_d\in\mathbb{R}$ не существует, эта система векторов называется *линейно независимой*. Говорят, что *пространство X имеет размерность d*, если в нем существует система из d линейно независимых векторов, а всякая система из $d+1$ векторов является линейно зависимой. Если же при сколь угодно большом d существует линейно независимая система из d векторов, то пространство называется *бесконечномерным*.

Линейное пространство X называется *нормированным*, если каждому его вектору $x\in X$ поставлено в соответствие число $||x||$, называемое *нормой* этого вектора, при этом для $\alpha,\beta\in\mathbb{R}$, $x,y\in X$ должны еще выполняться следующие условия:

- $||x||>0$, $x\neq 0$ (неотрицательность),
- $||\alpha x||=|\alpha|\cdot||x||$ (однородность),
- $||x+y||\leqslant||x||+||y||$ (выпуклость или неравенство треугольника).

Подмножество Y линейного нормированного пространства X называется *подпространством*, если оно само является пространством по отношению к используемым в X операциям сложения векторов и умножения на скаляры. Иначе говоря, $Y\subset X$ есть подпространство пространства X, если из того, что $x, y \in X$, $\alpha, \beta \in \mathbb{R}$ вытекает, что $\alpha x + \beta y \in Y$. Норма, определенная в X, является также и нормой в Y.

Рассмотрим некоторые примеры линейных нормированных пространств. Пусть $p \geqslant 1$; через l_p обозначим пространство, точками которого являются последовательности чисел $x = (x_1, x_2, \ldots)$, для которых

$$\sum_{i=1}^{\infty} |x_i|^p < \infty.$$

Норма такой последовательности в l_p определяется как число

$$||x|| = \Big(\sum_{i=1}^{\infty} |x_i|^p\Big)^{1/p}.$$

Выполнимость неравенства треугольника для таким образом определяемой нормы обеспечивается условием $p \geqslant 1$. Пространство l_p может быть бесконечномерным, а может быть и конечномерным размерности d — в этом случае его точками являются числовые последовательности длины d (d-мерные векторы), для которых условие конечности суммы степеней их модулей очевидно выполнено.

Предельным случаем пространства l_p является пространство ограниченных числовых последовательностей с нормой

$$||x|| = \sup_i |x_i|.$$

Это пространство обозначается l_∞.

Бесконечномерное пространство l_2 является *гильбертовым пространством*. Пространство l_2 размерности $d < \infty$ является d-мерным евклидовым пространством и обозначается также через R^d. В пространстве l_2 для любых двух векторов $x, y \in X$ справедливо равенство

$$||x+y||^2 + ||x-y||^2 = 2\big(||x||^2 + ||y||^2\big),$$

называемое *равенством*, или *правилом, параллелограмма*. В пространстве l_p при $p \neq 2$ это равенство в общем случае не выполняется, но имеет место цепочка неравенств

$$2^{\min\{1,p-1\}}\big(||x||^p + ||y||^p\big) \leqslant ||x+y||^p + ||x-y||^p \leqslant \leqslant 2^{\max\{1,p-1\}}\big(||x||^p + ||y||^p\big).$$

Пространство l_2 обладает одной существенной особенностью — в нем определено скалярное произведение, которое для $x, y \in l_2$ определяется как

$$(x, y) = \big(||x+y||^2 + ||x-y||^2\big)/4.$$

Если $x = (x_1, x_2, \dots)$ и $y = (y_1, y_2, \dots)$, то

$$(x, y) = \sum_i x_i y_i$$

и $(x, x) = \|x\|^2$, $(x + z, y) = (x, y) + (z, y)$.

Единичной сферой линейного нормированного пространства X называется множество всех его векторов $x \in X$, удовлетворяющих уравнению $\|x\| = 1$. Норма всякого линейного нормированного пространства однозначно характеризуется формой его единичной сферы, например, в двумерном случае единичная сфера пространства l_2 есть окружность единичного радиуса, единичная сфера пространства l_1 — это квадрат, вершины которого суть точки $(0, 1)$, $(1, 0)$, $(0, -1)$, $(-1, 0)$ а единичная сфера пространства l_∞ — это квадрат, чьи вершины суть точки $(1, 1)$, $(1, -1)$, $(-1, 1)$, $(-1, -1)$; в трехмерном случае единичная сфера пространства l_2 есть обычная трехмерная сфера единичного радиуса, единичная сфера пространства l_1 — это тетраэдр, вершины которого суть точки $(0, 0, 1)$, $(0, 1, 0)$, $(1, 0, 0)$, $(-1, 0, 0)$, $(0, -1, 0)$, $(0, 0, -1)$, а единичная сфера пространства l_∞ — это куб, чьи вершины суть точки $(1, 1, 1)$, $(1, 1, -1)$, $(1, -1, 1)$, $(1, -1, -1)$, $(-1, 1, 1)$, $(-1, 1, -1)$, $(-1, -1, 1)$, $(-1, -1, -1)$.

Через $\sigma = \{x_1, x_2, \dots\}$ обозначаем неупорядоченные совокупности (системы) точек (векторов) x_i пространства X. При необходимости число векторов n в системе σ указывается нижним индексом: σ_n. В системе σ могут быть и одинаковые векторы, поэтому при $n \leqslant m$ запись $\sigma_n \subset \sigma_m$ означает, что если $\sigma_m = \{x_1, \dots, x_m\}$, то $\sigma_n = \{x_{i_1}, \dots, x_{i_n}\}$, где $1 \leqslant i_1 < \dots < i_n \leqslant m$, так что имеется C_m^n возможностей выбора такой n-подсистемы. Иногда на системы σ налагаются метрические ограничения типа $\sigma = \{x_1, x_2, \dots : \|x_i\| \geqslant 1,\ i = 1, 2, \dots\}$ — все они оговариваются особо. Положим $(\sigma) = \sum_{x \in \sigma} x$ и $\|\sigma\| = \|(\sigma)\| = \|\sum_{x \in \sigma} x\|$.

Отметим одно полезное тождество. Если $k \geqslant l \geqslant t$ и $\sigma_t \subset \sigma_k$, то

$$\sum_{\sigma_t \subseteq \sigma_l \subseteq \sigma_k} (\sigma_l) = (\sigma_t) C_{k-t}^{l-t} + (\sigma_k - \sigma_t) C_{k-t-1}^{l-t-1}. \tag{1}$$

Действительно,

$$\sum_{\sigma_t \subseteq \sigma_l \subseteq \sigma_k} (\sigma_l) = \sum_{\sigma_t \subseteq \sigma_l \subseteq \sigma_k} \sum_{x \in \sigma_l} x =$$

$$= \sum_{\sigma_t \subseteq \sigma_l \subseteq \sigma_k} \sum_{x \in \sigma_k} x \chi\{x \in \sigma_l\} = \sum_{x \in \sigma_k} x \sum_{\sigma_t \subseteq \sigma_l \subseteq \sigma_k} \chi\{x \in \sigma_l\} =$$

$$= \sum_{x \in \sigma_t} x \sum_{\sigma_t \subseteq \sigma_l \subseteq \sigma_k} \chi\{x \in \sigma_l\} + \sum_{x \in \sigma_k - \sigma_t} x \sum_{\sigma_t \subseteq \sigma_l \subseteq \sigma_k} \chi\{x \in \sigma_l\} =$$

$$= (\sigma_t) C_{k-t}^{l-t} + (\sigma_k - \sigma_t) C_{k-t-1}^{l-t-1}.$$

4.2. Экстремальные геометрические константы

Тематика экстремальных геометрических констант включает в себя как вычисление экстремальных численных характеристик систем векторов, так и пространственное описание систем векторов, экстремальных относительно каких-либо свойств.

Вычислим теперь несколько конкретных экстремальных геометрических констант.

Константа А. *Пусть $A(k, l; X)$ — наибольшее A, при котором*

$$\forall \sigma_k \subset X \quad \exists \sigma_l \subset \sigma_k: \quad \|\sigma_l\| \geqslant A\|\sigma_k - \sigma_l\|.$$

Тогда если $k \geqslant 2l$, то

$$A(k, l; X) = l/(k - l), \tag{2}$$

если $k \leqslant 2l$, то

$$\inf_X A(k, l; X) = A(k, l; l_\infty) = l/(3l - k). \tag{3}$$

Доказательство. Пусть подсистема $\sigma'_l \subset \sigma_k$ такова, что

$$\max_{\sigma_l \subset \sigma_k} \|\sigma_l\| = \|\sigma'_l\|,$$

тогда согласно (1) при $k \geqslant 2l$ имеем тождество

$$\sum_{\sigma_l \subseteq \sigma_k - \sigma'_l} (\sigma_l) = (\sigma_k - \sigma'_l) C_{k-l-1}^{l-1}.$$

Переходя к нормам в этом тождестве и используя неравенство треугольника, получаем неравенство

$$\|\sigma'_l\| \geqslant (l/(k - l))\|\sigma_k - \sigma'_l\|. \tag{4}$$

Если $k \leqslant 2l$, то, согласно (1), имеем тождество

$$\sum_{\sigma_k - \sigma'_l \subseteq \sigma_l \subseteq \sigma_k} (\sigma_l) = (\sigma_k - \sigma'_l) C_l^{2l-k} + (\sigma'_l) C_{l-1}^{2l-k-1},$$

которое при переходе к нормам дает

$$\|\sigma'_l\| \geqslant (l/(3l - k))\|\sigma_k - \sigma'_l\|. \tag{5}$$

Неулучшаемость неравенств (4) и (5) в классе всех линейных нормированных пространств демонстрирует следующая конструкция $\sum(k, l; l_\infty^k)$ из k единичных векторов пространства l_∞:

$$\begin{aligned}
x_1 &= (-1, (2l - 1)^{-1}, \ldots, (2l - 1)^{-1}), \\
x_2 &= ((2l - 1)^{-1}, -1, \ldots, (2l - 1)^{-1}), \\
&\ldots \\
x_k &= ((2l - 1)^{-1}, (2l - 1)^{-1}, \ldots, -1).
\end{aligned}$$

Более того, для всякого X равенство в (4) реализуется системой из k равных векторов, что и доказывает (2).

Константа B. $B(k,r,l;X)$ — *наибольшее* B, *при котором*

$$\forall \sigma_k \subset X \quad \forall \sigma_r \subset \sigma_k \quad \exists \sigma_l \subset \sigma_k: \quad \|\sigma_l\| \geqslant B\|\sigma_r\|.$$

Здесь теми же методами несложно установить, что

$$B(k,r,l;X) = \begin{cases} l/r, & k \geqslant r \geqslant l \geqslant 1, \\ l/(2l-r), & k \geqslant l+r \geqslant 2r, \\ l(k-l)/r(k+l-2r), & k \leqslant l+r, \quad l \geqslant r, \end{cases}$$

при этом имеются одномерные конструкции, реализующие эти значения.

Доказательство. Согласно (1), если $k \geqslant r \geqslant l \geqslant 1$ и $\sigma_r \subset \sigma_k$, то

$$\sum_{\sigma_l \subseteq \sigma_r} (\sigma_l) = (\sigma_r) C_{r-1}^{l-1},$$

следовательно, имеет место неравенство

$$\max_{\sigma_l \subseteq \sigma_r} \|\sigma_l\| \geqslant l\|\sigma_r\|/r,$$

которое, очевидно, неулучшаемо, что демонстрирует пучок из k единичных векторов.

Пусть $k \geqslant l+r \geqslant 2r$, $\sigma_n \subset \sigma_k$, тогда согласно (1) имеет место тождество

$$C_{k-r-1}^{l-1} \sum_{\sigma_r \subseteq \sigma_l \subseteq \sigma_k} (\sigma_l) - C_{k-r-1}^{l-r-1} \sum_{\sigma_l \subseteq \sigma_k - \sigma_r} (\sigma_l) = (\sigma_r) C_{k-1}^{l-r} C_{k-r-1}^{l-1},$$

из которого сразу следует, что $\|\sigma_l\| \geqslant l\,\|\sigma_r\|/(2l-r)$. Обе полученные оценки неулучшаемы в классе единичных векторов. Достаточно в качестве σ_k рассмотреть систему $\Sigma(k,l;l_\infty^k)$, причем последнее неравенство неулучшаемо и во всяком X.

Пусть $k \leqslant l+r$, $l \geqslant r$ и $\sigma_r \subset \sigma_k$, тогда согласно (1) имеет место тождество

$$C_r^{l-k-1} \sum_{\sigma_r \subseteq \sigma_l \subseteq \sigma_k} (\sigma_l) - C_{k-r-1}^{l-r-1} \sum_{\sigma_k - \sigma_r \subseteq \sigma_l \subseteq \sigma_k} (\sigma_l) =$$

$$= (\sigma_r)\Big(C_{k-1}^{l-r} C_r^{l-k+r} - C_{r-1}^{l-k+r-1} C_{k-r-1}^{l-r-1}\Big) \quad ,$$

откуда $\|\sigma_l\| \geqslant l(k-l)\|\sigma_r\|/r(k+l-2r)$, причем и эта оценка неулучшаема во всяком пространстве X.

Константа C. $C(k,r,l;X)$ — *наибольшее* C, *при котором*

$$\forall \sigma_k \subset X \qquad \sum_{\sigma_r \subset \sigma_k} \|\sigma_r\| \geqslant C \sum_{\sigma_l \subset \sigma_k} \|\sigma_l\|.$$

Здесь, пользуясь реккурентностью

$$C(k,r,l;X) \geqslant \prod_{i=r}^{l-1} C(k,i,i+1;X)$$

и неравенством треугольника, получаем, что

$$C(k,r,l;X) = C_{k-1}^{r-1}/C_{k-1}^{l-1}, \qquad l \geqslant r.$$

Экстремальной конструкцией здесь служит система из k равных векторов.

Вообще, если система векторов σ свободна от каких-либо метрических ограничений, то задача вычисления экстремальной геометрической константы оказывается по существу одномерной. Это, в частности, продемонстрировало вычисление предыдущих констант. Ситуация меняется, если вводить условия на длины векторов.

Константа δ. $\delta(l,k;X)$ — *наибольшее* δ, *при котором*

$$\forall \sigma_k = \{x_1,\ldots,x_k : \|x_i\| \geqslant 1,\ i=1,\ldots,k\} \subset X \quad \exists \sigma_l \subset \sigma_k : \ \|\sigma_l\| \geqslant \delta.$$

Иными словами, требуется вычислить константу

$$\delta(l,k;X) = \inf_{\substack{\sigma_k \subset X \\ \|x_i\| \geqslant 1}} \ \max_{\sigma_l \subset \sigma_k} \|\sigma_l\|.$$

Теорема 4.1. *Пусть X — произвольное линейное нормированное пространство, H — гильбертово, а $\mathbb{R}^d$ — d-мерное евклидово пространство. Тогда для константы $\delta(l,k;X)$ имеют место следующие формулы*:

$$\inf_X \delta(l,k;X) = \delta(l,k;l_\infty) = l/(2l-1), \quad k > l; \tag{6}$$

$$\delta(l,l+1;l_1) = l/(2l-1), \quad \dim l_1 \geqslant l+1; \tag{7}$$

$$\forall k \ \ \exists d(k)\colon \ \delta(2,k;l_1) = \begin{cases} (k-2)/(k-1), & k \text{ четно},\ \dim l_1 \geqslant d(k), \\ (k-1)/k, & k \text{ нечетно},\ \dim l_1 \geqslant d(k), \end{cases} \tag{8}$$

причем $d(2)=1$, $d(3)=d(4)=3$, $d(5)=d(6)=10$, $d(7)=d(8)=7$;

$$\delta(2,k;\mathbb{R}^d) = 2^{0,5}, \quad d+2 \leqslant k \leqslant 2d; \tag{9}$$

$$\sup_{X\colon \dim X=\infty} \delta(l,l+1;X) = \delta(l,l+1;l_2); \tag{10}$$

$$\delta(l,k;H) = (l(k-l)/(k-1))^{0,5}, \quad \dim H \geqslant k-1, \tag{11}$$

причем значение (11) *реализуется правильным k-вершинным симплексом, вписанным в единичную сферу пространства* $\mathbb{R}^{k-1}$;

$$\delta(k-1,k;H) = 1, \quad \dim H \geqslant 2, \tag{12}$$

$$\delta(2,k;\mathbb{R}^2) = 2\cos\pi/k, \tag{13}$$

причем значения (12) *и* (13) *реализуются системой векторов плоскости, образующих вершины правильного* k*-угольника, вписанного в единичную окружность*;

$$\delta(3,k;\mathbb{R}^2)=\begin{cases}(5+4\cos(2\pi/]k/2[))^{0,5}, & k\neq 3,5,\\ (1+5^{0,5})/2, & k=5,\\ 0, & k=3;\end{cases} \qquad (14)$$

если $\dim X=1$, *то*

$$\delta(l,k;X)=\begin{cases}l, & k\geqslant 2l-1,\\ k-l, & k<2l-1,\quad k\ \text{четно},\\ l(k-l)/(l-1), & k<2l-1,\quad k\ \text{нечетно}.\end{cases} \qquad (15)$$

Докажем некоторые из этих формул, помечая, для удобства, доказательство каждого из соответствующих утверждений их порядковым номером.

Положим $k=l+1$ в константе A, тогда (6) сразу следует из (3). Из определений констант B и δ следует неравенство

$$\delta(l,k;X)\geqslant B(k,r,l;X)\delta(r,k;X),$$

которое при $r=1$, $k>l$ также влечет (6). Кроме того, формула (6) есть прямое следствие доказанной ниже теоремы 4.2.

Для доказательства (7) достаточно привести систему векторов в пространстве l_1^{l+1}, норма суммы любых l из которых равна значению правой части равенства (7). Такой системой векторов, очевидно, может служить следующая:

$$\begin{aligned} x_1&=(1-l,1,\ldots,1)/(2l-1),\\ x_2&=(1,1-l,1,\ldots,1)/(2l-1),\\ &\ldots\ldots\ldots\ldots\ldots\ldots\\ x_{l+1}&=(1,\ldots,1,1-l)/(2l-1), \end{aligned}$$

поскольку в ней

$$\Big\|\sum_{j=1}^{l+1}x_j-x_i\Big\|=l/(2l-1),\quad i=1,2,\ldots,l+1.$$

(15). Случай $k\geqslant 2l-1$ тривиален. Пусть $k<2l-1$. Рассмотрим k чисел, по абсолютной величине не меньших единицы, из которых, для определенности, q отрицательны, а p положительны: $p+q=k$, $p\geqslant q$, $\{x_1,\ldots,x_p,-y_1,\ldots,-y_q\}$, $1\leqslant x_1\leqslant\ldots\leqslant x_p$, $1\leqslant y_1\leqslant\ldots\leqslant y_q$. Если $p\geqslant l$ или $q\geqslant l$, то найдутся l чисел одного знака, и абсолютная величина их суммы будет не меньше l. Поэтому предположим, что $p,q<l$. Легко видеть, что максимальную абсолютную величину среди сумм различных l чисел из данных k чисел имеет одна из следующих сумм:

$$a_1=x_1+\cdots+x_p-y_1-\cdots-y_{l-p},\quad a_2=y_1+\cdots+y_q-x_1-\cdots-x_{l-q}.$$

Однако

$$\max(|a_1|, |a_2|) \geqslant \big|(qa_1 + (l-p)a_2)/(l-p+q)\big| \geqslant$$
$$\geqslant \big|(pq - (l-p)(l-q))x_1/(l-p+q)\big| \geqslant l(k-l)/(l-p+q).$$

Остается заметить, что дробь $l(k-l)/(l-p+q)$ принимает наименьшее значение при $p-q=0$, если k четно, и при $p-q=1$, если k нечетно.

На константу δ можно взглянуть несколько иначе, что позволит ввести в рассмотрение и исследовать некоторые ее полезные модификации. Именно, с каждой конкретной подсистемой векторов $\sigma_l \subset \sigma_k$ можно связать сумму

$$\sum_{i=1}^{k} \varepsilon_i x_i,$$

где $\varepsilon_i = \chi\{x_i \in \sigma_l\}$, следовательно, выбор каждой конкретной подсистемы векторов $\sigma_l \subset \sigma_k$ можно связать с некоторой перестановкой из k чисел ε_i, среди которых имеется l единиц и $k-l$ нулей. И, значит, выбор максимизирующей системы $\sigma_l \subset \sigma_k$ эквивалентен перебору всех перестановок этих чисел, т. е.

$$\delta(l,k;X) = \inf_{\substack{\sigma_k \subset X \\ \|x_i\| \geqslant 1}} \max_{\pi \in S_k} \Big\| \sum_{i=1}^{k} \varepsilon_{\pi(i)} x_i \Big\|,$$

где S_k — симметрическая группа всех перестановок на множестве $[k] = \{1, 2, \ldots, k\}$.

Теперь ясно, что этот перебор по всем перестановкам можно производить не только с вектором коэффициентов, состоящим из нулей и единиц, но вообще с любым числовым вектором. Стало быть, рассматривается следующая константа:

$$\delta(W;X) = \inf_{\substack{\sigma_k \subset X \\ \|x_i\| \geqslant 1}} \max_{\pi \in S_k} \Big\| \sum_{i=1}^{k} W_{\pi(i)} x_i \Big\|,$$

где $W = (w_1, \ldots, w_k)$ — фиксированный числовой вектор. Значит, если вектор W состоит из l единиц и $k-l$ нулей, то эти последние две константы совпадают.

Константу $\delta(W;X)$ естественно именовать взвешенной геометрической константой. Положим

$$(W, \pi, \sigma_k) = \sum_{i=1}^{k} w_{\pi(i)} x_i$$

и введем в рассмотрение функционал

$$\|W, \sigma_k\| = \max_{\pi} \|(W, \pi, \sigma_k)\|,$$

где максимум берется по всем перестановкам $\pi \in S_k$. Этот функционал инвариантен относительно перестановки компонент вектора W, поэтому всюду далее предполагается, что $w_1 \geqslant \ldots \geqslant w_k$ и $w = w_1 + \cdots + w_k$. Размерность вектора W иногда будем помечать нижним индексом. Значение взвешенной константы в случае вырожденного, т. е. однокомпонентного или нулевого, вектора очевидно: $\delta(W_1; X) = |w|$ и $\delta(0; X) = 0$, поэтому далее рассматриваются лишь невырожденные векторы. Вообще зависимость от вида весового вектора оказывается существенной. Так, ниже мы убедимся в том, что нетривиальная часть задачи вычисления взвешенной константы относится к сбалансированным векторам, т. е. тем W, в которых для каждого i выполняется неравенство $w(w - w_i) > 0$. Наименьшее возможное значение взвешенной константы дает

Теорема 4.2. *Пусть W_n — невырожденный весовой вектор, тогда*

$$\inf_X \delta(W_n; X) = \delta(W_n; l_\infty) = \frac{|w(w_1 - w_n)|}{|w - w_1| + |w - w_n|}. \tag{16}$$

Доказательство. Пусть $\pi_1, \ldots, \pi_k$ — перестановки чисел $\{1, 2, \ldots, n\}$, а $a_1, \ldots, a_k$ — действительные числа, тогда имеет место неравенство

$$\sum_{j=1}^{k} |a_j| \, \|W_n, \sigma_n\| \geqslant \sum_{j=1}^{k} |a_j| \, \|(W_n, \pi_j, \sigma_n)\| \geqslant \Big\| \sum_{j=1}^{k} a_j (W_n, \pi_j, \sigma_n) \Big\|,$$

следовательно,

$$\begin{aligned}
&\big(|w - w_1| + |w - w_n|\big) \|W_n, \sigma_n\| \geqslant \\
&\geqslant \Big\| (w - w_n) \sum_{\pi\colon \pi(1)=1} (W_n, \pi, \sigma_n) - (w - w_1) \sum_{\pi\colon \pi(1)=n} (W_n, \pi, \sigma_n) \Big\| \Big/ (n-1)! = \\
&= \Big\| (w - w_n) \Big(w_1 x_1 + \frac{w - w_1}{n - 1} \sum_{i=2}^{n} x_i \Big) - (w - w_1) \Big(w_n x_1 + \frac{w - w_n}{n - 1} \sum_{i=2}^{n} x_i \Big) \Big\| = \\
&\qquad = \big| w(w_1 - w_n) \big| \, \|x_1\| \geqslant \big| w(w_1 - w_n) \big|.
\end{aligned}$$

Таким образом, (16), как нижняя оценка, доказано.

Если весовой вектор несбалансирован, то

$$\frac{|w(w_1 - w_n)|}{|w - w_1| + |w - w_n|} = |w|$$

и (16) следует из общей верхней оценки $\delta(W, X) \leqslant |w|$, которую влечет система из n равных векторов.

Если весовой вектор сбалансирован, то

$$\frac{|w(w_1 - w_n)|}{|w - w_1| + |w - w_n|} = \frac{w(w_1 - w_n)}{2w - w_1 - w_n}.$$

Положим
$$a = \frac{w_1 + w_n}{2w - w_1 - w_n}$$
и рассмотрим в пространстве l_∞^n систему Σ_n из n векторов вида
$$x_1 = (-1, a, \ldots, a),$$
$$x_2 = (a, -1, \ldots, a),$$
$$\ldots$$
$$x_n = (a, a, \ldots, -1).$$

Из сбалансированности вектора W вытекает, что $|w| > |w_1 + w_n|$, поэтому все векторы в системе Σ_n имеют единичную норму. При этом для любой перестановки π
$$\|(W_n, \pi, \Sigma_n)\| = \max_{1 \leqslant j \leqslant n} |(w - w_{\pi(j)})a - w_{\pi(j)}|,$$
но, поскольку функция $|(w - z)a - z|$ выпукла по z, то
$$\|(W_n, \pi, \Sigma_n)\| = \max\bigl(|(w - w_1)a - w_1|, |(w - w_n)a - w_n|\bigr) = \\ = \left|\frac{w(w_1 - w_n)}{2w - w_1 - w_n}\right|.$$

Для дальнейшего удобно ввести в рассмотрение один специальный тип вектора W, именно, когда вектор W имеет размерность m и $m - n$ нулевых компонент, обозначая последний вариант через
$$\delta(W_m, n; X) = \delta(W_m; X) = \inf_{\sigma_n \sigma_m \subseteq X} \max_{\sigma_n \subset \sigma_m} \|W_n, \sigma_n\|.$$

Граница, подобная границе сбалансированности, проявляется и в гильбертовом случае.

Теорема 4.3. *Пусть H — гильбертово пространство размерности, по крайней мере, $m - 1$ и*
$$\sum_{i \neq j}^{n} w_i w_j > 0,$$
тогда
$$\delta(W_m, n; H) = \Bigl(\bigl(m \sum_{i=1}^{n} w_i^2 - w^2\bigr)/(m-1)\Bigr)^{0,5}. \tag{17}$$
Если же $\dim H \geqslant 1$ *и*
$$\sum_{i \neq j}^{n} w_i w_j \leqslant 0,$$
то
$$\delta(W_m, n; H) = |w|.$$

Доказательство. Для

$$\sigma_m = \{x_1, \ldots, x_m : \|x_i\| \geqslant 1,\ i = 1, \ldots, m\} \subset H$$

положим $b_i = i\, C_{m-i}^{n-i}(n-i)!$,

$$A = \sum_{\sigma_n \subset \sigma_m} \sum_{\pi} (W_n, \pi, \sigma_n)^2,$$

где квадрат понимается в смысле скалярного произведения, а внутреннее суммирование производится по всем n-перестановкам. Тогда имеем

$$A = b_1 \sum_{i=1}^{n} w_i^2 \sum_{i=1}^{m} x_i^2 + 2b_2 \sum_{i<j}^{n} w_i w_j \sum_{i<j}^{m} x_i x_j =$$

$$= b_2 \sum_{i<j}^{n} w_i w_j \Big(\sum_{i=1}^{m} x_i\Big)^2 + \Big(b_1 \sum_{i=1}^{n} w_i^2 - b_2 \sum_{i<j}^{n} w_i w_j\Big) \sum_{i=1}^{m} x_i^2,$$

что для вариантов $\sum w_i w_j > 0$ и $\sum w_i w_j \leqslant 0$ влечет соответственно:

$$|A| \geqslant m\Big(b_1 \sum_{i=1}^{n} w_i^2 - b_2 \sum_{i<j}^{n} w_i w_j\Big),$$

$$|A| \geqslant m^2 b_2 \sum_{i>j}^{n} w_i w_j + m\Big(b_1 \sum_{i=1}^{n} w_i^2 - b_2 \sum_{i>j}^{n} w_i w_j\Big).$$

Поскольку сумма A содержит $C_m^n n!$ слагаемых, то найдется по крайней мере одно из них, не меньшее, чем средняя доля от последних оценок, что, согласно элементарным вычислениям, влечет (17) и (18) как нижние оценки. С учетом этого, из того, что $\sigma(W; X) \leqslant |w|$, сразу следует (18). Для доказательства (17) достаточно в качестве экстремальной конструкции рассмотреть в $\mathbb{R}^{m-1}$ систему из m векторов — вершин правильного симплекса $\Sigma_m(\mathbb{R}^{m-1})$, вписанного в единичную сферу $\mathbb{R}^{m-1}$. Для такой конструкции все слагаемые в A равны и $\|\Sigma_m(\mathbb{R}^{m-1})\| = 0$, стало быть, во всех предыдущих выкладках всюду стоит равенство, значит, и (17) доказано.

Полезной оказывается еще одна модификация константы δ, оценки значений которой приводятся здесь без доказательств, поскольку они мало отличаются от соответствующих оценок самой константы δ:

$$\delta_r(W; X) = \inf_{\substack{\sigma_n \subset X \\ \|x_i\| \geqslant 1 \\ i = 1, \ldots, r}} \max_{\pi \in S_n} \Big\| \sum_{i=1}^{n} w_{\pi(i)} x_i \Big\|,$$

где $W = (w_1, \ldots, w_n)$ — фиксированный числовой вектор, а S_n — множество всех перестановок индексов $1, 2, \ldots, n$.

Положим $w_{\max} = \max(w_1, \ldots, w_n)$, $w_{\min} = \min(w_1, \ldots, w_n)$,

$$\delta(W) = \frac{|w(w_{\max} - w_{\min})|}{|w - w_{\max}| + |w - w_{\min}|}$$

и рассматриваем только невырожденные векторы, т. е. $W \neq 0$ и $n \geqslant 2$.

Теорема 4.4. *Для константы δ_r справедливы следующие формулы:*

для всякого $r \leqslant n$

$$\inf_X \delta_r(W; X) = \delta(W),$$

причем если вектор W — несбалансированный, то $\forall X$ $\delta_r(W; X) = \sigma(W) = |w|$, если же вектор W — сбалансированный и X содержит подпространство, изометричное l_∞^r, то

$$\delta_r(W; X) = \delta(W);$$

для любого пространства X и вектора $W \in \mathbb{R}^n$

$\delta_1(W; X) = \delta(W)$;

$$\delta_r(W; l_2^k) \geqslant \begin{cases} \left(\dfrac{r}{n(n-1)}\left(n\sum_{i=1}^n w_i^2 - w^2\right)\right)^{0,5} & \text{при } \sum_{1 \leqslant i < j \leqslant n} w_i w_j \geqslant 0, \\ |w|(r/n)^{0,5} \quad \text{при } \sum_{1 \leqslant i < j \leqslant n} w_i w_j \leqslant 0. \end{cases}$$

Контактные числа. Именно константа δ оказывается тесно связанной с контактными числами Ньютона–Грегори (наибольшее число единичных сфер, которые могут одновременно касаться центральной единичной сферы). В самом деле, если рассмотреть экстремальную константу

$$d(k; X) = \sup_{\substack{\sigma_k \subset X \\ \|x_i\| = 1}} \min_{1 \leqslant i < j \leqslant k} \|x_i - x_j\|,$$

то контактное число $k(X)$ (для пространства X) можно определить как наибольшее целое k, при котором выполняется неравенство $d(k; X) \geqslant 1$. Если же X — гильбертово пространство, то в нем выполняется равенство параллелограмма: сумма квадратов сторон параллелограмма равна сумме квадратов его диагоналей. Следовательно, если X — гильбертово пространство, то выполняется равенство $d^2(k; X) + \delta^2(2, k; X) = 4$, и, значит, в силу последнего неравенства контактное число $k(X)$ есть наибольшее целое k, для которого $\delta^2(2, k; X) \leqslant 3$.

В евклидовом пространстве точные значения контактных чисел вычислены лишь для некоторых размерностей: $k(\mathbb{R}^2) = 6$, $k(\mathbb{R}^3) = 12$, $k(\mathbb{R}^8) = 240$, $k(\mathbb{R}^{24}) = 196560$. Зависимость значений контактных чисел от нормы самого пространства (иными словами, от формы его единичной сферы) весьма существена. Легко строится пример пространства, для которого в трехмерном случае контактное число равно 26. Очевидно, такое значение реализуется в трехмерном пространстве, единичная сфера которого имеет форму обычного трехмерного куба, т. е. в пространстве l_∞. В этом случае система единичных сфер, реализующая контактное число 26, представляет собой три слоя единичных кубов, по девять кубов в каждом слое — точно так же, как располагаются маленькие кубики в кубике Рубика. В этом случае центральный (невидимый) кубик касается всех остальных, причем некоторых он касается гранями, некоторых — ребрами, а некоторых — лишь вершинами. Но возвратимся к евклидову пространству. Пусть $M_d(r)$ — наибольшее число единичных векторов пространства $\mathbb{R}^d$, попарные расстояния между которыми не меньше, чем r, а $N_d(s)$ — это наибольшее целое N, при котором найдутся векторы $x_1, \ldots, x_N \in \mathbb{R}^d$, удовлетворяющие условиям

$$(x_i, x_i) = 1, \quad i = 1, \ldots, N,$$
$$(x_i, x_j) \leqslant s, \quad i \neq j.$$

Тогда если $s = 1 - r^2/2$, то $M_d(r) = N_d(s)$ и $N_d(1/2) = k(\mathbb{R}^d)$.

Для оценки $N_d(s)$, применяя метод сферических полиномов [44] можно получить, что

$$N_8(1/2) \leqslant 240$$

и после некоторых преобразований следует оценка

$$N_{24}(1/2) \leqslant 196560.$$

Известные (еще с тридцатых годов) конкретные размещения сфер, реализующие эти оценки, обеспечивают точное знание контактных чисел в евклидовых пространствах указанных размерностей. Точные значения и наилучшие известные оценки контактных чисел приведены в табл. 4.1.

Таблица 4.1

d	$k(R^d)$	d	$k(R^d)$	d	$k(R^d)$
1	2	9	306–380	17	5346–12215
2	6	10	500–595	18	7398–17877
3	12	11	582–915	19	10668–25901
4	24–25	12	840–1416	20	17400–37974
5	40–46	13	1130–2233	21	27720–56852
6	72–82	14	1582–3492	22	49896–86537
7	126–140	15	2564–5431	23	93150–128096
8	240	16	4320–8313	24	196560

4.3. Некоторые применения геометрических констант

Примечательно, что в своей исходной форме теорема Мантеля была сформулирована и доказана не в терминах графов, а для векторов евклидова пространства. Существенный шаг в соединении экстремальных геометрических задач с задачами о графах был сделан П. Тураном, который заметил, что среди n единичных векторов евклидова пространства должно быть «много» пар этих векторов с «длинными» суммами. Достаточно общее вскрытие этой связи дает

Теорема 4.5. *Пусть $n \geqslant k \geqslant l \geqslant 1$ — натуральные числа, а X — линейное нормированное пространство. Тогда во всякой системе $\sigma_n = \{x_1, \ldots, x_n : \|x_i\| \geqslant 1, i = 1, \ldots, n\} \subset X$ найдется, по крайней мере, $T(n,k,l)$ подсистем $\sigma_l \subset \sigma_n$ таких, что*

$$\|\sigma_l\| \geqslant \delta(l,k;X).$$

Доказательство. На системе векторов $\sigma_n \subset X$, как на вершинах, построим l-однородный гиперграф $G^l(\sigma_n)$ по правилу

$$\sigma_l \in G^l(\sigma_n) \Longleftrightarrow \|\sigma_l\| \geqslant \delta(l,k;X)$$

и проверим, что построенный таким образом гиперграф имеет, по крайней мере, $T(n,k,l)$ гиперребер. Предположим противное, тогда

$$\exists \sigma_k^1 \subset \sigma_n : \quad \forall \sigma_l \subset \sigma_k^1 \quad \|\sigma_l\| < \delta(l,k;X)$$

или

$$\exists \sigma_k^1 \subset \sigma_n : \quad \max_{\sigma_l \subset \sigma_k^1} \|\sigma_l\| < \delta(l,k;X),$$

но тогда

$$\min_{\sigma_k \subset X} \max_{\sigma_l \subset \sigma_k} \|\sigma_l\| \leqslant \max_{\sigma_l \subset \sigma_k^1} \|\sigma_l\| < \delta(l,k;X),$$

следовательно,

$$\min_{\sigma_k \subset X} \max_{\sigma_l \subset \sigma_k} \|\sigma_l\| < \delta(l,k;X),$$

что противоречит определению $\delta(l,k;X)$.

Вероятностный смысл связи геометрических и комбинаторных экстремальных констант был определен Д. Катоной; суть его состоит в том, что если среди n единичных векторов евклидова пространства «много» пар векторов с «длинными» суммами, то при случайном выборе пары векторов вероятность того, что эта пара имеет «длинную» сумму, велика. Явную вероятностную связь комбинаторных и геометрических констант демонстрирует

Следствие 4.1. *Пусть $n \geqslant k \geqslant l \geqslant 1$ — натуральные числа, X — линейное нормированное пространство, а $\xi_1, \ldots, \xi_l$ — независимые и одинаково распределенные в X случайные векторы. Пусть $T(n,k,l)$ — число Турана и $\delta(l,k;X)$ — геометрическая константа, определенная в § 2 гл. 4. Тогда справедливо неравенство*

$$\mathsf{P}\{\|\sum_{i=1}^{l} \xi_i\| \geqslant x\delta(l,k;X)\} \geqslant l!\big(\lim_{n\to\infty}(T(n,k,l)/n^l)\big)\,\mathsf{P}^l\{\|\xi_i\| \geqslant x\}.$$

Отметим теперь некоторые применения геометрических констант к матрицам. Рассматриваются квадратные матрицы порядка n. Классическими понятиями матричной алгебры являются: матричная норма, обобщенная матричная норма, спектральная норма и числовой радиус.

Обобщенной матричной нормой называется числовая функция N на матрицах, удовлетворяющая следующим условиям:

$$N(A) \geqslant 0;$$
$$N(A) > 0, \text{ если } A \neq 0;$$
$$N(\alpha A) = |\alpha| N(A) \text{ при } \alpha \in C;$$
$$N(A+B) \leqslant N(A) + N(B).$$

Если, кроме того, выполняется условие $N(AB) \leqslant N(A)N(B)$, то N называется *матричной нормой*. Примером матричной нормы является *спектральная норма*

$$\|A\|_2 = \max\{x^T A^T A x\colon\ x \in C^n,\ x^T = x = 1\}.$$

Примером обобщенной матричной нормы (но не матричной нормы) является числовой радиус

$$r(A) = \max\big\{|x^T A x|\colon x \in C^n, x^T = x = 1\big\}.$$

Рассмотрим матрицу C такую, что $C \neq \lambda I$ и $\mathrm{tr}\, C \neq 0$ (через $\mathrm{tr}\, C$ обозначается след матрицы C). Обобщенная матричная норма r_C определяется по правилу

$$r_C(A) = \max\big\{|\mathrm{tr}\,(CU^T AU)|\colon\ U : U^T = U = I\big\}.$$

В случае, когда $C = \mathrm{diag}\,\{1, 0, \ldots, 0\}$, величина $r_C(A)$ есть не что иное, как числовой радиус матрицы A.

Для любой обобщенной матричной нормы N существует $\nu(N)$ — тот наименьший коэффициент ν, при котором νN является матричной нормой (если $\nu(N) \leqslant 1$, то N уже является матричной нормой). Матрица с действительными элементами называется *эрмитовой*, если все ее собственные числа действительны. [1])

Теорема 4.6. *Пусть матрица C эрмитова и $W = (w_1, \ldots, w_n)$, где w_j — собственные числа матрицы C. Тогда если $\delta_1(W; \mathbb{R}) \neq 0$, то*

$$\nu(r_C) \leqslant \frac{4|w_1 + \cdots + w_n|}{\delta_1^2(W; \mathbb{R}^1)}.$$

Для доказательства этой теоремы понадобятся следующие вспомогательные утверждения.

---

[1]) Напомним, что число x_i является собственным числом (значением) квадратной матрицы A тогда и только тогда, когда

$$\det(x_i l - A) = 0.$$

Лемма 4.1. *Пусть N — обобщенная матричная норма, M — матричная норма и $b \geqslant a > 0$ — такие константы, что для любой матрицы A*

$$aM(A) \leqslant N(A) \leqslant bM(A).$$

Тогда $\nu(N) \leqslant ba^{-2}$.

Доказательство. Положим $N'(A)\epsilon^{-2}N(A)$. Тогда

$$N'(AB)\epsilon^{-2}N(AB) \leqslant b^2a^{-2}M(AB) \leqslant b^2a^{-2}M(A)M(B) \leqslant$$
$$\leqslant b^2a^{-4}N(A)N(B) = N'(A)N'(B).$$

Лемма 4.2. Пусть A и C — нормальные [2] матрицы с собственными значениями $x_1, \ldots, x_n$ и $w_1, \ldots, w_n$ соответственно. Тогда

$$r_C(A) = \max_{\pi \in S_n} \Big| \sum_{j=1}^{n} w_{\pi(j)} x_j \Big|,$$

$$r_C(A) \leqslant \Big| \sum_{j=1}^{n} w_j \Big| \, ||A||_2.$$

Доказательство теоремы. Пусть H — эрмитова матрица с собственными значениями $y_1, \ldots, y_n$. Тогда

$$||H||_2 = \max_j |y_j|,$$

и, в силу леммы 4.2,

$$r_C(H) = \max_{\pi \in S_n} \Big| \sum_{j=1}^{n} w_{\pi(j)} y_j \Big| \geqslant \delta(W; \mathbb{R}^1) \max_j |y_j| = \delta(W; \mathbb{R}^1) ||H||_2.$$

Легко видеть, что $r_C(A) = r_C(A^T)$. Положим $H_1 = A + A^T$, $H_2 = i(A - - A^T)$. Тогда $A = (H_1 - iH_2)/2$, и матрицы H_1, H_2 эрмитовы. Поскольку r_C является обобщенной матричной нормой, то

$$r_C(A + A^T) \leqslant 2r_C(A), \quad r_C(iA - iA^T) \leqslant 2r_C(A).$$

Поэтому

$$r_C(A) \geqslant \big(r_C(H_1) + r_C(H_2)\big)/4 \geqslant \delta(W; \mathbb{R}^1)\big(||H_1||_2 + ||H_2||_2\big)/4 \geqslant$$
$$\geqslant \delta(W; \mathbb{R}^1)\big(||H_1||_2 - i||H_2||_2\big)/4\delta(W; \mathbb{R}^1)||A||_2/2.$$

Отсюда

$$\delta(W; \mathbb{R}^1)||A||_2/2 \leqslant r_C(A) \leqslant \Big| \sum_{j=1}^{n} w_j \Big| \, ||A||_2;$$

применяя лемму 4.1, получаем искомую оценку.

---

[2] Квадратная матрица A с действительными элементами *нормальна*, если $AA^T = = A^TA$.

Следствие 4.2. *Пусть матрица C эрмитова и $w_1 \geqslant w_2 \geqslant \ldots \geqslant w_n$ — ее собственные значения, $w = w_1 + \cdots + w_n$, $w_1 \neq w_n$, $w \neq 0$. Тогда*

$$\nu(r_C) \leqslant \frac{4(|w - w_1| + |w - w_n|)}{|w|(w_1 - w_n)^2}.$$

В качестве примера отметим, что для классического числового радиуса r (случай $C = \operatorname{diag}\{1, 0, \ldots, 0\}$) это следствие дает точную оценку, так как $\nu(r) = 4$.

Следствие 4.3. *Если в условиях теоремы* 4.6

$$\delta(W) = \frac{|w(w_{\max} - w_{\min})|}{|w - w_{\max}| + |w - w_{\min}|} \geqslant 2(|w|)^{0,5},$$

то r_C является матричной нормой.

Квадратная матрица A порядка n, состоящая из 1 и -1, называется *матрицей Адамара*, если она удовлетворяет равенству $AA^T = nI$. Основная проблема, связанная с матрицами Адамара, сводится к вопросу существования — при каких n матрица Адамара порядка n существует? Несложно проверить, что матрица Адамара может существовать, лишь когда $n := := 1, 2, 4k$. Следующий результат, приводимый нами без доказательства, сводит эту проблему к вопросу вычисления экстремальной геометрической константы.

Теорема 4.7. *Следующие утверждения эквивалентны*:

1) $\delta(2, 4n - 1; l_1^{4n-1}) = (4n - 2)/(4n - 1)$;
2) $\delta(2, 4n; l_1^{4n-1}) = (4n - 2)/(4n - 1)$;
3) *существует матрица Адамара порядка* $4n$.

4.4. Задачи и утверждения

4.1. Существует ли трехмерное линейное нормированное пространство, в котором контактное число его единичной сферы больше, чем 26?

4.2. Если весовой вектор несбалансирован, то для любого X

$$\delta(W_n, m; X) = |w|.$$

4.3. Если весовой вектор знакопостоянен, причем $|w_1| \geqslant \ldots \geqslant |w_n| > 0$, $m > n$, то

$$\inf_X \delta(W_n, m; X) = \delta(W_n, m; l_\infty) = ww_1/|2w - w_1|.$$

4.4. Если весовой вектор сбалансирован и не знакопостоянен, то

$$\inf_X \delta(W_n, m; X) = \delta(W_n, m; l_\infty) = w(w_1 - w_n)/(2w - w_1 - w_n).$$

4.5. Если весовой вектор сбалансирован и $w_1 = -w_n$, то

$$\inf_X \delta(W_n, m; X) = \delta(W_n, m; l_\infty) = w_1,$$

причем экстремальную конструкцию в пространстве l_∞ образует система из m базисных векторов.

4.6. Если Σ_k — симплекс, вписанный в единичную сферу пространства $\mathbb{R}^{k-1}$, а $w_1, \ldots, w_l$ — действительные числа, то для всякой $\sigma_l = \{x_1, \ldots, x_l\} \subset \Sigma_k$ выполняется равенство

$$\left|\sum_{i=1}^{l} w_i x_i\right| = \left(\left(k \sum_{i=1}^{l} w_i^2 - w^2\right)/(k-1)\right)^{0,5},$$

в частности, длина ребра симплекса Σ_k равна $(2k/(k-1))^{0,5}$.

4.7. Если $\dim H \geqslant n-1$, $E_n = (\varepsilon_1, \ldots, \varepsilon_n)$, где $\varepsilon_i := +1, -1$ и $\varepsilon^2 \geqslant n$, то

$$\delta(E_n; H) = \left(\frac{n^2 - \varepsilon^2}{n-1}\right)^{0,5}.$$

Если же $\dim H \geqslant 1$ и $\varepsilon^2 \leqslant n$, то $\delta(E_n; H) = |\varepsilon|$.

4.8. Если $\dim H \geqslant n-1$ и $E_n = (\varepsilon_1, \ldots, \varepsilon_n)$, где $\varepsilon_i := +1, -1$, то

$$\sup_{E_n} \delta(E_n; H) = \begin{cases} 1, & n = 1, 3, \\ \left(\dfrac{n^2 -]n^{0,5}[^2}{n-1}\right)^{0,5}, & n -]n^{0,5}[\text{ четно}, n \neq 1, \\ \left(\dfrac{n^2 - (]n^{0,5}[+1)^2}{n-1}\right)^{0,5}, & n -]n^{0,5}[\text{ нечетно}, n \neq 3. \end{cases}$$

4.9. Пусть константа $\delta(2, k_1, \ldots, k_t; X)$ определяется по следующему правилу:

$$\delta(2, k_1, \ldots, k_t; X) = \inf_{\sigma_k \subset X} \max_{\sigma_2 \subset \sigma_{k_i}} \min \|\sigma_2\|,$$

где $\max$ берется по всем разбиениям системы векторов σ_k, как мультимножества, на блоки предписанных размеров:

$$\sigma_k = \sum_{i=1}^{t} \sigma_{k_i},$$

а $\min$ берется лишь по тем блокам, чей объем не меньше двух. Тогда во всякой системе $\sigma_n = \{x_1, \ldots, x_n \colon \|x_i\| \geqslant 1, i = 1, \ldots, n\} \subset X$ найдется по крайней мере

$$m(n; \sum_{i=1}^{t} K_{k_i})$$

подсистем $\sigma_2 \subset \sigma_n$ таких, что $\|\sigma_2\| \geqslant \delta(2, k_1, \ldots, k_t; X)$. Определение величины $m(n; H_k)$ см. в гл. 3.

4.10. Попробуйте вычислить или оценить значения константы $\delta(2, k_1, \ldots, k_t; X)$.

4.11. Систему единичных векторов σ_n называем *l-системой*, если

$$\forall \sigma_p \subset \sigma_n \quad \exists \sigma_q \subset \sigma_p : \quad \forall \sigma_k \subset \sigma_q \quad \|\sigma_k\| = c \in \mathbb{R}^1 .$$

Вычислить или оценить константу

$$\Delta_c(n, p, q, k; X) = \sup \|\sigma_n\|,$$

где $\sup$ берется по всем l-системам σ_n.

Указание. Воспользуйтесь результатами о локально турановских гиперграфах из гл. 3.

4.12. Пусть на плоскости для шести различных точек $a_1, \ldots, a_6$ выполняются неравенства $|a_i - a_j| \leqslant 1$ $(1 \leqslant i < j \leqslant 6)$. Докажите, что среди этих шести точек найдутся три точки a_k, a_l, a_m такие, что $|a_k - a_l| < 1$, $|a_k - a_m| < 1$, $|a_l - a_m| < 1$.

Указание. Используйте теорему Рамсея.

ГЛАВА 5
ПРИМЕНЕНИЕ РЕЗУЛЬТАТОВ РЕШЕНИЯ ЭКСТРЕМАЛЬНЫХ КОМБИНАТОРНЫХ ЗАДАЧ

Основным инструментом для исследований в процессе проектирования АСУ является имитационное моделирование. Однако его использование обходится очень дорого и требует больших затрат времени [96]. Применение такого подхода при создании АСУ, с одной стороны, обеспечивает необходимую точность оценки значений исследуемых параметров на каждом этапе проектирования, с другой стороны, фактически приводит к отставанию этапа определения параметров ряда технических средств от общего хода разработки.

Новым теоретическим подходом для решения задач проектирования АСУ является применение методов комбинаторного анализа, а именно, тематики экстремальных комбинаторных задач на разбиениях чисел. Высокая степень абстракции постановок и решений экстремальных комбинаторных задач позволяет использовать их при проектировании и технических, и программных средств АСУ. Комбинаторные методы исследований предполагают формализацию функционирования различных элементов системы с помощью комбинаторных объектов. Совокупность таких объектов и образует комбинаторные модели, которые на основе априорной информации о функционировании элемента системы обеспечивают описание всего множества их состояний. Использование результатов решения экстремальных комбинаторных задач в процессе исследований существенно сокращает необходимое количество анализируемых состояний системы и позволяет производить сравнительный анализ показателей функционирования как по их точным значениям, так и по оценкам значений (сверху или снизу) этих величин.

Основная цель рассматриваемых в настоящей главе примеров использования тематики экстремальных комбинаторных задач на множестве разбиений чисел состоит в формировании у читателя методических навыков по формализации исследуемых здесь процессов с помощью понятия вложимости разбиений и по использованию экстремальных результатов для решения практических задач. Поэтому в формулировках конкретных практических задач не приводятся подробные определения исследуемых процессов и не описываются их причинно-следственные связи с процессом функционирования АСУ в целом.

5.1. Комбинаторные модели для исследования процесса распределения памяти ЭВМ АСУ

Исследования, связанные с повышением эффективности методов управления распределением памяти ЭВМ, в основном направлены на поиск эффективных методов распределения, перераспределения и реорганизации памяти. *Распределение* памяти представляет собой конечную последовательность отображений $(I \to F)_t$ $(t = 1, \ldots)$ множества I информационных объектов (программ, массивов данных) или их наименований во множество F физических адресов распределяемой памяти для дискретных моментов времени t функционирования АСУ. *Перераспределение* памяти

ЭВМ — это перенесение ряда информационных объектов из адресного пространства оперативной памяти на вспомогательную память с целью освобождения оперативной памяти и размещения в ней других информационных объектов, необходимых для продолжения вычислительного процесса. Под *реорганизацией* памяти будем понимать перемещение информационных объектов в адресном пространстве памяти. Перераспределение и реорганизация памяти являются одними из основных методов повышения эффективности использования этого дорогостоящего вычислительного ресурса современных ЭВМ.

Существуют два способа распределения памяти: статический и динамический. *Статическим* называется такое распределение памяти, при котором $(I \to F)_t$ выбирается один раз до выполнения программы или задачи. При *динамическом* распределении памяти каждое $(I \to F)_t$ выбирается непосредственно в ходе вычислительного процесса в момент времени t, исходя из $(I \to F)_{t-1}$. Применение того или иного способа зависит от наличия информации:

- о ресурсах памяти;
- о свойствах ссылок программ или последовательности использования информации.

Статистическое распределение может применяться тогда и только тогда, когда сведения о ресурсах памяти и свойствах ссылок программ имеются перед решением программы. Использование динамического распределения памяти предполагает, что сведения о ресурсах заранее не известны и что свойство ссылок определяется только в процессе выполнения программы. Именно такой режим функционирования памяти присущ АСУ реального времени (АСУ РВ). В таких системах потребности оперативной памяти в каждом конкретном случае определяются характером и интенсивностью потоков заданий на обработку информации, которые, в свою очередь, являются случайными. В [14] отмечается, что эффективное функционирование АСУ РВ достигается лишь тогда, когда при удовлетворении заявок на выделение оперативной памяти накладывается как можно меньше ограничений, а освобождение занятых областей памяти происходит как можно быстрее. Эти рассуждения говорят в пользу динамического распределения оперативной памяти ЭВМ.

Исследования, связанные с оценкой эффективности применения различных методов управления распределением памяти, преследуют, в основном, достижение следующих единых целей:

- освобождение программиста от заботы о распределении памяти;
- повышение эффективности использования памяти;
- минимизация затрат процессорного времени на управление распределением памяти.

При реализации как статического, так и динамического способов распределения памяти одно из основных препятствий на пути эффективного ее использования создается фрагментацией памяти [41, 95]. В исследованиях явления фрагментации памяти можно выделить два подхода: *стохасти-*

ческий, когда влияние фрагментации рассматривается как вероятностный процесс, и *деформационный*, когда сам процесс функционирования системы приводит к заданным при проектировании состояниям фрагментированной памяти. Первый из этих подходов связан с исследованиями процесса распределения памяти в ЭВМ сегментной организацией программ и данных, второй — исследованиями страничной организации памяти либо распределением памяти ограниченными по размеру свободными участками.

Потери в эффективности использования памяти при сегментной организации программ и данных обусловлены влиянием *внешней фрагментации* или «раздробленностью» памяти практически в любой момент времени на большое количество свободных и занятых участков различной длины. Внешняя фрагментация проявляется из-за случайного характера потока запросов на выделение памяти, различного размера этих запросов, которые в адресном пространстве памяти размещаются с точностью до слова, а также из-за случайного времени пребывания программ и данных в памяти ЭВМ.

«Раздробленность» памяти в процессе функционирования АСУ очень часто приводит к ситуациям, когда в памяти отсутствует свободный непрерывный участок адресного пространства, необходимый для удовлетворения поступившего запроса на память. В этом случае, даже если суммарный размер всех имеющихся свободных фрагментов равен или больше требуемого размера участка свободной памяти, поступивший запрос без применения средств реорганизации или перераспределения памяти удовлетворить нельзя. Применение же средств реорганизации или перераспределения памяти требует дополнительных затрат процессорного времени на управление распределением памяти, что в итоге снижает производительность АСУ в целом. Потери в эффективности использования памяти при страничной ее организации обусловлены влиянием *внутренней фрагментации*. Внутренняя фрагментация проявляется из-за округления размера каждого поступающего запроса на память до целого числа страниц. Именно эта дополнительно выделяемая часть памяти в процессе выполнения программы не используется, она и определяет величину потерь в эффективности использования памяти в целом.

Страничная организация памяти существенно упрощает решение задачи ее распределения, так как размер любой страницы один и тот же и на место всякой конкретно взятой страницы можно разместить любую другую. Однако исследования показывают, что в процессе функционирования АСУ потери в эффективности использования памяти, обусловленные влиянием внутренней фрагментации, оказываются больше, чем потери, вызванные влиянием внешней фрагментации [41, 173]. Следовательно, сократив затраты процессорного времени на управление распределением памяти при сегментной организации программ и данных, можно еще более повысить эффективность такого механизма управления памятью. Поэтому наши исследования будут направлены на изучение процесса распределения памяти вычислительных систем с сегментной организацией программ и данных, которые обладают следующими преимуществами по сравнению с системами со страничной организацией памяти:

- существенно упрощается решение задачи организации внешних ссылок в сегментах, так как в этом случае от объединяющей программы не требуется работы с абсолютными адресами;
- облегчается управление решением реентерабельных программ;
- исключаются потери в эффективности использования памяти из-за округления размеров запросов до принятого в системе размера страниц (потери на внутреннюю фрагментацию).

Рассмотрим несколько общих комбинаторных моделей, позволяющих исследовать процесс распределения оперативной памяти ЭВМ с сегментной организацией программ и данных.

Модель 5.1. В любой момент времени функционирования АСУ влияние внешней фрагментации на процесс распределения памяти достаточно полно характеризуют следующие параметры:

- количество свободных (занятых) участков памяти;
- размер свободных (занятых) участков;
- суммарный размер свободной (занятой) памяти.

Запросы на выделение памяти в этих исследованиях в любой момент времени функционирования АСУ достаточно полно характеризуются следующими параметрами:

- количеством запросов в очереди на выделение памяти;
- требуемыми размерами непрерывных участков адресного пространства памяти или размерами запросов;
- суммарным размером памяти, требуемой для удовлетворения запросов из очереди.

Пусть Q — размер оперативной памяти ЭВМ АСУ, а N — суммарный размер свободной памяти, который в процессе функционирования системы принимает значения $N \in \mathbb{Z}^+$, $N \leqslant Q$, где $\mathbb{Z}^+$ — множество целых неотрицательных чисел. Из-за влияния внешней фрагментации память размером N окажется «раздробленной» на r свободных фрагментов, представленных участками непрерывного адресного пространства памяти. Такое состояние свободной памяти можно интерпретировать как вектор

$$z(N)(n_1, \ldots, n_r), \quad N = \sum_{i=1}^{r} n_i, \quad n_1 \geqslant n_2 \geqslant \ldots \geqslant n_r;$$

$n_i \in \mathbb{Z}^+$, где n_i — размер i-го свободного участка памяти, а r — количество таких участков.

Определение 5.1. Два *состояния свободной памяти*: $z(N) = (n_1, n_2, \ldots, n_r)$ и $z'(N) = (n'_1, n'_2, \ldots, n'_r)$ — будем считать *различными*, если они различны как векторы, т. е. если существует такое i, при котором $n_i \neq n'_i$.

Аналогичным образом любое состояние занятой памяти будем интерпретировать вектором $g(D) = (d_1, d_2, \ldots, d_l)$, где d_i — размер непрерывного i-го участка адресного пространства занятой памяти, D — суммарный размер занятой памяти. Два состояния занятой памяти будем считать различными, если они различны как векторы.

При моделировании запросов на выделение свободной памяти из $z(N) = (n_1, n_2, \ldots, n_r)$ предполагаем, что они могут поступать либо одновременно, т. е. группами $q(K) = (k_1, k_2, \ldots, k_t)$, либо по одному, где k_j — требуемый размер свободной памяти для j-го запроса. Группу запросов будем также интерпретировать как вектор, т. е.

$$q(K) = (k_1, k_2, \ldots, k_t), \quad \sum_{j=1}^{t} k_j = K, \quad k_1 \geqslant k_2 \geqslant \ldots \geqslant k_t,$$

$k_j \in \mathbb{Z}^+$. Две группы запросов будем считать различными, если они различны как векторы.

Элементы n_i, d_l и k_j векторов $z(N)$, $g(D)$ и $q(K)$ являются натуральными числами. Следовательно, $z(N)$, $g(D)$ и $q(K)$ можно интерпретировать как разбиения чисел N, D и K соответственно, т. е. $p(N) = (n_1, n_2, \ldots, n_r)$, $p(K) = (k_1, k_2, \ldots, k_t)$ и $p(D) = (d_1, d_2, \ldots, d_l)$, где части разбиения n_i определяют размеры свободных участков адресного пространства памяти, части k_j — требуемые размеры непрерывных участков адресного пространства свободной памяти или размеры запросов на память, а части d_m — размеры непрерывных участков адресного пространства занятой памяти. Ранги разбиений $p(N)$, $p(K)$ и $p(D)$ определяют соответственно: r — число непрерывных участков адресного пространства свободной памяти, t — количество запросов в очереди и l — число непрерывных участков адресного пространства занятой памяти.

Интерпретация состояний свободной и занятой памяти неупорядоченными разбиениями чисел позволяет адекватно моделировать внешнюю фрагментацию памяти без учета состояний ее адресного пространства, что существенным образом упрощает проведение исследований процесса распределения памяти. Действительно, при дальнейших исследованиях нас будет интересовать ответ на вопрос: имеются ли в памяти свободные непрерывные участки ее адресного пространства, необходимые для удовлетворения поступивших запросов на память? При такой постановке задачи не требуется данных о состоянии адресного пространства свободной памяти.

Представление групп запросов на выделение памяти неупорядоченными разбиениями чисел также не противоречит практическому смыслу исследуемого процесса. Если запросы на память пришли группой, то они должны быть все одновременно удовлетворены, при этом алгоритм распределения запросов может быть любым, так же как и порядок или очередность выделения для них свободных участков памяти. Следовательно, модель 5.1 является адекватным представлением как состояний фрагментированной памяти, так и систем запросов на выделение памяти, которые могут образовываться в процессе функционирования АСУ.

С помощью множества разбиений чисел можно описать множество всех возможных состояний фрагментированной свободной памяти фиксированного размера. Как уже отмечалось, в процессе функционирования АСУ суммарный размер свободной памяти ЭВМ изменяется в пределах $0 \leqslant N \leqslant Q$, где Q — размер памяти ЭВМ. Используя следующее свойство множества разбиений чисел:

$$P(N_1) \cap P(N_2) \cap \dots \cap P(N_r) = 0,$$

где $P(N_i)$ — множество разбиений числа N_i $\forall i \neq j$, $N_i \neq N_j$, можно показать, что множество состояний фрагментированной свободной памяти ЭВМ размером Q определяется множеством разбиений чисел

$$Z(Q) = \bigcup_{N=0}^{Q} Z(N) = \bigcup_{N=0}^{Q} \bigcup_{r=1}^{\min(N,Q+1-N)} P_r(N),$$

или (используя мощности множеств)

$$|Z(Q)| = \sum_{N=0}^{Q} |Z(N)| = \sum_{N=0}^{Q} \sum_{r=1}^{N \wedge (Q+1-N)} |P_r(N)|,$$

где $P_r(N)$ — множество разбиений чисел ранга r. Справедливость этих равенств подтверждает

Теорема 5.1. *Разбиение $p(N) \in P(N)$ соответствует одному из состояний свободной памяти ЭВМ размером Q тогда и только тогда, когда $(N + r(p) - 1) \leqslant Q$, где $r(p)$ — ранг разбиения $p(N)$.*

Доказательство. Необходимость. Пусть $p_r(N)$ — разбиение числа N ранга r, которое соответствует одному из состояний свободной памяти размером N. По определению фрагментации между всякими n_i и n_{i+1} существует сегмент занятой памяти d_j. Пусть минимальный размер сегментов равен единице ($d_j \geqslant 1$); тогда, очевидно, число занятых сегментов памяти будет $l \geqslant r(p) - 1$. Следовательно, суммарный размер занятой памяти $F \geqslant (r(p) - 1) = r(p-1)$. Но так как $r(p)$ есть ранг разбиения $p(N) \in P(N)$, где $0 \leqslant N \leqslant Q$, то $F \geqslant Q - N$.

Достаточность. Пусть $(N + r(p) - 1) \leqslant Q$. Тогда размер занимаемой памяти $F = (Q - N) \geqslant r(p) - 1$. Это значит, что найдутся сегменты занятой памяти, которые займут все $(r(p) - 1)$ мест между сегментами свободной памяти этими $(r(p) - 1)$ единицами, что и требовалось доказать. Тогда

$$\sum_{N=0}^{Q} |Z(N)| = \sum_{N=0}^{Q} \sum_{p \in P(N)} \chi(p) \sum_{N=0}^{Q} \sum_{p \in P(N)} \chi((N + r(p) - 1) \leqslant Q),$$

где χ — индикаторная функция, которая принимает значения

$$\chi(p) = \begin{cases} 1, & \text{если } p \text{ соответствует состоянию свободной памяти,} \\ 0, & \text{если } p \text{ не соответствует состоянию свободной памяти.} \end{cases}$$

Известно, что $|P(N)| = \sum_{r=1}^{N} |P_r(N)|$, поэтому

$$\sum_{N=0}^{Q} |Z(N)| = \sum_{N=0}^{Q} \sum_{r=1}^{N} \chi\big((N + r(p) - 1) \leqslant Q\big) \sum_{p \in P(N)} 1 =$$

$$= \sum_{N=1}^{Q} \sum_{r=1}^{N} \chi((N + r(p) - 1) \leqslant Q)|P_r(N)| =$$

$$= \sum_{N=0}^{Q} \sum_{r=1}^{N} \chi(r(p) \leqslant (Q + 1 - N))|P_r(N)| = \sum_{N=0}^{Q} \sum_{r=1}^{\min(N, Q+1-N)} |P_r(N)|.$$

Таким образом, число состояний свободной памяти размером Q определяется так:

$$\sum_{N=0}^{Q} |Z(N)| = \sum_{N=0}^{Q} \sum_{r=1}^{\min(N, Q+1-N)} |P_r(N)|.$$

Исследования процессов распределения памяти АСУ включают еще и процесс удовлетворения запросов в адресном пространстве свободной памяти ЭВМ. Формализовать этот процесс позволяет

Модель 5.2. Особенностью распределения памяти в ЭВМ с сегментной организацией программ и данных является неделимость поступающих запросов на выделение памяти, т. е. для удовлетворения каждого запроса требуется непрерывный участок адресного пространства памяти различной длины. Такая организация распределения памяти применяется в реальных системах телеобработки данных типа КАМА, при распределении оперативной памяти многопроцессорных вычислительных комплексов (МВК) ЭЛЬБРУС и ряда других систем. Удовлетворение любого запроса на память здесь реализуется последовательным выполнением двух процессов: процессом поиска свободных непрерывных участков адресного пространства памяти, равных или превосходящих размер запроса, и процессом выделения этой свободной памяти под запрос.

Оба эти процесса могут быть реализованы различными алгоритмами, однако в итоге их работы найденный участок свободной памяти либо полностью исключается из списка свободных участков (при равенстве размеров запроса и участка памяти), либо в списке свободной памяти учитывается остаток свободной памяти или разность размера свободной памяти и размера запроса (при выбросе большего размера свободного участка памяти относительно размера запроса). Вследствие этого может оказаться, что в одном участке свободной памяти удовлетворяется более одного запроса на память. Это означает, что процессы удовлетворения запросов на память можно моделировать понятием вложимости разбиений чисел. Действительно, пусть в соответствии с моделью 5.1 запросы, интерпретируемые разбиением $(k_1, \ldots, k_t) \vdash k$, необходимо удовлетворить в памяти, размеры свободных участков которой соответствуют частям разбиения $(n_1, \ldots, n_r) \vdash n$ и $k \leqslant n$.

В соотвествии с определением вложимости разбиение $(k_1, \ldots, k_t)$ вложимо в разбиение $(n_1, \ldots, n_r)$, если части k_i разбиения $(k_1, \ldots, k_t)$ можно так сгруппировать в r групп (каждая часть k_i входит в одну группу, и пустые группы допускаются), что после сложения всех частей k_i в каждой группе получится r чисел $p_i \leqslant n_i$, $i = 1, \ldots, r$. Причем в процессе конкретной вложимости каждое n_j из $(n_1, \ldots, n_r)$ используется не более одного раза, т. е. фрагмент размера n_j, в котором группа запросов заняла объем $p_j \leqslant n_j$, уже больше не используется для размещения запросов k_i, даже если $n_j - p_j > 0$. Следовательно, понятие вложимости разбиений является адекватной интерпретацией процесса удовлетворения запросов в свободной памяти ЭВМ. В качестве иллюстрации рассмотрим конкретный числовой пример.

Пример 5.1. Пусть группа запросов на память состоит из объемов (5, 2, 1), а система участков свободной памяти — из объемов (6, 3, 3), тогда одновременное удовлетворение всех этих запросов осуществимо, причем не единственным способом: (6 содержит 5 и 1; 3 содержит 2; 3 содержит 0), (6 содержит 5; 3 содержит 2 и 1; 3 содержит 0), (6 содержит 5; 3 содержит 2; 3 содержит 1). Таким образом, группировка запросов для их размещения в участках свободной памяти в точности отражает реальную работу алгоритмов динамического распределения памяти.

Используя эту терминологию, рассмотрим применение результатов решения экстремальных комбинаторных задач для проектирования методов управления распределением памяти ЭВМ.

5.2. Проектирование алгоритмов управления распределением памяти ЭВМ

Существует и используется множество различных алгоритмов для предотвращения влияния внешней фрагментации памяти ЭВМ. Однако при реализации любого из них для идентификации отказа в удовлетворении запросов просматривается весь список свободных участков памяти, причем этот список просматривается для каждого запроса в отдельности. Такие просмотры списка свободной памяти требуют затрат вычислительных ресурсов центрального процессора (процессорное время). Если в результате просмотра необходимого участка свободной памяти не обнаружено, то поступивший запрос в данной ситуации удовлетворить нельзя, а процессорное время, затраченное на этот просмотр, оказывается использованным впустую. Такой алгоритм используется практически во всех отечественных и большей части известных зарубежных ЭВМ. Высокая интенсивность потока запросов на выделение памяти в процессе функционирования ЭВМ, а также частое проявление рассматриваемых ситуаций в памяти снижают производительность вычислительной системы в целом.

Для вычислительных систем, в процессе функционирования которых не возникает очередей запросов на выделение свободной памяти, исключить бесполезные затраты процессорного времени на просмотры списка свободной памяти можно путем сравнения размера поступающих запросов с размером максимального участка свободной памяти (величина такого участка должна храниться в системе и динамически корректироваться в процессе ее функционирования).

Однако при функционировании современных многопроцессорных вычислительных комплексов очереди на выделение запросов возникают. Они образуются из-за конфликтов при обращении к общим данным (списку свободной памяти и т. д.), а также при реализации механизмов перераспределения и реорганизации памяти [48]. Такие очереди (группы запросов) могут служить источником априорной информации о характере потока запросов на выделение памяти. Это обеспечивает возможность повышения эффективности использования памяти ЭВМ за счет возможности более рационального планирования распределения информационных объектов в адресном пространстве свободной памяти и позволяет сократить затраты процессорного времени на управление распределением памяти за счет сокращения количества просмотров списка свободной памяти. Тем не менее, при проектировании современных алгоритмов распределения памяти очереди запросов не учитываются.

Частично решить задачу проектирования алгоритмов распределения памяти, учитывающих возможность образования очередей запросов, позволяет результат решения экстремальной комбинаторной задачи о вложимости разбиений чисел (теорема 2.1). В терминах моделей 5.1 и 5.2 основная задача при удовлетворении группы запросов состоит в установлении возможности вложения разбиения $(k_1, \ldots, k_t)$, интерпретирующего размеры запросов группы, в разбиение $(n_1, \ldots, n_r)$, интерпретирующее размеры фрагментов свободной памяти. В соответствии с теоремой 2.1, разбиение $(k_1, \ldots, k_t)$ вложимо в разбиение $(n_1, \ldots, n_r)$, если

$$t \geqslant \max(k -]n/r[+ 1, 1),$$

где t — число запросов в группе и $k = \sum_{i=1}^{t} k_i$; $n = \sum_{j=1}^{r} n_j$.

В формальной постановке задача нахождения величины $\max(k -]n/r[+ +1, 1)$ означает, что для определения возможности удовлетворения каждого запроса группы размерами $(k_1, \ldots, k_t)$ в фрагментированном адресном пространстве свободной памяти не требуется t раз просматривать список свободной памяти. Для этого достаточно постоянно хранить в ЭВМ лишь данные о суммарном размере и количестве участков свободной памяти, а также о количестве запросов в группе и их суммарном размере. Именно использование этих данных при определении возможности удовлетворения поступившей группы запросов обеспечивает полное исключение затрат времени процессора на бесполезные просмотры списка свободной памяти, так как если условия вложимости выполняются, то в результате просмотра списка свободной памяти всегда найдутся свободные участки адресного пространства памяти для удовлетворения каждого запроса из очереди.

Однако нахождение $\max(k -]n/r[+ 1, 1)$ не является окончательным решением поставленной задачи. Всякий новый результат, связанный с решением экстремальной комбинаторной задачи на частично упорядоченном по вложимости множестве разбиений чисел, всегда предполагает и решение задачи о построении алгоритма, по которому эта вложимость будет реализовываться. Поэтому необходимо еще определить или построить алгоритм, который при выполнении условия вложимости обеспечил бы полное распределение запросов из группы в памяти ЭВМ (обеспечил вложение частей разбиения). По определению, вложение части k_i разбиения $(k_1, \ldots, k_t)$ в разбиение $(n_1, \ldots, n_r)$ преобразовывает их к виду $(k_1, \ldots, k_{i-1}, k_{i+1}, \ldots, k_t)$ и $(n_1, \ldots, n_j - k_i, \ldots, n_r)$.

Это значит, что после вложения каждой части k_i ранг разбиения $(k_1, \ldots, k_t)$ уменьшается на единицу. Ранг r разбиения $(n_1, \ldots, n_r)$ при $n_j = k_i$ также уменьшается на единицу, а в случае $n_j > k_i$ остается без изменения. Такая интерпретация вложимости частей разбиений адекватно формализует работу алгоритма распределения памяти. При доказательстве утверждения, которое позволяет выбрать искомый алгоритм, будем понимать процедуру вложения именно так.

Утверждение 5.1. *Если разбиения* $p_r(n) = (n_1, \ldots, n_r)$ *и* $q_t(k) = (k_1, \ldots$ $\ldots, k_t)$ *удовлетворяет условию* $t \geqslant \max(k -]n/r[+1, 1)$, *то вложение разбиений* $(k_1, \ldots, k_t) \subset (n_1, \ldots, n_r)$ *обеспечивается по любому алгоритму, который распределяет части, равные единице, в последнюю очередь.*

Доказательство. Достаточно рассмотреть случай $n = k$. Пусть $k_i < n_j$; ясно, что после вложения k_i в n_j ранг r не изменится и полная вложимость будет обеспечиваться, если $k -]n/r[\geqslant k - k_i -](n - k_i)/r[+1$, что, в свою очередь, эквивалентно неравенству $](k - (r-1)k_i)/r[\geqslant](k + r)/r[$, которое, очевидно, выполняется при $k \geqslant]r/(r-1)[= 2$. Если $k_i = n_j$, то исходное неравенство имеет вид $k -]k/r[\geqslant k - k_i -](k - k_i)/(r-1)[+1$.

Предположим, что $](k + (r-1)k_i)/(r-1)[\geqslant]k/r[$, но это неравенство не выполняется, если $k_i \geqslant 2$. Таким образом, утверждение доказано.

Следовательно, если выполняется условие теоремы 2.1 (условия вложимости разбиений), то в силу утверждения 5.1, для удовлетворения запросов группы не требуется их упорядочение, а также упорядочение по величине размеров участков свободной памяти в списке. В этом случае необходимо лишь запросы $k_i = 1$ распределять в последнюю очередь. Правило выбора n_j для удовлетворения запроса размером k_i можно записать следующим образом:

$$j = \min(j\colon k_i \leqslant n_j), \quad 1 \leqslant j \leqslant r,$$

где r — количество участков свободной памяти, быть может, и не упорядоченных по величине. Такое правило реализует алгоритм распределения памяти *first-fit* [41], который является наиболее быстрым алгоритмом распределения, т. е. требующим для работы минимума затрат времени центрального процессора. Это значит, что, осуществляя проверку выполнения условий вложимости перед работой алгоритма распределения памяти, можно без просмотра списка свободной памяти определить возможность удовлетворения поступившей группы запросов. Если эти условия выполняются, то по алгоритму *first-fit* (с незначительной доработкой в соответствии с утверждением 5.1) запросы группы будут полностью удовлетворены без применения каких-либо средств организации памяти.

Следует заметить, что выполнение условий вложимости для группы из t запросов с суммарным размером k означает наличие резерва свободной памяти, величина которого равна, по крайней мере, $r(k-t)-k+r$, где r — количество участков свободной памяти. Ясно, что в вычислительных системах, для которых характерна обработка больших по размеру запросов на выделение памяти, работа по такому алгоритму может привести к появлению большого резерва свободной памяти. Однако для систем, где запросы на память невелики, в процессе их работы будет создаваться резерв свободной памяти, размер которого будет динамически меняться в зависимости от характера потока запросов на выделение памяти (чем больше поступающие запросы, тем больше размер резерва свободной памяти). Этот резерв может быть использован в ЭВМ для защиты от тупиковых ситуаций в оперативной памяти. Величину такого резерва можно сократить, используя для проверки условий вложимости принцип полного размещения (см. гл. 2). В этом случае потребуется дополнительная информация о размерах запросов в группах, хотя решение самой задачи остается полиномиально сложным.

Продемонстрированное применение результата решения экстремальной комбинаторной задачи не единственное. Эти и другие экстремальные результаты могут быть использованы при исследовании процесса выполнения заданий в АСУ, при выборе размеров оперативной и внешней памяти ЭВМ, анализе особенностей структуры программных средств АСУ.

5.3. Комбинаторная модель для исследования процесса выполнения заданий в АСУ

Функционирование АСУ складывается из множества различных по сложности стохастических процессов и явлений. Их исследование составляет основу для повышения эффективности организации вычислительного процесса АСУ в целом. Однако многие из этих процессов и явлений очень трудно поддаются моделированию с помощью аналитических методов исследования. В результате разрабатываемые аналитические модели оказываются непригодными даже для получения оценок значений исследуемых параметров.

Применение методов комбинаторного анализа для исследования процесса функционирования АСУ позволяет создать с помощью комбинаторных схем более адекватные формальные модели исследуемых элементов, процессов и явлений. Объединение этих моделей на основе общих параметров в комбинаторные схемы обеспечивает на уровне оценок значений этих параметров возможность анализа взаимного влияния параметров, а также их влияния на процесс функционирования АСУ. Для подтверждения этого тезиса рассмотрим комбинаторную модель процесса выполнения заданий в АСУ.

Модель 5.3. *Заданием* в АСУ будем называть одну из реализуемых ею функций, выполняемую одной программой или последовательностью программ. Если какая-либо функция в АСУ реализуется в зависимости от исходной информации различными последовательностями программ, то в рассматриваемой комбинаторной модели такое различие в реализации рассматривается как различие выполняемых функций, т. е. в предлагаемой модели считается, что каждая реализуемая функция АСУ выполняется строго фиксированной последовательностью программ. Такое предположение не накладывает каких-либо ограничений на общность использования модели, так как при проектировании АСУ всегда имеется возможность для такого детального представления реализуемых ею функций.

Предлагаемая модель позволяет исследовать АСУ при следующих ограничениях на процесс ее использования:

- дисциплина обслуживания заданий в АСУ такова, что очередное задание с каждого терминала может быть инициировано только после завершения выполнения предыдущего, заданного с того же терминала;
- структура программных средств АСУ фиксирована и предназначена для реализации конечного числа функций по обработке информации, заданных при проектировании системы.

Такая организация функционирования АСУ является типичной для ряда систем подобного класса, что также обеспечивает общность представляемой модели.

Пусть АСУ предназначена для обслуживания f терминалов и реализации различных функций, выполняемых заданиями $z \in Z$, где Z — множество всех реализуемых функций АСУ. Пусть Q_i — множество заданий, каждое из которых может быть инициировано с терминала $i \in [f] = \{1, \ldots, f\}$, причем любые Q_i и Q_j могут пересекаться. Будем называть Q_i *описанием функционального назначения* терминала i. Принятая в соответствии с ограничениями дисциплина выполнения заданий в АСУ позволяет полагать, что в любой момент времени в АСУ одновременно могут выполняться не более f заданий. Тогда множество различных совокупностей заданий, которые могут одновременно выполняться в АСУ, определяется прямым произведением $Q = \prod_{i=1}^{f} Q_i$, элементы которого $q = (z_1, \ldots, z_f) \in Q$ будем называть *полными совокупностями заданий* для проектируемого распределения функций между терминалами АСУ и определяемого множествами Q_i (z_i — задание, предназначенное для инициирования с i-го терминала).

В процессе функционирования АСУ образованию любого $q \in Q$ предшествует множество различных последовательностей состояний АСУ, характеризуемых одновременным выполнением заданий. Пусть $q = (z_1, \ldots, z_f)$; для этого q рассмотрим два состояния АСУ, характеризуемые выполнением соответственно одного (z_1) и одновременно двух (z_1, z_2) заданий. Ясно, что в процессе функционирования АСУ последовательности ее состояний, которые переводят систему из (z_1) в (z_1, z_2), могут быть различными. При этом нас не будет интересовать количество раз, которое система пребывала в том или ином состоянии, так как нашей задачей является исследование множества возможных состояний АСУ. Для проведения таких исследований достаточно зафиксировать только возможность пребывания АСУ в том или ином состоянии. Это позволяет существенно упростить модель для описания всего множества состояний АСУ, считая (z_1) и (z_1, z_2) соседними состояниями при переходе АСУ из состояния (z_1) в (z_1, z_2), и использовать для описания всего множества состояний системы следующий подход.

Пусть $Q(q) = \{q_i : q_i \subset q\}$, $q_i = (z_{i_1}, \ldots, z_{i_l})$, $(i_1, \ldots, i_l) \in 2^{[f]}$, где $2^{[f]}$ — булеан множества $[f]$. В соответствии с определением булеана (см. гл. 1) ясно, что элементами $Q(q)$ являются все возможные сочетания из $q = (z_1, \ldots, z_f)$. Следовательно, $Q(q)$ интерпретирует все множество состояний АСУ, характеризуемых выполнением одного, одновременно двух, одновременно трех и т. д. до f заданий из $q \in Q$. Однако с помощью множества $Q(q)$ также интерпретируются и все возможные очереди заданий при образовании конкретной полной совокупности $q \subset Q$. Действительно, пусть $|q_i|$ — количество заданий, составляющих $q_i \in Q(q)$. Для образования $q \in Q$ в системе должно быть реализовано еще $f - |q_i|$ таких заданий, которые являются дополнением $\overline{q}_i$ для q_i в q, т. е. $\overline{q}_i = q \backslash q_i$. Учитывая правило построения $Q(q)$, нетрудно показать, что если $\overline{q}_i = q \backslash q_i$ и $q_i \in Q(q)$, то $\overline{q}_i \in Q(q)$. Тогда, задавая взаимно однозначное отображение $\varphi : Q(q) \to Q(q)$ такое, что $\varphi(q_i) = \overline{q}_i = q \backslash q_i$, получаем пары элементов $(q_i, \overline{q}_i)$, характеризующие каждое состояние АСУ одновременно выполняемыми заданиями из q_i и соответствующей этому состоянию очередью заданий на выполнение для перехода системы из q_i в состояние, характеризуемое заданиями из $q \in Q$. Применяя такой подход для определения промежуточных состояний для всех $q \in Q$, получим множество $W(Q) = \{(w, \overline{w}) : \ \overline{w} = q \backslash w, \ w \in Q(q), q \in Q\}$, элементы которого и позволяют получить априорную информацию для оценки значений некоторых параметров функционирования АСУ.

Мощность множества $W(Q)$, или количество элементов, составляющих это множество, определяет объем вычислений, который необходимо произвести при исследовании всего многообразия состояний АСУ. Учитывая правило построения полных совокупностей $q \in Q$ и правило построения $Q(q)$, нетрудно показать, что мощность множества $W(Q)$ определяется выражением $|W(Q)| = 2^f \cdot \prod_{i=1}^{f} |Q_i|$, где 2^f — мощность булеана множества $[f] = \{1, \ldots, f\}$, $|Q_i|$ — мощность множества Q_i. Существует множество различных применений рассмотренной модели при исследовании функционирования АСУ. Для примера рассмотрим ее использование при оценке сверху необходимого размера оперативной памяти ЭВМ. Однако для этого необходимо рассмотреть еще ряд комбинаторных моделей, формализующих процесс распределения памяти и влияние внешней фрагментации.

5.4. Комбинаторные модели для оценки необходимого размера памяти ЭВМ

Размер оперативной памяти ЭВМ оказывает существенное влияние на пропускную способность АСУ. Если размер оперативной памяти мал, то в процессе функционирования системы часть времени центрального процессора затрачивается на управление распределением памяти. Увеличение оперативной памяти повышает производительность системы без каких-либо изменений в программах обработки данных. Память будет всегда служить ключом к производительности ЭВМ. Дж. фон Нейман установил это в своем меморандуме в 1946 г.; это верно и сейчас [92].

При проектировании АСУ РВ вопросам оценки размера оперативной памяти уделяется внимание практически на всех этапах создания системы. С этой целью создаются сложные имитационные модели, с помощью которых, в основном, исследуется поведение системы при пиковых нагрузках, т. е. в период времени, когда средняя величина потока заданий в системе принимает максимальное значение [14, 92]. Проведение этих исследований требует существенных затрат вычислительных ресурсов на разработку системы и увеличивает время ее создания. Однако такие исследования необходимы, так как именно при пиковых нагрузках АСУ РВ должна оставаться работоспособной.

Следует также заметить, что эффективное функционирование АСУ реального времени невозможно без выполнения одного важного условия: в результате проектирования программное обеспечение должно «соответствовать» аппаратуре, оно должно быть спроектировано так, чтобы не снижалась производительность этой аппаратуры и всей системы в целом [26, 92]. Используемые в настоящее время подходы для решения задачи управления распределением памяти таковы, что окончательное ее решение, как правило, появляется только на этапе эксплуатации системы.

Приведенный краткий анализ требований к методам управления распределением оперативной памяти ЭВМ АСУ РВ позволяет сделать следующие выводы:

- метод решения задачи проектирования управления распределением оперативной памяти должен минимизировать затраты вычислительных ресурсов и обеспечивать получение теоретически обоснованного алгоритма уже на этапе технического проектирования АСУ;
- метод управления распределением памяти должен проектироваться с учетом особенностей структуры программных средств системы;
- метод управления оперативной памятью ЭВМ должен минимизировать затраты процессорного времени на ее распределение и обеспечивать эффективное выполнение функций АСУ РВ при пиковых нагрузках в системе;
- метод управления оперативной памятью ЭВМ должен накладывать как можно меньше ограничений при удовлетворении запросов на выделение памяти и обеспечивать быстрое освобождение не участвующих в вычислительном процессе занятых сегментов памяти.

Для решения этих задач предлагается использовать ряд комбинаторных моделей. Последовательность представления таких моделей выбираем в соответствии с увеличением количества априорной информации о процессе функционирования оперативной памяти ЭВМ АСУ. В рассматриваемых моделях будем учитывать и возможность группового удовлетворения запросов, т. е. когда запросы на выделение свободной памяти поступают группами. Преимущество группового метода удовлетворения запросов заключается в наличии дополнительной априорной информации о характере потока запросов на память, которая учитывается здесь путем рассмотрения упорядоченных по размеру групп запросов. Рассматривается также модель процесса распределения оперативной памяти ЭВМ при реализации одиночного метода удовлетворения запросов на выделение памяти, т. е. когда запросы удовлетворяются в порядке их поступления.

Модель 5.4. Рассматривается функционирование ЭВМ, в которой запросы на выделение памяти поступают группами. Пусть размеры запросов группы, поступившие в произвольный момент времени, соответствуют частям разбиения $(k_1, \ldots, k_t) \vdash k$. Свободная память в рассматриваемый момент времени представлена r участками с суммарным размером n. Тогда согласно принципу полного размещения (см. гл. 2) вычисление величины

$$n(k_1, \ldots, k_t; r) = \max_{1 \leqslant i \leqslant t} \left(\sum_{j=1}^{i} k_j + (k_i - 1)(r - 1) \right),$$

при условии $k_1 \geqslant \ldots \geqslant k_t$ обеспечивает нахождение такого суммарного размера свободной памяти, который, будучи представленным любым разбиением на r непрерывных свободных участков адресного пространства, позволит полностью разместить в ней все $(k_1, \ldots, k_t)$ без ее перераспределения и реорганизации. Из формулы принципа полного размещения видно, что для решения этой задачи не требуется информации о размерах свободных участков памяти, а следовательно, для каждого из запросов группы не требуется просмотр списка свободной памяти ЭВМ. С этой целью достаточно проверить справедливость неравенства $n \geqslant n(k_1, \ldots, k_t; r)$, где r — количество фрагментов, которыми представлена свободная память размером n.

Если неравенство выполняется, то из доказательства принципа полного размещения следует, что для удовлетворения запросов $(k_1, \ldots, k_t)$ можно использовать любой алгоритм динамического распределения памяти, который учитывает упорядоченность запросов по убыванию их размеров. Иными словами, все запросы величиной $(k_1, \ldots, k_t)$ можно одновременно удовлетворить в свободной памяти $(n_1, \ldots, n_r)$, например, по алгоритму *first-fit*, если при выборе запросов из очереди учитывается их упорядоченность по убыванию размера. Следовательно, принцип полного размещения может быть использован при проектировании методов динамического распределения памяти ЭВМ АСУ.

Пример 5.2. Пусть размеры запросов представлены частями разбиения $(k_1, \ldots, k_t) = (22, 13, 12, 8, 4, 2, 2, 1) \vdash 64$, а непрерывные участки адресного пространства свободной памяти — разбиением $(n_1, \ldots, n_r) = (23, 21, 21, 20) \vdash 85$. Тогда

$$n(k_1, \ldots, k_t; r) = n(22, 13, 12, 8, 4, 2, 2, 1; 4) = 85$$

и, следовательно, разместить все представленные запросы можно, например, следующим образом: $(23 = 22 + 1,\ 21 = 13 + 8,\ 21,\ 20 = 12 + 4 + 2 + 2)$. Если же $(n_1, \ldots, n_r) = (22, 21, 21, 20) \vdash 84$, то принцип полного размещения уже не влечет требуемой вложимости, несмотря на то, что последняя все же имеет место. Это характеризует «зону неопределенности» в экстремальных комбинаторных оценках.

Модель 5.5. Пусть имеется m групп запросов на выделение памяти. Размеры запросов j-й группы соответствуют частям разбиения $(k_1^{(j)}, \ldots, k_{t_j}^{(j)})$ $(j = 1, \ldots, m)$. В соответствии с принципом полного размещения, нетрудно показать, что вычисление величины

$$\max_{1 \leqslant j \leqslant m} \left(n(k_1^{(j)}, \ldots, k_{t_j}^{(j)}; r\right)$$

при условии $k_1^{(j)} \geqslant \ldots \geqslant k_{t_j}^{(j)}$ обеспечивает нахождение суммарного размера свободной памяти, всякое разбиение которого на не более чем r непрерывных адресных участков обеспечит полное удовлетворение запросов на память любой j-й группы $(1 \leqslant j \leqslant m)$. Алгоритм распределения запросов здесь такой же, как в модели 5.4.

Модель 5.6. Пусть множество возможных состояний занятой памяти ЭВМ интерпретируется множеством разбиений чисел $(d_1^{(i)}, \ldots, d_{v_i}^{(i)})$, $i = 1, \ldots, l$, где любая часть i-го разбиения $d_r^{(i)}$ соответствует размеру r-го занятого участка адресного пространства памяти, а v_i — количество занятых участков, представленных частями i-го разбиения числа. Для каждого i-го состояния занятой памяти известно множество групп запросов, каждая из которых в процессе функционирования АСУ может потребовать одновременного удовлетворения всех своих запросов при i-м состоянии занятой памяти ЭВМ.

Пусть множество разбиений чисел $(k_1^{(j)}, \ldots, k_{t_j}^{(j)})^{(i)}$ соответствует такому множеству групп запросов для i-го состояния занятой памяти; части этих разбиений соответствуют размерам запросов на память, а ранг t_j — количеству запросов в j-й группе $(i = 1, \ldots, l;\ j = 1, \ldots, m_i)$. Учитывая влияние внешней фрагментации, полагаем, что в процессе функционирования АСУ при удовлетворении каждой группы запросов, соответствующей i-му состоянию занятой памяти, свободная память ЭВМ оказывается «раздробленной» на не более чем $v_i + 1$ непрерывных участков адресного пространства, где v_i — число занятых участков памяти, соответствующих i-му состоянию. Тогда оценка сверху (V) — необходимого размера памяти ЭВМ, которой в процессе функционирования АСУ будет достаточно для удовлетворения любой поступающей группы запросов с учетом принципа полного размещения, вычисляется в соответствии с выражением

$$V = \max_{1\leqslant i\leqslant l}\Big(\max_{1\leqslant j\leqslant m_i}\big(n((k_1^{(j)},\ldots,k_{t_j}^{(j)})^{(i)};v_i+1)\big)+\sum_{r=1}^{v} d_r^{(i)}\Big)$$

при $\big(k_1^{(j)},\ldots,k_{t_j}^{(j)}\big)^{(i)}$, где $n\big((k_1^{(j)},\ldots,k_{t_j}^{(j)})^{(i)};v_i+1\big)$ определяется по формуле принципа полного размещения для каждого разбиения $\big(k_1^{(j)},\ldots,k_{t_j}^{(j)}\big)^{(i)}$, а $\sum_{r=1}^{v} d_r^{(i)}$ — суммарный размер занятой памяти при удовлетворении запросов группы.

Такой подход к выбору размера оперативной памяти ЭВМ АСУ, так же как и в предыдущих моделях, предполагает возможность использования алгоритмов динамического распределения памяти, которые учитывают наличие групп запросов и обеспечивают удовлетворение запросов этих групп в порядке убывания их размера. Однако в настоящее время большинство ЭВМ АСУ не используют групповой метод удовлетворения запросов на память. Построить аналогичную модель для оценки выбираемого размера оперативной памяти ЭВМ при реализации одиночного метода удовлетворения запросов позволяет несколько иная формальная комбинаторная модель поступления групп запросов в процессе функционирования АСУ.

Пусть имеется группа запросов на выделение памяти $(k_1,\ldots,k_t)$, которые необходимо удовлетворить по одному в порядке поступления. Все запросы в конечном итоге должны быть одновременно удовлетворены в свободной памяти, которая к моменту поступления первого запроса группы представлена r непрерывными участками адресного пространства. Ясно, что одиночное удовлетворение запросов рассматриваемой группы предполагает произвольный порядок чисел $k_1,\ldots,k_t$. В соответствии с леммой 2.2, если

$$f(k_1,\ldots,k_t;r) = \max_{1\leqslant i\leqslant t}\Big(\sum_{j=1}^{i} k_j + (k_i-1)(r-1)\Big), \quad k_i\in N,$$

то при любом порядке очередности чисел $k_1,\ldots,k_t$ выполняется неравенство

$$f(k_1,\ldots,k_t;r) \geqslant n(k_1,\ldots,k_t;r).$$

Тогда ясно, что для оценки требуемого размера свободной памяти ЭВМ при одиночном удовлетворении запросов необходимо найти максимум значения $f(k_1,\ldots,k_t;r)$ на всем множестве перестановок чисел $(k_1,\ldots,k_t)$. Согласно лемме 2.2 этот максимум равен величине

$$k + (\max_{1\leqslant i\leqslant t} k_i - 1)(r-1), \qquad \text{где } k=\sum_{i=1}^{t} k_i.$$

Однако нахождение этого результата не является окончательным решением задачи. Прежде чем перейти к описанию модели для исследования одиночного метода удовлетворения запросов, необходимо сформулировать алгоритм, по которому можно осуществить вложимость. Алгоритм, реализующий вложимость при произвольном порядке частей разбиения $(k_1, \ldots, k_t)$, позволяет сформулировать

Утверждение 5.2. *Пусть заданы разбиения* $(k_1, \ldots, k_t) \vdash k$ *и* $(n_1, \ldots \ldots, n_r) \vdash n$, *для которых справедливо неравенство*

$$n \geqslant k + (\max_{1 \leqslant i \leqslant t} k_i - 1)(r - 1).$$

Тогда $(k_1, \ldots, k_t) \subseteq (n_1, \ldots, n_t)$, *причем эту вложимость может обеспечить алгоритм, который:*

- *части* k_i *для размещения выбирает по одной в порядке их нумерации;*
- *каждую часть* k_j *размещает в первую подходящую по размеру часть* n_i, *т. е.* n_i *выбирается по правилу*

$$i = \min(i \colon k_j \leqslant n_i), \quad 1 \leqslant i \leqslant r, \quad 1 \leqslant j \leqslant t;$$

- *при выборе* $n_i > k_j$ *остается остаток в виде одной части* $n_i - k_j > 0$.

Доказательство. Проведем индукцию по t. При $t = 1$ основное неравенство принимает вид $n \geqslant rk_1 - r + 1$ и требуемое выполняется в силу принципа Дирихле. Проведем индукционный переход. Предположим, что требуемое выполняется вплоть до $t - 1$, и покажем, что требуемое также верно и для t. Вложимость $(k_1, \ldots, k_t) \subseteq (n_1, \ldots, n_t)$ следует из принципа полного размещения и того, что $n(k_1, \ldots, k_t; r) \leqslant k + (\max_{1 \leqslant i \leqslant t} k_i - 1)(r - - 1)$ согласно лемме 2.2. Тогда для k_1 всегда найдется $n_i \geqslant k_1$. После вложения части k_1 требуемое будет следовать из выполнения условий вложения для разбиений $(k_1, \ldots, k_t)$ и $(n_1, \ldots, n_i - k_1, \ldots, n_r)$. Для доказательства возможности такой вложимости воспользуемся индукционным переходом. С этой целью достаточно проверить справедливость неравенства

$$n - k_1 \leqslant k - k_1 + \Big(\max_{2 \leqslant i \leqslant t} k_i - 1\Big)(v - 1),$$

где

$$v = \begin{cases} r & \text{при } n_i > k_1, \\ r - 1 & \text{при } n_i = k_1. \end{cases}$$

Действительно, согласно условию,

$$n \geqslant k + \Big(\max_{1 \leqslant i \leqslant t} k_i - 1\Big)(r - 1) \geqslant k + \Big(\max_{1 \leqslant i \leqslant t} k_i - 1\Big)(v - 1)$$

и, значит,

$$n - k_1 \geqslant k - k_1 + \Big(\max_{2 \leqslant i \leqslant t} k_i - 1\Big)(v - 1),$$

что и требовалось доказать.

Модель 5.7. Пусть множество возможных состояний занятой памяти ЭВМ представлено множеством разбиений чисел $(d_1^{(i)}, \ldots, d_{vi}^{(i)}) \vdash d^{(i)}$, $i = 1, \ldots, l$. Для каждого элемента этого множества известны m_i совокупностей запросов на выделение памяти, которые представлены соответствующими разбиениями $(k_1^{(j)}, \ldots, k_{ti}^{(j)})^{(i)}$, $j = 1, \ldots, m_i$, $k_r^{(j)}$ — размер r-го запроса j-й совокупности, t_j — количество запросов в j-й совокупности. В процессе функционирования ЭВМ АСУ запросы любой j-й совокупности поступают в произвольной последовательности, удовлетворяются по одному в соответствии с очередностью их поступления и требуют одновременного размещения в памяти. К моменту поступления первого запроса каждой j-й совокупности, соответствующей i-му состоянию занятой памяти, свободная память ЭВМ оказывается представленной $v_i + 1$ непрерывными участками адресного пространства. Тогда по лемме 2.2 такая модель позволяет произвести расчет оценки сверху необходимого размера оперативной памяти ЭВМ (V') в соответствии с выражением

$$V' = \max_{1 \leqslant i \leqslant l} \left(\max_{1 \leqslant j \leqslant m_i} \left(k^{(i,j)} + \left(\max_{1 \leqslant v \leqslant t_j^{(i)}} k_v^{(i,j)} - 1 \right) v_i \right) + \sum_{r=1}^{v} d_r^{(i)} \right),$$

где $k_v^{(i,j)}$ — размер v-го запроса на память в j-й совокупности, соответствующей i-му состоянию занятой памяти; $t_j^{(i)}$ — количество запросов в j-й совокупности, соответствующей i-му состоянию занятой памяти:

$$k^{(i,j)} = \sum_{v=1}^{t_j^{(i)}} k_v^{(i,j)}.$$

Справедливость утверждения 5.2 позволяет показать, что при работе ЭВМ АСУ с размером оперативной памяти, равным V', гарантированное удовлетворение любого запроса обеспечивается алгоритмом динамического распределения памяти *first-fit*.

Следует заметить, что для расчета величин V и V' здесь не требуется информации о размерах непрерывных адресных участков свободной памяти. Это согласуется с формальной интерпретацией принципа полного размещения. Однако если на каком-либо этапе проектирования АСУ появляется дополнительная априорная информация о функционировании исследуемого элемента системы, то, используя другие экстремальные результаты о вложимости разбиений чисел, можно уточнить значения исследуемых параметров. Пусть размеры запросов группы, поступившие в произвольный момент времени, соответствуют частям разбиения $(k_1, \ldots, k_t) \vdash k$. Свободная память в рассматриваемый момент времени представлена r участками с суммарным размером n, причем, в отличие от моделей 5.4–5.7, известны объемы всех r участков свободной памяти, которые соответствуют частям разбиения $(n_1, \ldots, n_r) \vdash n$. Эту информацию можно использовать для улучшения экстремальных границ требуемого размера оперативной памяти

ЭВМ, гарантирующего удовлетворение запросов на память при групповом обслуживании. Именно, если

$$n_1 \geqslant \ldots \geqslant n_r,$$

$m = \min m$: $\sum_{i=1}^{m} n_i \geqslant k$ и выполняется неравенство

$$\max_{m \leqslant l \leqslant r} \Big(\sum_{i=1}^{l} n_i - n(k_1, \ldots, k_t; l) \Big) \geqslant 0,$$

то все запросы на память $(k_1, \ldots, k_t) \vdash k$ можно одновременно удовлетворить в фрагментированном адресном пространстве свободной памяти с размерами свободных участков, соответствующих частям разбиения $(n_1, \ldots, n_r) \vdash n$. Для пояснения рассмотрим

Пример 5.3. Пусть $t = r = 3$, $(k_1, \ldots, k_t) = (5, 2, 1) \vdash 8$, $(n_1, \ldots, n_r) = (6, 3, 3) \vdash 12$. Тогда $n(5, 2, 1; 3) = 13 > 12 = 6 + 3 + 3$ и, значит, прямое использование принципа полного размещения, без учета информации о размерах участков свободной памяти, не гарантирует удовлетворения запросов. Однако при $l = 2$ получаем, что $n(5, 2, 1; 2) = 9 = 6 + 3$ и, значит, согласно принципу полного размещения, $(5, 2, 1) \subseteq (6, 3)$, а так как

$$(n_1, \ldots, n_l) \subseteq (n_1, \ldots, n_l, \ldots, n_r),$$

то $(5, 2, 1) \subseteq (6, 3) \subseteq (6, 3, 3)$. Следовательно, в силу транзитивности вложимости имеем $(5, 2, 1) \subseteq (6, 3, 3)$, так что гарантировать удовлетворение запросов все-таки удается.

С другой стороны, если при выяснении возможности удовлетворения поступающих групп запросов на память учитывать размеры ее непрерывных свободных участков адресного пространства, то, используя экстремальный результат теоремы 2.3, можно также уточнить значение оценки сверху величины свободной памяти, которой будет достаточно для гарантированного удовлетворения поступающих групп запросов. Использование результата теоремы 2.3 продемонстрируем построением ряда моделей.

Модель 5.8. Рассмотрим ЭВМ АСУ, в которой запросы на выделение свободной памяти поступают группами. Определить возможность удовлетворения всех запросов группы в фрагментированном адресном пространстве свободной памяти позволит использование результата теоремы 2.3, суть которого состоит в нахождении величины

$$n(k_1, \ldots, k_t; n_2, \ldots, n_r) = \max_{1 \leqslant i \leqslant t} \Big(\sum_{j=1}^{i} k_j + \sum_{l=2}^{r} \min(n_l, k_i - 1) \Big),$$

$r \leqslant \sum_r n_j$, при условии $k_1 \geqslant \ldots \geqslant k_t$. Если $n(k_1, \ldots, k_t; n_2, \ldots, n_r) \leqslant \sum_{l=2}^{r} n_j$, то $(k_1, \ldots, k_t) \subseteq (n_1, \ldots, n_r)$, где $(k_1, \ldots, k_t) \vdash k$, $(n_1, \ldots, n_r) \vdash n$ — разбиения чисел k и n, соответственно.

Формальное толкование этого результата становится очевидным при интерпретации разбиений чисел $(k_1, \ldots, k_t)$, $(n_1, \ldots, n_r)$, а также вложимости этих разбиений в соответствии с определениями в моделях 5.1 и 5.2. Для определения возможности одновременного удовлетворения запросов группы, размеры которых интерпретируются частями разбиения $(k_1, \ldots, k_t) \vdash k$, в фрагментированном адресном пространстве свободной памяти, интерпретируемом разбиением $(n_1, \ldots, n_r) \vdash n$, необходимо проверить справедливость неравенства $n(k_1, \ldots, k_t; n_2, \ldots, n_r) \leqslant n$. Здесь величина $n(k_1, \ldots, k_t; n_2, \ldots, n_r)$ — это тот минимально необходимый суммарный размер свободной памяти, который, будучи представленным r непрерывными участками ее адресного пространства с размерами $p_1, \ldots, p_r$ соответственно, где $p_i \leqslant n_i$, $i = 2, \ldots, r$, обеспечит возможность одновременного удовлетворения запросов размеров $k_1, \ldots, k_t$. Следовательно, если для поступающей группы запросов на память $(k_1, \ldots, k_t)$ справедливо неравенство

$$n(k_1, \ldots, k_t; n_2, \ldots, n_r) \leqslant \sum_{j=1}^{r} n_j,$$

то все эти запросы можно одновременно удовлетворить в фрагментированном адресном пространстве свободной памяти $(n_1, \ldots, n_r)$ без применения средств ее реорганизации и перераспределения. Как и в моделях 5.4–5.7, здесь для определения возможности удовлетворения группы из t запросов не требуется t раз просматривать список свободной памяти. Использование информации о размерах сегментов непрерывных участков адресного пространства свободной памяти требует всего одного просмотра списка свободной памяти для определения одновременного удовлетворения t запросов. Если неравенство $n(k_1, \ldots, k_t; n_2, \ldots, n_r) \leqslant \sum_{j=1}^{r} n_j$ выполняется, то гарантированное распределение каждого запроса k_i обеспечит любой разумно спроектированный алгоритм динамического распределения памяти, который при своей реализации учитывает упорядоченность запросов по убыванию их размеров, т. е. $k_1 \geqslant \ldots \geqslant k_t$. Например, все запросы группы $(k_1, \ldots, k_t)$ можно удовлетворить в фрагментированном адресном пространстве свободной памяти с размером сегментов $(n_1, \ldots, n_r)$ по алгоритму *first-fit*, если выполняется неравенство $n(k_1, \ldots, k_t; n_2, \ldots, n_r) \leqslant \leqslant \sum_{j=1}^{r} n_j$, а порядок выбора запросов из очереди будет соответствовать $k_1 \geqslant \ldots \geqslant k_t$. Иными словами, если при управлении распределением памяти ЭВМ в качестве критерия установления возможности одновременного удовлетворения запросов использовать результат теоремы 2.3, то, независимо от правила выбора свободных участков памяти n_j для размещения в них запросов k_i, все запросы будут размещены, если из очереди они выбираются в порядке убывания их величины. Следовательно, результат теоремы 2.3 может быть использован и при проектировании методов динамического распределения памяти ЭВМ АСУ. Для пояснения рассмотрим тот же пример, что и в модели 5.2; в нем $n(5, 2, 1; 3, 3) = 11 < < 12 = 6 + 3 + 3$ и, следовательно, требуемое размещение осуществимо.

При этом из определения экстремальной границы $n(k_1, \ldots, k_t; n_2, \ldots, n_r)$ следует, что осуществима не только вложимость

$$(k_1, \ldots, k_t) \subseteq (n_1, \ldots, n_r) \vdash n = n(k_1, \ldots, k_t; n_2, \ldots, n_r),$$

но и вложимость разбиения $(k_1, \ldots, k_t)$ в любое разбиение $(p_1, p_2, \ldots$ $\ldots, p_r) \vdash n$, в котором $p_i \leqslant n_i$, $i = 2, \ldots, r$. Так, в уже рассмотренном нами случае $(k_1, \ldots, k_t) = (5, 2, 1)$ и $(n_1, \ldots, n_r) = (6, 3, 3)$ имеем $n(5, 2, 1; 3, 3) = 11$, следовательно, разбиение $(5, 2, 1)$ будет вложимо в следующие разбиения числа 11 ранга 3: $(9, 1, 1)$, $(8, 2, 1)$, $(7, 3, 1)$, $(7, 2, 2)$, $(6, 3, 2)$, $(5, 3, 3)$. Отметим, что среди всех разбиений числа 11 ранга 3 имеется такое, в которое разбиение $(5, 2, 1)$ невложимо — это, очевидно, $(4, 4, 3)$.

Модель 5.9. Пусть имеется m групп запросов на выделение памяти. Размеры запросов j-й группы соответствуют частям разбиения $(k_1^{(j)}, \ldots, k_{t_j}^{(j)})$, $j = 1, \ldots, m$. Пусть также известно состояние свободной памяти ЭВМ, интерпретируемое разбиением $(n_1, \ldots, n_r) \vdash n$, которое в соответствии с каким-либо выбранным критерием (например, самое плохое с точки зрения распределения в ней запросов) характеризует внешнюю фрагментацию в процессе функционирования ЭВМ АСУ. Тогда, в соответствии с определением теоремы 2.3, можно показать, что величина

$$\max_{1 \leqslant j \leqslant m} \left(n(k_1^{(j)}, \ldots, k_{t_j}^{(j)}; n_2, \ldots, n_r)\right) = \\ = \max_{1 \leqslant j \leqslant m} \left(\max_{1 \leqslant i \leqslant t_j} \left(\sum_{v=1}^{i} k_v^{(j)} + \sum_{l=2}^{r} \min(n_l, k_i^{(j)} - 1) \right) \right)$$

при $k_1^{(j)} \geqslant \ldots \geqslant k_{t_j}^{(j)}$ является той минимальной суммой r фрагментов непрерывного адресного пространства свободной памяти размерами $p_1, p_2, \ldots, p_r$, где $p_i \leqslant n_i$ $(i = 2, \ldots, r)$ соответственно. И эти размеры p_i $(i = 1, \ldots, r)$ обеспечат одновременное удовлетворение всех запросов любой j-й группы $(1 \leqslant j \leqslant m)$. Алгоритм распределения запросов в этой модели выбирается аналогично алгоритму модели 5.8.

Модель 5.10. Пусть множество возможных состояний свободной памяти ЭВМ АСУ интерпретируется множеством разбиений чисел $(n_1^{(i)}, \ldots, n_{v_i}^{(i)})$, $i = 1, \ldots, l$, где любая часть i-го разбиения $n_j^{(i)}$ соответствует j-му непрерывному участку адресного пространства свободной памяти, а v_i — количество непрерывных участков адресного пространства свободной памяти. Для каждого i-го состояния свободной памяти известно множество групп запросов, каждая из которых в процессе функционирования АСУ может потребовать одновременного удовлетворения всех своих запросов при i-м состоянии свободной памяти ЭВМ. Пусть множество разбиений чисел $(k_1^{(j)}, \ldots, k_{t_j}^{(j)})^{(i)}$ соответствует такому множеству групп запросов для i-го состояния свободной памяти, а ранг t_j — количеству запросов в j-й группе ($i = 1, \ldots, l$; $j = 1, \ldots, m_l$). Тогда из определения теоремы 2.3 и в соответствии с моделью 5.9 искомый размер оперативной памяти определяется величиной

$$\max_{1 \leqslant i \leqslant l}\Big(\max_{1 \leqslant j \leqslant m_i}\Big(n((k_1^{(j)}, \ldots, k_{t_j}^{(j)})^{(i)}; n_2^{(i)}, \ldots, n_{v_i}^{(i)})\Big)\Big) =$$

$$= \max_{1 \leqslant i \leqslant l}\Big(\max_{1 \leqslant u \leqslant m_i}\Big(\sum_{u=1}^{i} k_u^{(j)} + \sum_{l=2}^{v_i} \min(n_l^{(i)}, k_i^{(j)} - 1)\Big)\Big),$$

при $k_1^{(j)} \geqslant \ldots \geqslant k_{t_j}^{(j)}$.

Можно выделить две особенности представленных здесь комбинаторных моделей, которые существенно упрощают исследование процесса динамического распределения памяти ЭВМ:

- интерпретация состояний свободной (занятой) памяти разбиениями чисел, с одной стороны, позволяет при исследованиях не учитывать большую часть состояний адресного пространства памяти, с другой стороны, такая характеризация состояний памяти содержит все необходимые параметры, которые достаточно полно отражают влияние внешней фрагментации;
- в моделях не учитывается время пребывания памяти ЭВМ в том или ином фрагментированном состоянии, их характеризация с помощью неупорядоченных разбиений чисел позволяет только фиксировать один лишь факт пребывания памяти в допустимых для нее состояниях.

Однако использование этих положительных качеств комбинаторных моделей требует еще и решения задачи о нахождении априорной информации о функционировании АСУ и, в частности, о функционировании оперативной памяти ЭВМ. Возможности и методы ее получения оказывают существенное влияние на эффективность применения комбинаторных моделей в процессе исследований. Дело в том, что искомые априорные данные являются входной информацией для рассматриваемого класса комбинаторных моделей, поэтому полнота и степень точности этих данных в конечном итоге сказывается на получаемых результатах исследований в целом.

Применение комбинаторных моделей для решения задачи о нахождении оценки сверху необходимого размера оперативной памяти ЭВМ АСУ требует, прежде всего, определения основных факторов, под воздействием которых происходит изменение состояний оперативной памяти ЭВМ. Приведенные ранее рассуждения позволяют называть в качестве одного из таковых размеры запросов на выделение оперативной памяти. Но размеры запросов, в свою очередь, определяются размерами информационных объектов (программ и массивов данных), которые составляют программные средства АСУ. Следовательно, для получения априорной информации о функционировании оперативной памяти ЭВМ необходимо провести анализ данных о программных средствах АСУ.

5.5. Применение комбинаторных моделей для оценки необходимого размера оперативной памяти ЭВМ АСУ

Каждая выполняемая в АСУ функция (обработка информации, всевозможные расчеты, накопление, обновление, перераспределение данных и т. д.) реализуется с помощью различных комплексов программ или программных средств АСУ. Учитывая сложившуюся специфику разработки программных средств АСУ, а также цели создания систем, связанные с автоматизацией процесса обработки информации в какой-либо конкретной предметной области знаний, можно выделить два основных свойства программных средств АСУ:

- модульность построения программных средств, позволяющая однозначно сформулировать требования к размеру свободной памяти, которая потребуется при реализации каждой конкретной функции (задания) АСУ;
- функциональная замкнутость построения программных средств АСУ, т. е. определенное число программных модулей и их наименований, реализующих каждое конкретное задание, а также конечное число выполняемых функций, которое в длительные периоды времени эксплуатации системы (между моментами времени ее модернизации) остается неизменным.

Наличие таких свойств позволяет дать следующее определение структуры программных средств АСУ.

Определение 5.2. *Структурой программных средств АСУ* будем называть описание совокупностей функционально замкнутых линейных последовательностей программных и информационных модулей или информационных объектов, которое содержит данные о максимальных размерах требуемой оперативной памяти ЭВМ при выполнении или загрузке каждого модуля и данных о последовательностях выполнения (использования) этих модулей для каждого задания АСУ.

Такое представление о выполнении заданий в АСУ на первый взгляд может показаться ошибочным. Действительно, многие задания в системе в зависимости от данных на входе реализуются «ветвящейся», а не линейной последовательностью программных модулей. Кроме того, каждый программный модуль в процессе своего выполнения сам может быть источником запросов на выделение памяти, которая ему потребуется для размещения промежуточных или выходных данных. Однако появление таких запросов в процессе выполнения заданий АСУ не влияет на характер последовательности выполнения программных модулей при реализации конкретных функций обработки информации. Более того, детализаций номенклатуры заданий АСУ с учетом входной информации в конечном итоге приведет к их интерпретации именно линейными последовательностями программных и информационных модулей.

Возможность такого представления структур программных средств АСУ имеет очень важное значение при использовании комбинаторного подхода к исследованиям процесса функционирования систем. Данные о структуре программных средств обеспечивают исследователей уже на этапе проектирования АСУ априорной информацией, необходимой для применения комбинаторных моделей и получения оценок значений исследуемых параметров функционирования системы. Степень точности данных о структуре программных средств определяется степенью проработки проекта АСУ или этапом ее проектирования, на котором получена эта информация. На ранних этапах проектирования, когда алгоритмы реализации функций АСУ еще не определены детально, такими данными могут служить оценки требуемых размеров оперативной памяти для реализации каждой функции АСУ.

Важно отметить, что комбинаторные модели 5.4–5.7 уже с появлением ориентировочных данных о требуемых размерах оперативной памяти и при наличии сведений о функциональном назначении каждого терминала АСУ позволяют получить теоретически обоснованную оценку сверху необходимого размера оперативной памяти ЭВМ АСУ. Кроме того, модели 5.3–5.7 позволяют получить аналитическую зависимость оценки необходимого размера оперативной памяти ЭВМ АСУ от таких ее характеристик, как параметры структуры программных средств, количество и функциональное назначение терминалов системы.

Рассмотрим пример применения комбинаторных моделей для нахождения значения оценки сверху необходимого размера оперативной памяти ЭВМ на ранних этапах проектирования АСУ, т. е. когда имеются только ориентировочные данные о требуемых размерах памяти для реализации каждого задания системы $z \in \mathbb{Z}$. Такие данные могут быть заданы в виде списка значений размеров. Для некоторых заданий АСУ при проектировании могут быть заданы и одинаковые ориентировочные размеры требуемой памяти, следовательно, рассматриваемый список может иметь одинаковые элементы. Такой список уже нельзя рассматривать как множество, так как это будет противоречить основному свойству элементов, объединенных понятием «множество». Список, имеющий одинаковые элементы, является мультимножеством (см. гл. 1), однако в наших исследованиях удобнее рассматривать его как разбиение числа. Это, с одной стороны, не противоречит определению разбиений, с другой — использование понятия множества разбиений чисел не противоречит изложенному в модели 5.3 правилу построения множества $W(Q)$.

Пусть разбиение $(k_1, \ldots, k_l) \vdash k$ соответствует исходным данным по требованиям к памяти, а его части k_i соответствуют заданным ориентировочным размерам памяти, необходимым для реализации i-го задания в ЭВМ АСУ. По исходным данным о функциональном назначении каждого терминала АСУ, используя модель 5.3, построим множество $W(Q) \ni (w, \overline{w})$. Обозначим через $|w|$ и $|\overline{w}|$ количество заданий, которые составляют соответственно w и $\overline{w}$. Подставив в w вместо каждого задания требуемый для его реализации размер памяти из $(k_1, \ldots, k_l) \vdash k$, получим разбиение $p(k_{i_1}, \ldots, k_{i_r})$ ранга $r = |w|, 1 \leqslant i \leqslant l, 1 \leqslant r \leqslant f$. Значит, p_r в соответствии с определением w в модели 5.3 характеризует одно из допустимых состояний памяти ЭВМ АСУ. Части этого разбиения соответствуют размерам занятых участков памяти, а ранг характеризует максимально возможную «раздробленность» свободной памяти при наличии в ней r непрерывных занятых участков адресного пространства.

Таким же образом подставим соответствующие размеры памяти для заданий из $\overline{w}$. В результате получаем разбиение $\overline{p}_t = (\overline{k}_{j_1}, \ldots, \overline{k}_{j_t})$ ранга $t = |\overline{w}| = f - r$, $1 \leqslant j \leqslant l$, которое определяет максимально допустимое число запросов в группе и размеры этих запросов $\overline{k}_{j_m}$ $(1 \leqslant m \leqslant t)$, характеризуя, тем самым, возможный поток запросов на выделение памяти для фиксированного состояния памяти ЭВМ, представленного разбиением p_r. В результате получаем пару разбиений чисел $(p_r, \overline{p}_t)$, соответствующую элементу $(w, \overline{w}) \in W(Q)$, которая характеризует допустимую ситуацию в памяти ЭВМ при функционировании АСУ и, кроме того, содержит всю необходимую информацию для расчета оценки необходимого размера оперативной памяти ЭВМ в соответствии с моделями 5.5–5.7. Поставив таким же образом в соответствие каждой паре $(w, \overline{w}) \in W(Q)$ пару разбиений $(p_r, \overline{p}_t)$, получим множество $B(Q)$ пар разбиений, которые и являются необходимой априорной информацией для расчета оценки сверху необходимого размера оперативной памяти ЭВМ исследуемой АСУ.

Можно выделить два основных и общих для рассматриваемого этапа проектирования свойств параметров разбиений, составляющих пары $(p_r, \overline{p}_t) \in B(Q)$, а именно:

- соотношение рангов разбиений каждой пары всегда удовлетворяет равенству $r + t = f$;
- сумма чисел, из которых получены разбиения p_r и $\overline{p}_t$, всегда удовлетворяют неравенству

$$\sum_{j=1}^{r} k_{i_j} + \sum_{m=1}^{t} \overline{k}_{i_m} \leqslant k'f, \quad \text{где } k' = \max_{1 \leqslant i \leqslant l} (k_i),$$

$k_i \in (k_1, \ldots, k_l)$, $k_{i_j}, \overline{k}_{i_m}$ — части разбиений p_r и $\overline{p}_t$ соответственно.

Аналитические выражения для расчета оценки сверху необходимого размера оперативной памяти ЭВМ в зависимости от реализуемого метода распределения запросов получаем на основании соответствующих моделей. Пусть в исследуемой АСУ реализуется групповое распределение запросов на выделение памяти. Для ЭВМ такой АСУ получить оценку сверху необходимого размера оперативной памяти ЭВМ соответствует единственная возможная группа запросов на выделение памяти. С учетом этого обстоятельства искомая величина V определяется выражением

$$V = \max_{(p_r, \overline{p}_t) \in B(Q)} \left(\max_{1 \leqslant m \leqslant t} \sum_{j=1}^{m} \overline{k}_j + (\overline{k}_m - 1) r + \sum_{i=1}^{r} k_i \right)$$

при $\overline{k}_1 \geqslant \ldots \geqslant \overline{k}_t$, где $\overline{k}_j$ и k_i — части разбиений $\overline{p}_t$ и p_r соответственно.

Для ЭВМ АСУ, в которой реализуется одиночное распределение запросов на выделение памяти, оценить необходимый размер оперативной памяти позволяет модель 5.7. С учетом тех же особенностей исходных данных, представленных множеством $B(Q)$, расчет оценки производится как частный случай приведенного в модели 5.7 выражения и определяется величиной

$$V' = \max_{(p_r, \overline{p}_t) \in B(Q)} \left(\sum_{j=1}^{t} \overline{k}_j + \left(\max_{1 \leqslant m \leqslant t} \overline{k}_m - 1 \right) r + \sum_{i=1}^{r} k_i \right),$$

где k_i и $\overline{k}_j$ — части разбиений p_r и $\overline{p}_t$ соответственно.

Ясно, что $V \leqslant V'$, если V и V' вычисляются на одном и том же множестве $B(Q)$. Это соотношение следует из правила построения множества $W(Q)$, которое, в свою очередь, определяет состав элементов $B(Q)$. Однако если в качестве исходных данных для вычисления V и V' берутся различные подмножества $B(Q)$, то и соотношение этих величин может быть различным.

Нетрудно заметить, что объем вычислений при расчете оценки размера оперативной памяти ЭВМ с помощью приведенных выше выражений, в основном, определяется количеством терминалов, обслуживаемых АСУ, их функциональным назначением и наличием данных о программных средствах, реализующих задания или функции АСУ. Правило построения множества $B(Q)$ позволяет определить объем вычислений, который необходимо произвести для получения оценки размера оперативной памяти ЭВМ на рассматриваемом этапе проектирования АСУ. Количество операций, которое необходимо выполнить в данном случае, определяется величиной $|W(Q)| = |B(Q)| = 2^f \cdot \prod_{i=1}^{f} |Q_i|$, где операцией считаем вычисление выражений для нахождения величин V или V' по одному из элементов $(p_r, \overline{p}_t) \in B(Q)$. С появлением данных о структуре программных средств, реализующих задания АСУ, объем вычислений резко возрастает. Пусть разбиение $q = (k_1^{(i)}, \ldots, k_{t_i}^{(i)})$ интерпретирует размеры и число программ с необходимыми массивами данных, реализующих i-е задание в АСУ. В этом случае каждому заданию АСУ с учетом модели 5.3 будет соответствовать уже не одно число (оценка требуемого размера памяти для реализации задания), а t_i чисел — частей разбиения q. Предположим, что при выполнении любого задания в АСУ в памяти ЭВМ всегда находится только одна из последовательностей программ, реализующих это задание, т. е. что программы после выполнения освобождают занимаемую оперативную память. Тогда исходные данные для расчета в соответствии с моделями 5.3, 5.5, 5.6 и 5.7 потребуют выполнения $2^f \times \times \prod_{i=1}^{f} R(Q_i)$ операций, где $R(Q_i)$ — сумма рангов разбиений, которые характеризуют структуру программных средств, реализующих задания, предназначенные для инициирования с i-го терминала АСУ. Ясно, что $\prod_{i=1}^{f} R(Q_i) \gg \prod_{i=1}^{f} |Q_i|$ при $t_i \gg 1$. Как уже указывалось ранее, при исследованиях с помощью комбинаторных моделей сократить перебор исследуемых состояний элементов АСУ позволяют результаты решения экстремальных комбинаторных задач. В данном случае таким результатом является

Теорема 5.2. *Пусть* $p = (k_1, \ldots, k_r) \vdash k$ *и* Q *— множество всех разбиений* $q = (k_j)_{j \in B}$, *где* $B \subset 2^{[r]}$, *т. е.*

$$Q = \bigcup_{B \subset 2^{[r]}} (k_j)_{j \in B}.$$

Пусть $r(p)$ *— ранг разбиения* p, $(p - q)$ *— разбиение, полученное из* p *удалением некоторых частей, составляющих* q, *и* $|(p-q)|$ *— сумма частей разбиения* $(p - q)$. *Тогда если* $k_1 \geqslant \ldots \geqslant k_r$, *то*

$$\max_{q \in Q} \big(n(q; r(p-q)+1) + |p-q|\big) = k + (k_1 - 1)(r-1).$$

Доказательство. Вначале докажем оценку сверху. Подставив значение $n(q; r(p - q))$ в соответствии с принципом полного размещения (теорема 2.2) получим

$$\max_{q \in Q} \big(n(q; r(p-q)+1) + |p-q|\big) =$$
$$= \max_{\substack{q \in Q \\ q = (q_1, \ldots, q_t) \\ q_1 \geqslant \ldots \geqslant q_t}} \Big(\max_{1 \leqslant i \leqslant t} \Big(\sum_{j=1}^{i} q_j + (q_i - 1)(r(p) - r(q)) \Big) + \sum_{q_i \in (p-q)} q_i \Big).$$

Так как $\sum_{q_i \in (p-q)} q_i + \sum_{j=1}^{i} q_j \leqslant |p|, 1 \leqslant i \leqslant t$, то справедливо неравенство

$$\max_{\substack{q \in Q \\ q = (q_1, \ldots, q_t) \\ q_1 \geqslant \ldots \geqslant q_t}} \Big(\max_{1 \leqslant i \leqslant t} \Big(\sum_{j=1}^{i} q_j + (q_i - 1)(r(p) - r(q)) \Big) + \sum_{q_j \in (p-q)} q_j \Big) \leqslant$$
$$\leqslant |p| + \max_{\substack{q \in Q \\ q = (q_1, \ldots, q_t) \\ q_1 \geqslant \ldots \geqslant q_t}} \Big(\max_{1 \leqslant i \leqslant t} \big((q_i - 1)(r(p) - r(q)) \big) \Big).$$

Но

$$\max_{\substack{q \in Q \\ q = (q_1, \ldots, q_t) \\ q_1 \geqslant \ldots \geqslant q_t}} \Big(\max_{1 \leqslant i \leqslant t} \big((q_i - 1)(r(p) - r(q)) \big) \Big) \leqslant (q_1 - 1)(r-1),$$

значит,

$$|p| + \max_{\substack{q \in Q \\ q = (q_1, \ldots, q_t) \\ q_1 \geqslant \ldots \geqslant q_t}} \Big(\max_{1 \leqslant i \leqslant t} \big((q_i - 1)(r(p) - r(q)) \big) \Big) \leqslant$$
$$\leqslant |p| + (q_1 - 1)(r-1) \leqslant k + (k_1 - 1)(r-1).$$

Для доказательства остается показать, что полученная оценка всегда реализуется; действительно, при $q = (k_1)$ имеем

$$\max_{q \in Q} (n(q; r(p-q)+1) + |p-q|) \geqslant n((k_1); r(p)) + |p - (k_1)| =$$
$$= k_1 + (k_1 - 1)(r-1) + k - k_1 = k + (k_1 - 1)(r-1).$$

Таким образом, теорема доказана.

Этот экстремальный результат значительно сокращает исследуемый объем исходных данных при расчете оценки сверху необходимого размера оперативной памяти ЭВМ. В общем случае для каждого состояния АСУ, характеризуемого одновременным выполнением заданий полной совокупности в модели 5.3, предполагается построение множества пар $(q_i, \overline{q}_i)$, $q_i \in Q(q)$, $\overline{q}_i \in Q(q)$, которые характеризуют состояния системы, предшествующие переводу ее в состояние $q \in Q$. Однако при переходе к реальным требованиям по памяти, характеризуемым парами разбиений $(p_r, \overline{p}_t) \subset \subset B(Q)$, множество $B(Q)$ можно существенно сократить. Пусть $B(q) \subset \subset B(Q)$ — множество пар разбиений $(p_r, \overline{p}_t)$, соответствующих $(q_i, \overline{q}_i)$, которые, в свою очередь, заданы взаимно однозначным соответствием $\varphi\colon Q(q) \to Q(q)$, где $\varphi(q_i) = \overline{q}_i = q \backslash q_i$, $q \in Q$. Ясно, что для параметров каждой тонкой пары $(p_r, \overline{p}_t) \subset B(q)$ справедливы равенства

$$r + t = f; \quad \sum_{j=1}^{r} k_{i_j} + \sum_{m=1}^{t} \overline{k}_{i_m} = \sum_{i=1}^{f} k_i, \quad 1 \leqslant i \leqslant f,$$

k_{i_j} — части разбиения p_r, $1 \leqslant j \leqslant r$; $\overline{k}_{i_m}$ — части разбиения $\overline{p}_t$, $1 \leqslant m \leqslant \leqslant t$; k_i — части разбиения ранга f, которым является список требуемых размеров оперативной памяти для реализации заданий из $q \in Q$. Тогда нетрудно показать, что в соответствии с результатом теоремы 5.2

$$\max_{(p_r, \overline{p}_t) \in B(q)} \left(\max_{1 \leqslant m \leqslant t} \sum_{v=1}^{m} \overline{k}_{i_v} + (\overline{k}_{i_m} - 1) + \sum_{j=1}^{r} k_{i_j} \right) = \\ = \sum_{i=1}^{f} k_i + \big(\max_{1 \leqslant i \leqslant f} k_i - 1 \big) r.$$

Таким образом, для каждого $q \in Q$ в модели 5.3 при оценке размера оперативной памяти ЭВМ, достаточной для одновременного выполнения заданий из $q \in Q$, нет необходимости исследовать все 2^f состояний, предшествующих переводу системы в состояние q. Для этого достаточно рассмотреть одно ее состояние, характеризуемое парой разбиений (p_r, p'_t) таких, что

$$p'_t = (k_{i_1}), \quad p_r = (k_{i_2}, \ldots, k_{i_r}),$$

$k_{i_1} = \max_{1 \leqslant i \leqslant f} k_i$, $r = f - 1$. Следовательно, для расчета оценки сверху необходимого размера оперативной памяти ЭВМ в качестве исходных данных достаточно выбрать множество разбиений $P(Q)$, каждый элемент которого $p(q) = (k_1, \ldots, k_f)$ является списком требуемых размеров памяти для реализации заданий из соответствующей ему полной совокупности $q \in \in Q$. Учитывая теорему 5.2, для определения V' достаточно вычислить

$$V(Q) = \max_{\substack{p(q) \,\in\, P(Q) \\ q \,\in\, Q}} \left(\max_{i=1}^{f} k_i + \Big(\max_{1 \leqslant i \leqslant f} k_i - 1 \Big) r \right).$$

Величина $V(Q)$ может использоваться в качестве оценки сверху необходимого размера оперативной памяти ЭВМ АСУ при реализации как группового, так и одиночного методов удовлетворения запросов на память. Нетрудно показать, что требуемый объем вычислений при этом, как и в предыдущих случаях, определяется множеством исходных данных, а именно:

$$|P(Q)| = \prod_{i=1}^{f} |Q_i| \ll 2^f \cdot \prod_{i=1}^{f} |Q_i|.$$

Следует заметить, что части каждого разбиения $p(q)$ в соответствии с определенным в модели 5.3 правилом выбираются из одного и того же списка значений $(k_1, \ldots, k_l)$, где k_i соответствует необходимому размеру непрерывного адресного пространства оперативной памяти, который потребуется для реализации i-го задания в системе, l — число всех возможных заданий, которые реализуются АСУ. Тогда, учитывая, что при нахождении $V(Q)$ величина $r = \text{const}$, полностью исключить перебор элементов множества $P(Q)$ при определении $V(Q)$ позволяет

Лемма 5.1. *Пусть*

$$\lambda(k_{i_1}, \ldots, k_{i_r}) = \sum_{j=1}^{r} k_{i_j} + (\max_{1 \leqslant j \leqslant r} k_{i_j} - 1),$$

$(k_{i_1}, \ldots, k_{i_r}) \in R$ — *множество всех сочетаний по* r *из элементов множества* $N = (k_1, \ldots, k_l)$, $k_i > 0$, $k_1 \geqslant \ldots \geqslant k_l$, $l > r$. *Тогда*

$$\max_{(k_{i_1}, \ldots, k_{i_r}) \in R} \lambda(k_{i_1}, \ldots, k_{i_r}) = \sum_{i=1}^{r} k_i + (k_1 - 1)r.$$

Доказательство. С учетом правила построения множества R определяем значение

$$\max_{(k_{i_1}, \ldots, k_{i_r}) \in R} \Big(\max_{1 \leqslant j \leqslant r} k_{i_j} \Big) \leqslant \max_{1 \leqslant j \leqslant l} k_i = k_1, \quad k_i \in N.$$

Но $\max_{(k_{i_1}, \ldots, k_{i_r}) \in R} \sum_{j=1}^{r} k_{i_j} \leqslant \sum_{i=1}^{r} k_i$, т. е. максимум определяется суммой максимальных элементов из N, а именно, элементами $(k_1, \ldots, k_r)$. По определению элементами множества R являются все возможные сочетания по r из элементов N, и, следовательно, $(k_1, \ldots, k_r) \in R$, что и требовалось доказать.

Результат леммы 5.1 дает возможность полагать, что величина $V(Q)$ определяется разбиением $p'(q) \in P(Q)$ с максимальными частями относительно других элементов $P(Q)$. Разбиение $p'(q)$ будем называть *экстремальным размером структуры программных средств* для конкретного распределения функций между терминалами АСУ. Экстремальный разрез структуры программных средств имеет важное значение при исследованиях и оптимизации параметров, характеризующих процесс распределения памяти ЭВМ АСУ. Найти $p'(q)$ без перебора элементов множества $P(Q)$

позволяет несложное правило построения $P(Q)$, которое использует упорядоченный список априорных данных о размерах запросов на память в АСУ. Подводя итоги полученным результатам, определим порядок действий при расчете оценки сверху необходимого размера оперативной памяти ЭВМ АСУ.

5.6. Порядок расчета оценки необходимого размера оперативной памяти ЭВМ АСУ

Вначале необходимо проанализировать имеющиеся данные о структуре программных средств, реализующих задания АСУ, увязать их с данными о функциональном назначении терминалов АСУ. С этой целью данные о необходимых размерах памяти, которые потребуются при реализации заданий АСУ, представляются в виде списка значений $N = (k_1, \ldots, k_l)$. Элементами k_i $(1 \leqslant i \leqslant l)$ такого списка в зависимости от рассматриваемого этапа проектирования могут быть либо данные об ориентировочных размерах памяти для реализации заданий, либо данные о размерах всех программ и их массивах, которые и составляют структуру программных средств АСУ. Пусть N — список значений размеров памяти, которые потребуются для реализации программ, составляющих структуру программных средств АСУ. Элементы этого списка перенумеруем от 1 до l и упорядочим так, чтобы $k_1 \geqslant \ldots \geqslant k_l$.

Для привязки исходных данных о структуре программных средств к функциональному назначению терминалов системы необходимо построить множества Q_i $(1 \leqslant i \leqslant f)$, элементами каждого из которых являются задания, предназначенные для инициирования с i-го терминала. Затем с помощью N и Q отображением $\varphi\colon N \to Q_i$ таким, что

$$\varphi^{-1}(z) = \{k_{i_j} : z = \varphi(k_{i_j}),\ k_{i_j} \in N,\ z \in Q\}, \qquad 1 \leqslant i \leqslant f,$$

получаем список $Q_i(N)$ требуемых размеров памяти для реализации заданий, составляющих каждое множество Q_i. Элементы $Q_i(N)$, так же как и элементы списка N, упорядочиваются по убыванию.

С помощью списков $Q_i(N)$ $(1 \leqslant i \leqslant f)$ определяем экстремальный разрез структуры программных средств АСУ $p'(q)$, используя для этого следующее правило:

$$p'(q) = \big(k_{i_j} : k_{i_j} \in Q_m(N),\ j = \min(j \in L_m)\big), \quad 1 \leqslant m \leqslant f,$$

где f — количество терминалов, которое проектируется для обслуживания АСУ, L_m — множество номеров элементов, составляющих $Q_m(N)$, $L_m \subset \subset \{1, \ldots, l\}$.

Расчет оценки сверху необходимого размера оперативной памяти ЭВМ АСУ с учетом леммы 5.1 производится на элементах разбиения $p'(q)$ в соответствии с выражением

$$V(Q) = \sum_{j=1}^{f} k_{i_j} + (k_{i_j} - 1)f,$$

где $k_{i_j} \in p'(q)$, $1 \leqslant i \leqslant l$.

Таким образом, последовательным решением несложных экстремальных комбинаторных задач о вложимости на множестве разбиений чисел, интерпретирующем возможные состояния исследуемой системы, полностью исключается перебор его элементов при нахождении значения функционала, определенного на параметрах элементов этого множества.

Правило нахождения экстремального разреза структуры программных средств АСУ имеет полиномиальную сложность вычисления, что обеспечивает относительно быстрое решение этой задачи на ЭВМ практически для любых по сложности структур программных средств. Выбор размера оперативной памяти в соответствии с $V(Q)$ обеспечивает использование наиболее простого метода управления распределением памяти, программные средства для реализации которого составляет единственный алгоритм распределения памяти *first-fit*.

Величина $V(Q)$ является оценкой сверху необходимого размера памяти ЭВМ, поэтому она, естественно, превышает реальные требования к памяти для реализации той или иной структуры и состава программных средств АСУ. Можно определить эффективность применения того или иного экстремального результата о вложимости разбиений чисел при расчете оценки сверху величины необходимого размера оперативной памяти ЭВМ. С этой целью помимо сравнения полученных экстремальных результатов друг с другом полезно иметь некое «абсолютное» значение исследуемых параметров. Наиболее простым по постановке методом сравнения различных экстремальных результатов о вложимости разбиений чисел является их сравнение по результатам решения задачи о вложимости пары заведомо вложимых разбиений. Простейшей постановкой задачи в этом случае будет проверка «самовложимости»

$$(k_1, \ldots, k_t) \subseteq (k_1, \ldots, k_t).$$

Такая постановка для каждого экстремального результата, дающего оценки объему необходимой свободной памяти, показывает, какое количество памяти обеспечит гарантированное одновременное размещение запросов размерами $(k_1, \ldots, k_t)$ в фрагментированном адресном пространстве свободной памяти с размерами свободных сегментов $(k_1, \ldots, k_t)$. Так, использование принципа Дирихле (в рамках модели 5.7) для определения необходимого размера оперативной памяти ЭВМ в соответствии с выбранным подходом оценивается значением $tk - t + 1$.

Использование принципа полного размещения в моделях 5.4–5.7 для определения необходимого размера оперативной памяти ЭВМ оценивается величиной

$$n(k_1, \ldots, k_t; t) = \max_{1 \leqslant i \leqslant t} \left(\sum_{j=1}^{i} k_j + (k_i - 1)(t - 1) \right).$$

Согласно верхней оценке из (27) гл. 2 наименьшая возможная граница для необходимого размера оперативной памяти ЭВМ оценивается величиной

$k \cdot 1,5819$, поскольку

$$m(k,t,t) < \frac{kt^t}{t^t - (t-1)^t} \leqslant \frac{k}{1-e^{-1}} = k \cdot 1,5819.$$

Этот результат наглядно показывает, насколько принцип полного размещения может быть эффективнее, чем принцип Дирихле.

Использование теоремы 2.3 для определения необходимого размера оперативной памяти ЭВМ обеспечивает следующие границы.

Предложение 5.1. *Пусть*

$$M(k,t) = \max_{\substack{(k_1,\ldots,k_t) \vdash k \\ k_1 \geqslant \ldots \geqslant k_t}} n(k_1,\ldots,k_t; k_2,\ldots,k_t).$$

Тогда

$$k + (t-1)([k/t] - 1) \leqslant M(k,t) \leqslant 2k - [k/t] - t + 1.$$

Доказательство. Имеет место равенство

$$n(k_1,\ldots,k_t; k_2,\ldots,k_t) = k + \max_{2 \leqslant i \leqslant t} (k_i - 1)(i-1).$$

Действительно,

$$n(k_1,\ldots,k_t; k_2,\ldots,k_t) = \max_{1 \leqslant i \leqslant t} \Big(\sum_{j=1}^{i} k_j + \sum_{l=2}^{t} \min(k_l, k_i - 1) \Big) =$$

$$= \max_{1 \leqslant i \leqslant t} \Big(\sum_{j=1}^{i} k_j + \sum_{l=i+1}^{t} k_l + (i-1)(k_i - 1) \Big) =$$

$$= k + \max_{2 \leqslant i \leqslant t} (k_i - 1)(i-1).$$

Оценка снизу реализуется самым равномерным возможным разбиением: $(]k/t[,\ldots,[k/t]) \vdash k$, поэтому для максимизирующего разбиения $(k_1,\ldots,k_t) \vdash k$ и его максимизирующего индекса i выполняется неравенство $k_i \geqslant [k/t]$.

Теперь оценку сверху докажем методом от противного; предположим, что $(i-1)k_i - i + 1 > k - [k/t] - t + 1$, но тогда

$$\begin{aligned}
&(i-1)k_i - i + 1 > k - [k/t] - t + 1 = k_1 + \cdots + k_t - [k/t] - t + 1 \geqslant \\
&\geqslant (i-1)k_i + k_i + k_{i+1} + \cdots + k_t - [k/t] - t + 1 \geqslant \\
&\geqslant (i-1)k_i + k_i + t - i - [k/t] - t + 1 = (i-1)k_i + k_i - i - [k/t] + 1
\end{aligned}$$

или $k_i < [k/t]$, что противоречит предыдущему замечанию.

Приведенная система оценок применения результатов решения экстремальных комбинаторных задач наглядно демонстрирует тот факт, что с увеличением априорной информации о функционировании исследуемых элементов существенно уточняются результаты, т. е. повышается эффективность применения комбинаторных моделей при проведении исследований. В подтверждение этому достаточно сравнить приведенные выше оценки.

Нетрудно показать, что если размер оперативной памяти ЭВМ выбирать в соответствии с моделями 5.4–5.6, в процессе функционирования АСУ эффективность использования памяти не превысит значения

$$\frac{\sum_{j=1}^{f} k_{i_j}}{\sum_{j=1}^{f} k_{i_j} + (k_{i_1} - 1)f} \cdot 100\,\%.$$

Следовательно, для структур программных средств АСУ, у которых элементы экстремального разреза обеспечивают выполнение условия

$$\sum_{j=1}^{f} k_{i_j} > (k_{i_1} - 1)f,$$

эффективность использования оперативной памяти будет более 50 %. Как видно из последнего неравенства, повышение реального требуемого размера памяти, определяемое величиной слагаемого $(k_{i_1} - 1)f$, учитывает (по определению в моделях 5.5–5.7) максимальное влияние внешней фрагментации на процесс распределения памяти ЭВМ. Проявление внешней фрагментации здесь задано предположением о том, что наличие в памяти f занятых участков приводит к образованию $(f + 1)$-го свободного участка, причем размер этих свободных участков на единицу меньше, чем максимально возможный размер запроса на память, который может появиться в процессе функционирования системы. Такое предположение о влиянии внешней фрагментации памяти достаточно глубоко отражает реальный процесс функционирования памяти ЭВМ. Этому свидетельствует доказанное в [41] «правило пятидесяти процентов». Однако это правило характеризует установившийся режим функционирования памяти или, по определению в [41], состояния равновесия, при котором в системе имеется в среднем n занятых участков. Кроме того, «правило пятидесяти процентов» оперирует с понятием вероятности, что не позволяет его использовать в качестве характеристик явления фрагментации при расчете размера оперативной памяти ЭВМ, обеспечивающем гарантированное удовлетворение любого запроса на память без применения средств ее реорганизации и перераспределения.

Приведенные результаты показывают, что требуемый размер памяти ЭВМ АСУ, необходимый для реализации исследуемой структуры программных средств, в основном определяется элементами экстремального разреза структуры. Учитывая случайный характер процесса функционирования памяти, полагаем, что именно эти элементы и определяют максимальное влияние внешней фрагментации. Следовательно, исследовав все множество состояний адресного пространства памяти, определяемого различными ситуациями одновременного выполнения в ней элементов экстремального разреза структуры программных средств, можно существенно уточнить значение оценки $V(Q)$. Эти исследования могут быть проведены как с помощью метода имитационного моделирования, так и методом экстремального комбинаторного анализа. Главное, что эти исследования должны проводиться не на всей структуре программных средств АСУ, а только на элементах ее экстремального разреза.

Величина $V(Q)$ и экстремальный разрез структуры программных средств имеют важное значение для организации работ по проектированию и расширению функций АСУ. Действительно, для рассмотренной здесь организации вычислительного процесса величина $V(Q)$ не зависит от количества программ, которыми реализуются те или иные задания АСУ. Поэтому выбор размера оперативной памяти в соответствии с $V(Q)$ позволит неограниченно наращивать функции АСУ без увеличения размера оперативной памяти ЭВМ. Это обеспечивается выполнением единственного условия при расширении функции АСУ:

> программные средства, реализующие дополнительно вводимые функции, не должны вносить изменений в экстремальный разрез структуры программных средств АСУ.

Экстремальный разрез структуры программных средств с помощью предложенного здесь математического аппарата может быть найден еще на ранних стадиях проектирования АСУ. Следовательно, данные об экстремальном разрезе могут быть занесены в документацию на проектирование и разработку программных средств. Учет этих данных как ограничений на допустимые размеры программных и информационных модулей позволит при создании системы полностью исключить решение задач, связанных с выбором размера оперативной памяти ЭВМ АСУ.

Несмотря на то, что значения V, V' и $V(Q)$ являются оценками сверху необходимого размера памяти ЭВМ (пусть даже для реализации некоторых АСУ неприемлемыми), их величина определяется аналитической зависимостью от таких характеристик АСУ, как особенности структуры программных средств, количества терминалов, обслуживаемых АСУ, количества реализуемых ею функций и функционального назначения ее терминалов. Следовательно, модели 5.3–5.7 и полученные решения экстремальных комбинаторных задач можно считать математическим аппаратом для исследования и оптимизации процесса управления памятью ЭВМ, структуры программных средств АСУ, распределения функций между терминалами системы.

Кроме того, принятое при рассмотрении моделей ограничение на управление вычислительным процессом, предписывающее отработавшей программе освобождение занимаемой ею памяти, ни в коей мере не сужает рамки проводимых с помощью этого аппарата исследований. При отображении множества исходных данных (модель 5.7) на реальные данные о структуре программных средств с помощью предложенного формального аппарата можно построить ряд дополнительных моделей, которые позволят учесть работу программ с массивами в структуре программных средств

АСУ, реализацию других методов управления ходом вычислительного процесса. Следовательно, имеется возможность с помощью таких моделей исследовать все вышеперечисленные особенности функционирования АСУ.

Так, например, произведя корректировку структур программных средств по величине программ и массивов, а также переведя некоторые программы в разряд резидентных, получаем возможность оптимизации структуры и управления вычислительным процессом относительно потребления ресурсов оперативной памяти ЭВМ; можно исследовать влияние реентерабельности программ при заданном распределении функций между терминалами АСУ на требуемый размер оперативной памяти и т. д. Здесь важно отметить, что предлагаемый подход к исследованиям позволяет решать два класса комбинаторных задач: задачи об определении наличия допустимого решения (о возможности вложения разбиений) и задачи построения теоретически обоснованных алгоритмов реализации этого решения за полиномиальное время (алгоритмы вложения разбиений).

В заключение следует отметить, что затраты процессорного времени на организацию управления распределением памяти ЭВМ АСУ с высоким динамизмом поступления запросов в процессе их функционирования составляют более 1/3 общего времени решения функциональных задач. Выбор размера оперативной памяти с помощью предлагаемого подхода позволит реализовать в системе наиболее простой метод управления ее распределением. Это обеспечит сокращение непроизводительных затрат процессорного времени на организацию управления распределением оперативной или вспомогательной памяти ЭВМ АСУ. Программные средства, реализующие такую организацию управления оперативной памятью, составит практически единственная программа алгоритма *first-fit*. Исключив из функций программного обеспечения ЭВМ АСУ средства управления оперативной памятью и реализовав аппаратно алгоритм *first-fit*, можно значительно повысить производительность систем такого класса.

1. ИЗБРАННЫЕ ОТРЫВКИ ИЗ МАТЕМАТИЧЕСКИХ СОЧИНЕНИЙ Г. ЛЕЙБНИЦА

(составил и перевел А. П. Юшкевич) [1)]

Из письма Лейбница к Х.Гюйгенсу от 8 *сентября* 1679 *г.* (L.M.S., т. II, с. 18–25)

...Я еще недоволен Алгеброй в том отношении, что она в области геометрии не доставляет ни кратчайших путей, ни наиболее красивых построений. Поэтому... я полагаю, что нам нужен еще иной, чисто геометрический или линейный, анализ, непосредственно выражающий для нас п о л о ж е н и е (situm), как Алгебра выражает в е л и ч и н у (magnitudinem). Я думаю, что располагаю таким средством и что фигуры и даже машины и движения можно было бы представлять с помощью знаков (en caracteres), как Алгебра представляет числа и величины; и я посылаю Вам э т ю д об этом, который. на мой взгляд, имеет существенное значение...

[1)] УМН, 1948.— Т. III, № 1.— С. 198–204.

...Я открыл некоторые начала новой характеристики, которая совершенно отлична от Алгебры и которая будет иметь большие преимущества, ибо точно и естественно, хотя и не применяя фигур, представляет уму всё, что зависит от чувственного воображения (de l'imagination). Алгебра есть не что иное, как характеристика неопределенных чисел или величин. Но она не выражает положение, углы и движение непосредственно, и поэтому часто бывает трудно привести к вычислению то, что имеется в фигуре, и еще труднее бывает найти достаточно удобные геометрические доказательства и построения, даже когда алгебраическое вычисление полностью проведено. Между тем, эта новая характеристика, не упуская из виду фигур (suivant des figures de vue), необходимо должна давать одновременно решение, а также построение и геометрическое доказательство, причем все это естественным образом и с помощью анализа, другими словами — определенными путями. Алгебра вынуждена предполагать начала геометрии, между тем как эта характеристика доводит анализ до конца. [2)] Если бы она была завершена так, как я ее себе мыслю, то с помощью знаков, являющихся просто лишь буквами алфавита, можно было бы дать описание сколь угодно сложной машины; а это дало бы уму средство отчетливо и легко познать машину со всеми ее частями и даже вместе с их употреблением и движением, не пользуясь ни фигурами, ни моделями и не затрудняя воображение; а вместе с тем фигура ее предстояла бы перед разумом, если бы пожелали заняться истолкованием знаков. С помощью этого средства можно было бы также давать точные описания естественных вещей, как, например, растений и строения животных; и те, кому трудно рисовать фигуры, смогли бы, лишь бы соответствующий предмет предстоял перед ними или перед их разумом, в совершенстве объяснять и передавать свои мысли или опыты потомству, чего нельзя делать теперь, ибо слова наших языков недостаточно определённы и недостаточно пригодны для того, чтобы хорошо объясняться без помощи фигур. В этом, однако, заключается еще меньшая польза этой характеристики, ибо, если речь идет только об описании, то лучше, если можно и угодно, пойти на издержки, иметь фигуры и даже модели или, еще лучше, оригиналы вещей. Главная же польза состоит в тех заключениях и рассуждениях, которые можно производить при помощи действий над знаками и которые нельзя было бы выразить при помощи фигур (и еще менее моделей), не увеличивая чрезмерно их количества и не запутывая их введением чрезмерно большого числа точек и линий, поскольку придется делать бесконечное множество бесполезных попыток, между тем как этот метод будет вести к цели верно и без труда. Я думаю, что таким образом можно будет трактовать механику почти как геометрию, и что можно будет даже дойти до испытания качеств материалов, ибо это обыкновенно зависит от определенной формы их чувственных частей. Наконец, я не питаю надежды на то, что можно будет достаточно далеко продвинуться

[2)] Речь идет о том, что применение алгебры и геометрии опирается на теоремы о подобии треугольников и теорему Пифагора.

в физике ранее, чем будет найден такой сокращенный прием (abrégé) для облегчения воображения. Ведь мы знаем, например, какой ряд геометрических рассуждений необходим для объяснения одной лишь радуги, которая представляет собой одно из простейших явлений природы. И на этом основании мы можем судить, сколько потребуется умозаключений, чтобы проникнуть во внутрь смесей (mixtes), состав которых столь тонок, что микроскоп, открывающий менее чем их стотысячную часть, до сих пор объясняет его недостаточно, чтобы как следует помочь нам. Однако имеется некоторая надежда частично достичь этого, когда будет разработан этот подлинно геометрический анализ.

Я не вижу, чтобы у кого-либо другого когда-либо возникала подобная мысль, и это заставляет меня опасаться, чтобы она не пропала, если у меня не найдется времени довести ее до конца; поэтому я присоединяю здесь один этюд, который, по-моему, заслуживает внимания и который будет достаточен, по крайней мере, для того, чтобы сделать мой замысел более правдоподобным и более удобоподобным. Я присоединяю его с тем, чтобы, если какой-либо случай помешает его усовершенствовать ныне, этот этюд послужил памяткой для потомства и побудил дойти до цели кого-нибудь другого.

Известно, что в геометрии нет ничего важнее исследования мест, поэтому я разъясню одно из простейших с помощью этого рода знаков. Буквы алфавита обыкновенно будут обозначать точки фигур. Первые буквы, вроде A, B, будут обозначать данные точки; последние, вроде X, Y, — точки искомые. И в то время как в алгебре пользуются равенствами или уравнениями, я здесь пользуюсь конгруэнциями (congruitś), которые выражаю знаком ♉. Например, ABC ♉ DEF в первой фигуре (рис. П. 1.1) выражает, что между треугольниками ABC и DEF, согласно порядку точек, существует конгруэнция, что они могут занимать в точности одно и то же место и что один из них можно наложить или поместить на другой, не меняя в этих двух фигурах ничего, кроме местоположения. Если наложить таким образом D на A, E на B и F на C, то оба треугольника (которые приняты равными и подобными) очевидно совпадут. То же самое можно сказать в известном смысле не только о треугольниках, но и о точках; а именно: ABC ♉ DEF во второй фигуре (рис. П. 1.2) означает, что можно одновременно наложить A на D и B на E и C на F, не меняя расположения трех точек ABC между собой, ни трех точек DEF между собой,— если предположить первые три соединенными между собой какими-либо негибкими линиями (безразлично, прямыми или кривыми), а также и три другие. После этого объяснения знаков перехожу к местам.

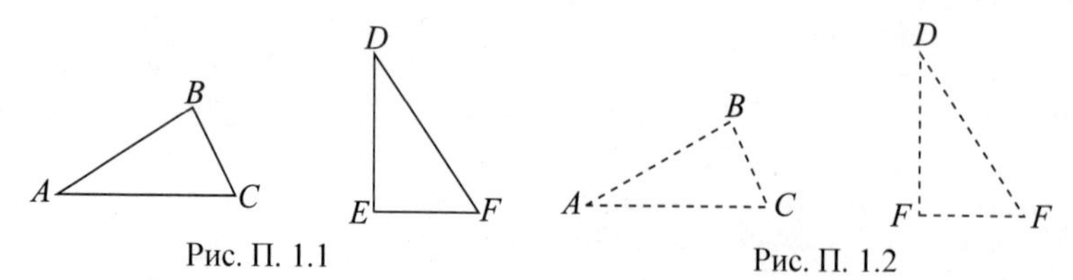

Рис. П. 1.1 Рис. П. 1.2

Допустим, что A ♉ Y (рис. П. 1.3), т. е. дана точка A. Требуется найти место всех точек Y или (Y),[3] обладающих конгруэнцией с точкой A. Я утверждаю, что место всех Y будет бесконечное во всех направлениях пространство, ибо все точки мира находятся между собой в конгруэнции, т. е. одну из них всегда можно поставить на место другой. Но все точки на свете находятся в одном и том же пространстве. Поэтому такое место можно выразить так: Y ♉ (Y). Все это совершенно очевидно, но начинать следовало с начала.

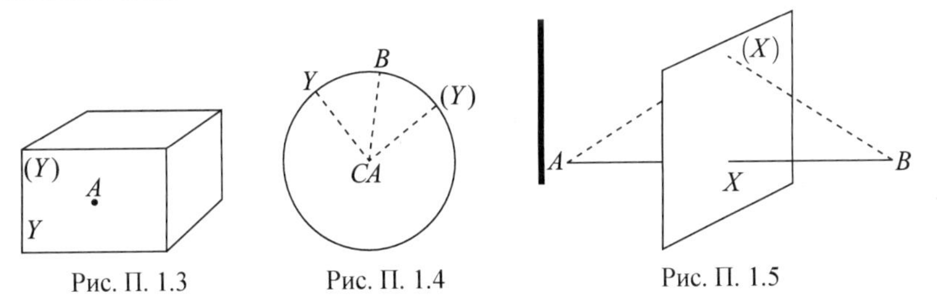

Рис. П. 1.3 Рис. П. 1.4 Рис. П. 1.5

Допустим, что AY ♉ $A(Y)$ (рис. П. 1.4). Местом всех Y будет поверхность сферы, центр которой есть A, а радиус AY всегда одинаковый по величине или равный данной AB или CB. Поэтому то же место можно выразить так: AB ♉ AY или CB ♉ AY.

Допустим, что AX ♉ BX (рис. П. 1.5); местом всех X будет плоскость. Две точки A и B даны и ищется третья X, положение которой относительно точки A то же, что и относительно точки B [т. е. AX равна или (поскольку все равные прямые конгруэнтны) конгруэнтна BX, и, значит, точку B можно поместить в точку A, не меняя ее положения относительно точки X]; я утверждаю, что требованию удовлетворяют все точки X, (X) одной определенной простирающейся в бесконечность плоскости. Действительно, как AX ♉ BX, так и $A(X)$ ♉ $B(X)$. Но вне этой плоскости не будет точек, удовлетворяющих этому условию. Поэтому общим местом всех точек мира, расположенных относительно A так же, как относительно B, будет эта простирающаяся в бесконечность плоскость. [Отсюда далее следует, что эта плоскость пройдет через середину прямой AB, к ней перпендикулярной.]

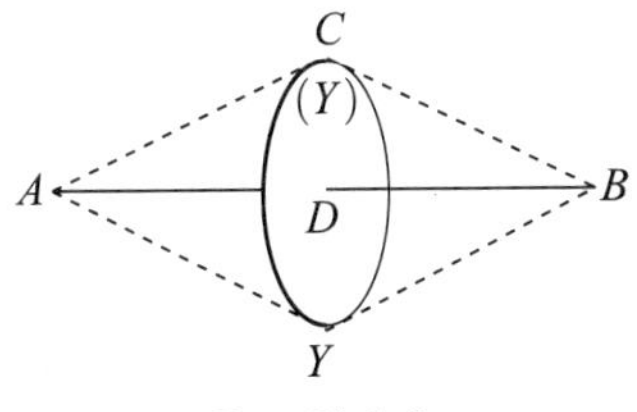

Рис. П. 1.6

Допустим, что ABC ♉ BY (рис. П. 1.6); местом всех Y будет окружность (la circulaire). То есть, даны три точки A, B, C и ищется четвертая Y, расположенная относительно AB так же, как C. Я утверждаю, что имеется бесконечно много удовлетворяющих этому точек и что местом всех этих точек является окружность. Это описание или определение круговой линии не предполагает плоскости (как евклидово),

[3] (Y) означает совокупность всех таких точек Y.

ни даже прямой. Однако очевидно, что ее центр есть точка D между A и B. [4]) Можно было бы сказать и так: $ABY \eth AB(Y)$ — место и тогда было бы кругом, но который уже не был бы задан. Поэтому и нужно добавить еще одну точку. Можно представить себе, что точки A, B остаются неподвижными, а точка C, связанная с ними какими-либо негибкими (прямыми или кривыми) линиями, и, следовательно, постоянно сохраняющая относительно них одно и то же положение, вращается вокруг A, B, описывая окружность $CY(Y)$. Отсюда видно, что можно мыслить положение одной точки относительно другой, не применяя прямой линии, лишь бы их мыслить соединенными какой угодно линией. И если линия предположена негибкой, то взаимное расположение обеих точек будет неподвижным. Две точки можно мыслить взаимно расположенными так же, как две другие точки, если они могут быть соединены линией, которая была бы конгруэнтна с линией, соединяющей другие. Я говорю это, дабы показать, что сказанное до сих пор еще не зависит от прямой линии (определение которой я сейчас дам) и что имеется различие между A, C, взаимным расположением A и C и прямой AC.

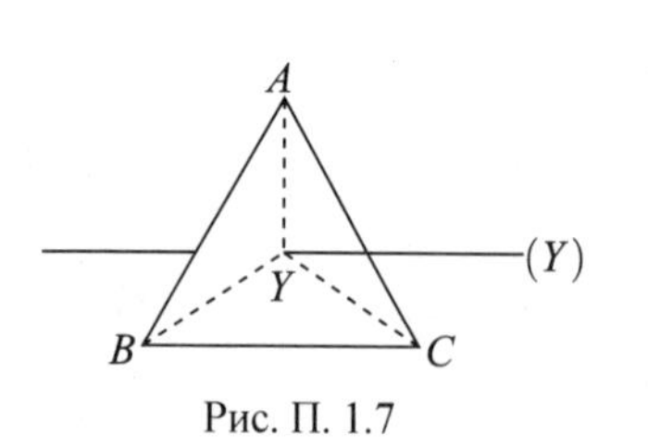

Рис. П. 1.7

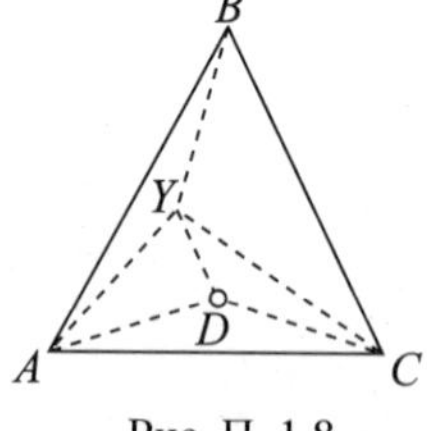

Рис. П. 1.8

Допустим, что $AY \eth BY \eth CY$ (рис. П. 1.7); местом всех Y будет п р я м а я. То есть, даны три точки и ищется точка Y, имеющая то же положение относительно A, что и относительно B и относительно C. Я утверждаю, что все эти точки упадут на бесконечную прямую $Y(Y)$. Если бы все было в одной плоскости, то для такого определения прямой было бы достаточно двух данных точек.

Допустим, наконец, что $AY \eth BY \eth CY \eth DY$ (рис. П. 1.8); местом будет одна лишь т о ч к а, ибо ищется точка Y, одинаково расположенная относительно четырех данных точек A, B, C, D; т. е. прямые AY, BY, CY, DY между собой равны; и поэтому может удовлетворить только одна точка.

Эти же места могут быть выражены различными другими способами, но приведенные суть наиболее простые и наиболее плодотворны и могут служить определениями. Чтобы продемонстрировать пользу этих выражений в рассуждениях, я, прежде чем кончить, покажу с помощью знаков, что получается при пересечении этих мест.

Прежде всего: п е р е с е ч е н и е д в у х с ф е р и ч е с к и х п о в е р х н о с т е й е с т ь к р у г о в а я л и н и я. Ибо выражение для

---

[4]) Лейбниц не отметил, что если C лежит на одной прямой с A, B, то местом будет сама точка C.

окружности есть $ABC \mathbin{\char"2649} ABY$, откуда получается $AC \mathbin{\char"2649} AY$ и $BC \mathbin{\char"2649} BY$; но места, соответствующие этим конгруэнциям, суть две сферические поверхности, из которых одна имеет центр A и радиус AC, а другая — центр B и радиус BC.

Точно так же пересечение плоскости и сферической поверхности есть окружность. В самом деле, выражение сферической поверхности есть $AC ♉ AY$, а плоскости есть $AY ♉ BY$ и, следовательно, $AC ♉ BC$, ибо точка C есть одна из точек Y. Но так как $BC ♉ AC$ и $AC ♉ AY$, то мы получим $BC ♉ AY$, а так как $AY ♉ BY$, то мы получим $BC ♉ BY$. Соединив эти конгруэнции, мы получим $ABC ♉ ABY$, т. е. $AB ♉ AB$, $BC ♉ BY$, $AC ♉ AY$. Но $ABC ♉ ABY$ принадлежит круговой линии, следовательно, пересечение плоскости и сферической поверхности дает круговую линию, что и требовалось доказать посредством этого рода исчисления. Таким же образом получается, что пересечение двух плоскостей есть прямая. Действительно, пусть даны две конгруэнции, одна $AY ♉ BY$ для одной плоскости, другая $AY ♉ CY$ для другой плоскости; мы получим тогда $AY ♉ BY ♉ CY$, местом чего является прямая. Наконец, пересечение двух прямых есть точка. Действительно, положим, что $AY ♉ BY ♉ CY$ и $BY ♉ CY ♉ DY$, тогда мы получим $AY ♉ BY ♉ CY ♉ DY$ [5].

Мне остается добавить еще одно замечание о том, что я считаю возможным распространить характеристику на вещи, недоступные чувственному воображению; но это слишком важно и слишком далеко заходит для того, чтобы я мог объясниться на этот счет в немногих словах [6].

Из письма Лейбница к Х. Гюйгенсу от ноября 1679 *г.* (L.M.S., т. II, с. 30–31).

...Во-первых, я могу в совершенстве выразить при помощи этого исчисления всю природу или определение фигуры (чего Алгебра никогда не делает, ибо говоря, что $x^2 + y^2$ равно a^2 есть уравнение круга, следует объяснить, с помощью фигуры, что такое эти x и y, т. е. что это прямые линии, одна из которых перпендикулярна другой и начинается в центре, а другая на окружности фигуры). И я могу выразить всю природу или определение всех фигур, потому что все они могут быть объяснены с помощью сферических поверхностей, плоскостей, круговых линий и прямых, для которых я это уже сделал. Ибо точки других кривых могут быть найдены при помощи прямых и кругов. А все машины суть только некоторые фигуры, и, значит, я могу их описать с помощью этих знаков, а также могу выразить происходящее в них изменение положения, т. е. их движение. Во-вторых, если можно

[5] В тексте издания Гергардта здесь имеется пропуск, восполненный мной по работе *G. W. Leibniz*, Hauptschriften zur Grundlegung der Philosophi. — Leipzig, 1920. — T. 1. — C. 82–83.

[6] Лейбниц имеет в виду свою всеобщую характеристику и ее философские и логические приложения.

в совершенстве выразить определение какой-либо вещи, то можно также найти все ее свойства. . .

Из письма Лейбница к Лопиталю от 27 декабря 1694 г. (L.M.S., т. II, с. 258).

. . . Я не решаюсь еще опубликовать мои проекты характеристики положения (characteristica situs), ибо если я не придам ей убедительность, то ее примут за фантазию (une vision). Тем не менее, я предвижу, что дело не может не удасться. Я бы хотел иметь возможность его реализовать, но сухие и отвлеченные поначалу размышления меня слишком возбуждают. Будучи в этом году более нездоров, чем в течение уже долгого времени, я принуждаю себя воздерживаться, хотя мне это и не удается в такой мере, как следовало бы [7]).

---

[7]) Во всех своих набросках по геометрическому исчислению Лейбниц пользуется понятием величины и, в сущности, не отказывается от координатных систем (биполярных и др.). Каких-либо новых конкретных результатов Лейбниц при этом не получил, и его принципиальные соображения не нашли у современников сочувственного отклика, а затем были просто забыты.

Дальнейшее развитие геометрические идеи Лейбница получили уже в XIX в. и притом в различных направлениях (Мёбиус, Штаудт, Г. Грассман, векторное исчисление и т. д.). *Г. Грассман*, в частности, посвятил разбору приведенного наброска Лейбница специальную работу Geometrische Analyse, geknüpft an die von Leibniz erfundene geometrische Charakteristik (1847). Подробности, в частности, о попытке Лейбница построить геометрию положения на широко толкуемом понятии о подобии, см. у *L. Couturat*, цит. соч., 388–430, 529–538.

Стоит заметить, что и Ньютон считал алгебраические методы чужеродными для геометрии. Однако Ньютон был далек от идей, развиваемых в «геометрической характеристике» Лейбница: он отдавал предпочтение чисто синтетическим геометрическим методам.

2. ПИСЬМО ВИЛЬСОНУ

Dr. Wilson Robin J.
The Open Univ.
Malton Hall,
Milton Keynes,
Bucks MK7 6AA,
England

Dear professor Robin Wilson,

First of all I would like to thank you very much for your very interesting paper "Analysis situs", which is really enjoyable. I agree with your main result "that topology was not what Leibniz had in mind". But I am not content with the present understanding of the situs. Consequently, in view of this I consider that we need yet another kind of understanding of the situs, combinatorial or corresponding...

(α) The geometrical etude in his first letter to Christiaan Huygens 8 September 1679 was only a very particular illustration of his general idea, as he finished the letter by the following words: "I have one more note left, that is I find it possible to expand the characteristica to the things inacessible to sensitive imagination; but it is too important and reaches too far to express myself in few words on this account".

(β) Leibniz could not find a corresponding mathematical envelope for this general idea, namely - correspondence. But he felt it perfectly.

(γ) Situs = position = correspondence, as it is possible to understand the position as correspondence of the object to its place.

. . . .

(δ) Leibniz felt the correspondence not only as convinient algebraic form, for instance like equivalent relation (congruence), but in a combinatorial sense too, because...

(ε) A combination is a sorting of correspondences between properties of the objects with the aim of the investigation of its nature.

In general, combinating means sorting among the correspondences between object properties, aimed at the comprehension of their nature. The complexity of such a sorting might be determined by the interdependence of these object properties, that is - by the probability notion.

(o) Perhaps L.Euler understood the combinatorial aspects of a situs and he opened the very first integral rule of a combinatorial situs: the sum of degrees of all vertexes of a graph equals to doubled number of its edges.

I close the letter by the words of Leibniz from his letter to Marquis G.-F. de L'Hopital dated December 27, 1694: "I also do not dare to give publicity to my ideas on characteristica situs, as I do not provide enought convincibility drawing at least essential examples, so it would be taken for illusion (une vision). Anyhow, I can foresee that the matter can not fail. I'd like to have the possibility to bring it to life, but the mediation, dry and abstract at the beginning excites me too much. More sick now than in the course of time before, I make myself abstain, though I dont succeed as I'd like to."

With best regards - B. Stechkin B.Stechkin
29, 12, 87

[1] Успехи Математических Наук, том III, выпуск 1(23), 1948, 165-204; (in Russian).

[2] G.W.Leibniz, Mathematische Shriften, vol. II, Berlin, 1850,:
p. 18 - the letter to C.Huygens from 8 September 1679;
p. 30 - the letter to C.Huygens,November 1679;
p. 258. - the letter to Marquis G.-F. de L'Hopital from 27 december 1694.

3. РЕШЕНИЕ ЗАДАЧИ ДО ГЕОМЕТРИИ ПОЛОЖЕНИЙ ОТНОСЯЩЕЙСЯ

(Леонард Эйлер) [1]

[1] Commentarii academiae scientiarum Petropolitanae 8 (1736), 1741, p. 128–140

1. Помимо той части геометрии, которая касается величин и повсеместно изучается, имеется еще весьма неизученная, именуемая **Лейбницем** *Geometriam Situs* [геометрия положений]. Считается, что эта часть предопределена им самим, а именно с общим определением конкретного положения и положения с открытыми свойствами. В этом деле нельзя воспользоваться ни количествами, ни вычислениями. Таковы же проблемы геометрии положений, и в достаточной мере не установлено, какими методами при их разрешении необходимо пользоваться. Вследствие чего задачу, заведомо относимую к геометрии, ни мало не сомневаясь, отнес я к геометрии положений, особливо потому, что в решении ее единственно ситусы лишь рассматриваются, а вычислений вообще никаких. Привожу метод мой, который изобрел я для задач такого рода, чтобы представить здесь пример геометрии положений.

2. Задача же эта, которая, как было сказано, мне хорошо известна, была следующая. В городе Кенигсберге [Regiomonti] в Пруссии [Borussia] есть остров A, именуемый *Кнейпхоф* [*der Kneiphof*], и река, окружающая его, разделяется на два рукава, как можно видеть из рис. П. 3.1; над рукавами этой реки построено семь мостов: a, b, c, d, e, f и g. И относительно этих мостов такой имеется вопрос: можно ли проложить такой путь, чтобы по каждому мосту единожды пройти, и ни разу более. Мне было сказано, что одни отрицали возможность этого, а иные сомневались, однако никто не утверждал, что может это произвести. Из этого я сформулировал следующую общую проблему в целом: каковы бы ни были очертания реки и разделения ее на рукава, и каково бы ни было число мостов ее, необходимо определить, можно ли по каждому мосту пройти по единожды, или же нет.

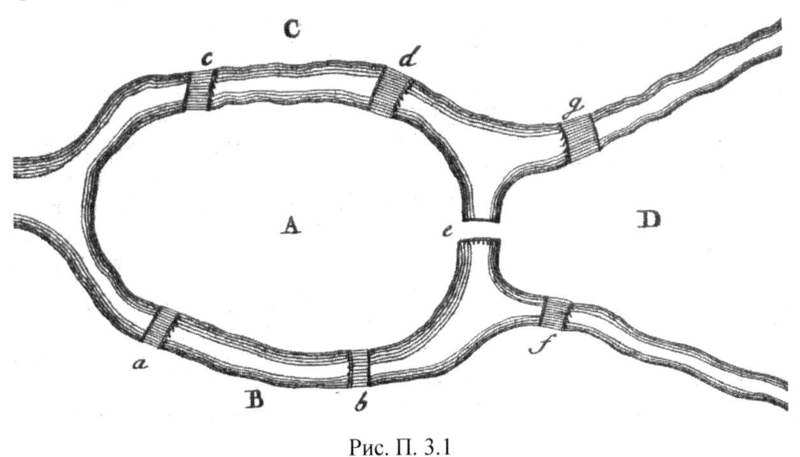

Рис. П. 3.1

3. Что же касается кенигсбергской задачи о семи мостах, то ее можно разрешить, сделав тщательное перечисление всех путей, которые могут быть проложены; из этого стало бы ясно — подходит ли какой-нибудь путь или нет. Этот способ решения сложен и труден вследствие столь нема-

лого количества комбинаций и вовсе он неприменим в задачах с гораздо бо́льшим количеством мостов. И даже если довести сей метод до конца, то много лишних, то есть, не касаемых задачи, мы путей получим; в том, без сомнения, и состоит причина трудности решения. Вот почему, оставив этот метод, я рассмотрел другой, который бы показывал всегда — возможно ли создать искомый путь или нет; я ожидал, что этот метод много проще будет.

4. Опирается же весь мой метод на подходящим образом подобранные обозначения для перехода по каждому из мостов, для чего использую прописные буквы A, B, C, D, которыми обозначаю области, разделенные рекой. Таким образом, если перемещаться из области A в область B по мосту a или b, то этот переход обозначаю буквами AB, из которых первая обозначает область, из которой путник вышел, а последняя — область, в которую он пришел, пройдя по мосту. Если затем путник из области B переходит в область D по мосту f, то этот переход наглядно представляется буквами BD; оба же эти перехода AB и BD, последовательно сделанные, обозначаю только тремя буквами ABD, так как средняя B обозначает область, в которой первый переход заканчивается и второй начался.

5. Таким образом, если путник из области D переходит в область C по мосту g, то эти три перехода, последовательно сделанные, я обозначаю буквами $ABDC$. Из этих же четырех букв $ABCD$ ясно, что путник, бывший сперва в области A, из нее перешел в область B, затем в область D и из последней — в область C; поскольку же эти области рекой разделены, то путник должен был три моста перейти. Таким образом, переходы, последовательно сделанные по четырем мостам, пятью буквами обозначаются, и вообще, через какие бы мосты путник ни шел, его переход будет обозначаться числом букв на единицу большим, чем число мостов. Поэтому для обозначения переходов по семи мостам требуется восемь букв.

6. При таком способе обозначения не учитываю, по каким мостам сделан переход, но если один и тот же переход из одной области в другую может быть сделан по нескольким мостам, то безразлично, по какому именно путник прошел, лишь бы в обозначенную область прибыл. Из этого понятно, что если путь через семь мостов, показанных на рис. П. 3.1, можно проложить так, чтобы по каждому из мостов пройти один раз и ни по одному из них дважды, то такой путь восемью буквами можно представить, и эти буквы должны быть выстроены таким образом, чтобы непосредственно последовательность A и B дважды встречалась, так как существуют два моста a и b, связывающих эти области A и B. Таким же образом последовательность букв A и C тоже должна дважды встречаться в этой серии из восьми букв; наконец, последовательность A и D будет встречаться один раз, и, аналогично, необходимо, чтобы последовательности из букв B и D, а также из букв C и D по единожды встречались.

7. Итак, здесь возобновляется вопрос, как из четырех букв A, B, C и D сформировать восьмибуквенную серию, в которой все эти последова-

тельности столько же раз встречались, сколько предписано подпоследовательностей. Но прежде, чем к построению такой серии труды прилагать, следует уяснить, могут ли эти буквы таким образом быть расположены или нет. Ибо если можно было бы показать, что такое расположение вообще не может быть сделано, то бесполезен был бы весь труд, который употреблен на исполнение этого. Вот почему я нашел правило, с помощью которого как для этой задачи, так и для всех подобных, можно легко распознать, может ли иметь место требуемое расположение букв.

8. Для получения такого правила я рассматриваю одну область A, в которую ведет любое количество мостов a, b, c, d и т. д. (рис. П. 3.2). Из этих мостов я рассматриваю вначале один мост a, который ведет в область A; теперь, если путник по этому мосту проходит, то он либо должен до перехода быть в области A, либо после перехода в A попадает; поэтому при вышепринятом способе обозначения перехода, необходимо, чтобы буква A один раз наличествовала. Если три моста, например, a, b, c, ведут в область A и путник проходит через все три, то в обозначении перехода буква A встречается дважды, из A ли начинается путь или не из A. Таким же образом, если в A ведут пять мостов, то в обозначении перехода по всем этим мостам буква A должна встречаться трижды. И вообще, если число мостов — любое нечетное число, то, увеличив его на единицу и взяв половину от этого, получим, сколько раз буква A должна встретиться.

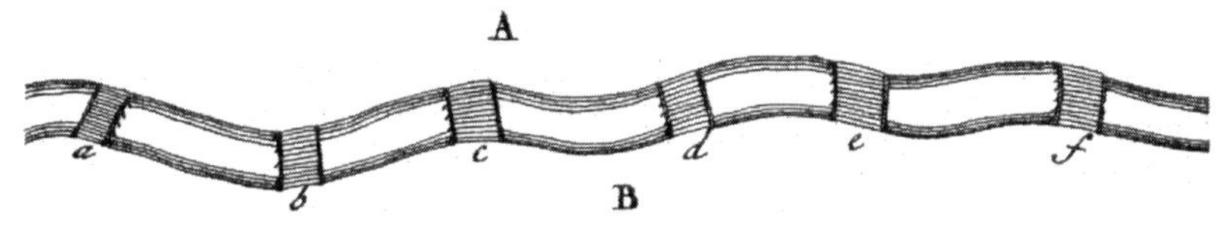

Рис. П. 3.2

9. Итак, для случая кенигсбергских мостов, по которым нужно пройти (рис. П. 3.1), поскольку на остров A ведут пять мостов a, b, c, d, e, необходимо, чтобы в обозначении пути через эти мосты буква A встречалась трижды. Далее, буква B должна дважды встречаться, поскольку в область B ведут три моста, и таким же образом буквы D и C дважды должны встречаться. Следовательно, в серии из восьми букв, которыми должен обозначаться переход через семь мостов, буква A должна наличествовать трижды, а каждая из букв B, C и D дважды; но такого в серии из восьми букв вообще быть не может. Из этого ясно, что через семь кенигсбергских мостов такой проход совершен быть не может.

10. Таким же образом, в любом другом случае, если число мостов, ведущих в каждую область, будет нечетным, можно прийти к заключению, можно ли по каждому из мостов по разу пройти. Ибо, если сумма всех употреблений каждой буквы, которая может встречаться, равна числу мостов, увеличенному на единицу, тогда обход быть может осуществим; но если, как в нашем примере, эта сумма будет больше числа мостов, увеличенного на

единицу, то такой обход никоим образом совершен быть не может. Правило, которое я дал для числа употреблений A, которое необходимо определить по числу мостов, ведущих в область A, справедливо и для случая, когда все мосты идут из одной области B, как представлено на рис. П. 3.2, и для случая, когда из разных областей; ибо только область A я рассматриваю и определяю, сколько раз буква A должна встречаться.

11. Если же число мостов, которые ведут в область A, будет четное, то относительно перехода по каждому из них необходимо указать, будет ли путник начинать свой путь в области A или нет. Ибо если два моста в A ведут и путник из A путь начинает, то буква A дважды должна встретиться: один раз должна присутствовать для обозначения выхода из A по одному мосту и один раз для возвращения в A по другому мосту. Но если путник начинает путь из другой области, то буква A только один раз встретится; ибо, один раз поставленная, будет обозначать и приход в A, и выход оттуда, согласно тому, как я установил обозначать такого рода переходы.

12. Далее, если четыре моста ведут в область A и путник начинает путь из A, то в обозначении всего пути буква A будет трижды присутствовать, если по каждому мосту единожды пройдено будет. Если же из другой области начнет двигаться, то дважды буква A встретится. Если шесть мостов ведут в область A, то буква A четырежды повстречается, если из A путь начинается, и только трижды, если, напротив, не из A путник выйдет. Поэтому вообще, если число мостов будет четным, то его половина дает число вхождений буквы A, если начало пути не в области A; половина же его, увеличенная на единицу, дает число наличий буквы A, если начало обхода в самой области A.

13. Поскольку же такой путь только в одной области начинаться может, то из числа мостов, ведущих любую область, определяю число вхождений соответствующей буквы таким образом: возьму половину числа мостов, увеличенного на единицу, если число мостов будет нечетным; половину же самого числа мостов, если будет четным. Затем, если число всех вхождений букв равно числу мостов, увеличенному на единицу, тогда желаемый переход удастся, а начало его должно быть взято в области, в которую нечетное число мостов ведет. Но если число всех вхождений букв будет на единицу меньше, чем число мостов, увеличенное на единицу, то переход удастся при его начале в области, в которую четное число мостов ведет, поскольку таким образом число вхождений должно быть увеличено на единицу.

14. Итак, если рассматривать произвольный рисунок вод и мостов и поинтересоваться, можно ли по каждому из мостов пройти по единожды, то я действую следующим образом. Во-первых, все области, отделенные друг от друга водой, обозначаю буквами A, B, C и т. д. Во-вторых, беру число всех мостов и его на единицу увеличиваю, и для последующих действий записываю сверху. В-третьих, для каждой из букв A, B, C и т. д., записанных в столбец, приписываю число мостов, в эту область ведущих.

В-четвертых, буквы, имеющие четные приписанные числа, помечаю звездочкой. В-пятых, [в третий столбец] приписываю половины всех четных чисел и половины нечетных, увеличенных на единицу. В-шестых, эти числа, последними записанные, в единую сумму складываю; если эта сумма на единицу меньше будет или будет равна числу, записанному сверху, которое является числом мостов, увеличенным на единицу, тогда заключаю, что желаемый обход может быть осуществлен. Отсюда же должно быть понятно: если полученная сумма будет на единицу меньше, чем записанное сверху число, то движение должно начинаться в области, помеченной звездочкой; или же, напротив,— в области, не обозначенной звездочкой, если сумма будет равна записанному сверху числу. Следовательно, в кенигсбергском случае действую следующим образом:

Число мостов — 7, следовательно сумма — 8.

Мосты		
A	5	3
B	3	2
C	3	2
D	3	2

Поскольку сумма [по третьему столбцу] превышает 8, то такого рода переход никоим образом не может быть совершен.

15. Пусть есть два острова A и B, окруженные водой, и с водой сообщаются четыре реки, как представлено на рис. П. 3.3. Далее, пусть есть над водой, окружающей острова, и над реками пятнадцать мостов a, b, c, d и т. д., и спрашивается: можно ли продолжить путь таким образом, чтобы обойти все мосты один раз и не более чем один раз?

Итак, обозначим, во-первых все области, которые отделены друг от друга водой, буквами A, B, C, D, E, F, следовательно, имеется шесть различных областей. Во-вторых, число мостов 15 на единицу увеличиваю сумму 16 записываю сверху для дальнейших действий.

		16
*A**,	8	4
*B**,	4	2
*C**,	4	2
D,	3	2
E,	5	3
*F**,	6	3
		16

В-третьих, выписываю (для себя) буквы A, B, C и т. д. по очереди, и к каждой букве ставлю число мостов, которые в эту область ведут; так, в A ведут восемь мостов, в B — четыре и т. д. В-четвертых, буквы, имеющие четные приписанные числа, помечаю звездочкой. В-пятых, в третий столбец пишу половины четных чисел, нечетные же на единицу увеличиваю и половины приписываю. В-шестых, складываю поочередно числа третьего

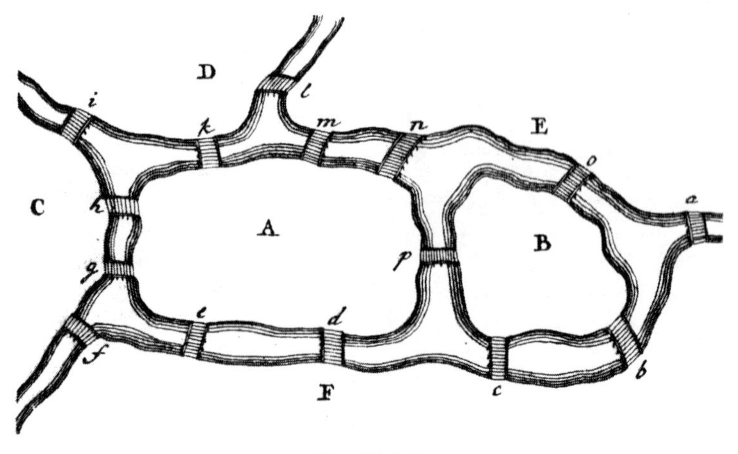

Рис. П. 3.3

столбца и получаю сумму 16; поскольку она равна записанному сверху числу 16, то, следовательно, переход можно осуществить требуемым способом, если только путь начинается из области D или E; области эти, разумеется, не помечены звездочкой. Путь же может быть совершен следующий:

$$EaFbBcFdAeFfCgAhCiDkAmEnApBoElD,$$

где между прописными буквами я вставил [буквы] мостов, через которые совершается переход.

16. Следовательно, этим способом в сложном случае легко будет определить, можно ли осуществить обход по всем мостам один только раз или нет. Однако сообщу здесь еще более легкий способ определения, который из самого этого способа легко открывается, после того как упомяну следующие наблюдения. Вначале наблюдаю, что числа для всех мостов, приписанные к буквам A, B, C и т. д., сложенные вместе [т. е. сумма всех приписанных чисел], вдвое больше, чем общее число мостов. Насколько я полагаю, причина этого в том, что когда все мосты, ведущие в данную область, были сосчитаны, то всякий мост посчитан дважды, ибо всякий мост к двум областям относится, которые соединяет.

17. Итак, из этого наблюдения следует, что сумма числа всех мостов, входящих в каждую вершину, есть число четное, поскольку его половина равна числу мостов. Значит, не может случиться, чтобы ровно одна область обладала нечетным числом мостов, в нее входящих; также невозможно, чтобы три были нечетные, или пять и т. д. Поэтому, если какие-нибудь числа мостов, приписанные к буквам A, B, C и т. д., являются нечетными, то необходимо, чтобы количество их было четное; в кенигсбергском примере таких четыре, как видно из п. 14, а в примере из п. 15 — таких только два, к буквам D и E приписанные.

18. Поскольку сумма всех чисел, приписанных к буквам A, B, C и т. д., равна удвоенному числу мостов, то очевидно, что эта сумма, увеличенная

на 2 и поделенная на 2, дает число, записанное сверху перед действиями. Если же все числа, приписанные к буквам A, B, C и т. д., будут четные, и их половины размещаются в третий столбец, то сумма этих чисел будет на единицу меньше, чем записанное сверху число. Поэтому в таких случаях переход через все мосты всегда может быть совершен. Ибо в какой бы области путь ни начинался, в нее ведет четное число мостов, как и требуется. Таким образом, в кенигсбергском примере можно пройти все мосты дважды; ибо любой мост как бы в два будет разделен и число мостов, ведущих в каждую область, станет четным.

19. Кроме того, если только два числа, приписанные к буквам A, B, C и т. д., будут нечетными, остальные же — четными, тогда желаемый обход удастся, если только он будет начинаться в области, в которую нечетное число мостов входит. Если же четные числа поделить надвое, а также нечетные, увеличенные на единицу, как было описано ранее, то сумма этих половин будет на единицу больше, чем число мостов, и поэтому равно записанному сверху числу. Далее, из этого ясно, что если четыре или шесть, или восемь и т. д. будет нечетных чисел во втором столбце, то сумма чисел третьего столбца будет больше, чем сверху записанное число, и будет его превосходить на 1 или 2, или 3 и т. д., и поэтому обход не может быть совершен.

20. Следовательно, если предложить какой-либо случай, тотчас простейшим образом можно будет узнать, может ли переход через все мосты один раз быть совершен, с помощью следующего правила:

Если будет более двух областей, в которые ведет нечетное число мостов, тогда с уверенностью можно заключить, что такой переход невозможен.

Но если только в две области будет вести нечетное число мостов, тогда переход может быть совершен, если только путь в одной из этих областей начинается.

Если, наконец, не будет вообще области, в которую ведет нечетное число мостов, тогда переход желаемый возможен независимо с какой области начиная.

Итак, данное правило полностью подходит поставленной задаче.

21. Когда же будет определено, что такой обход может быть совершен, то сохраняется вопрос — каким же образом такой путь должен быть намечен. Для этого пользуюсь таким правилом: мысленно отбросим столько раз, сколько можно, попарно мосты, которые из одной области в другую [оба] ведут; таким образом, число мостов обычно сильно уменьшается; тогда легче станет отыскать желаемый путь через оставшиеся мосты; этим приемом мосты, мысленно отброшенные, не будут сильно нарушать весь этот путь, что очевидно и при небольшом внимании; поэтому заключаю, что на деле нет необходимости намечать все пути.

Перевод с латинского О. С. Ворониной под редакцией Б. С. Стечкина.

4. КОММЕНТАРИИ

(Б. С. Стечкин)

Цель настоящих комментариев — бросить сегодняшний взгляд на классическую работу Эйлера (прил. 3), почитающуюся первейшей для всей теории графов. Тем более, что, насколько мне известно, здесь представлен первый русский ее перевод, а ее повсеместные цитирования в комбинаторной литературе грешат неточностями. Для меня она оказалась и глубже, и интереснее, чем представлялась ранее по таким цитированиям. Написанная скрупулезно, дотошно, местами с повторами, эта небольшая работа не только отражает личностные черты самого Эйлера, но глубже представляет его вклад в развитие идей Г. В. Лейбница (1646–1716). По-видимому, для своего времени Эйлер оказался одним из немногих, кто воспринял эти идеи так, что они последовательно стали отправной точкой новым разделам математики. Например, по мнению Пуанкаре [1)] и многих — топологии, а по совсем недавним мнениям (например, Р. Вильсона [2)]) — и теории графов, а может быть и комбинаторики в целом. В английском издании я уже предпринимал попытку своим текстом «Analysis Correspondence» поддержать последнее. [3)]

Но начнем с конкретики, до самой работы относящейся. Как это ни удивительно, особенно для Эйлера, название его работы не в точности соответствует ее результатам. В ней формулируется, но не доказывается (sic!) общий критерий наличия эйлерова пути в произвольном графе. Приводится лишь редукция от мультиграфа к графу. Для произвольных графов доказаны лишь достаточные условия несуществования эйлерового пути (наличие более двух вершин нечетных степеней), причем, несомненно, очень изящно — количественным анализом буквенных последовательностей. Такой подход в последнее время проявляется в теоретических и вполне практических сетевых задачах. Так что полное решение в работе было достигнуто только для отправного примера семи кенигсбергских мостов. К сожалению, также Эйлер не выделил замыкаемые пути, т. е. эйлеровы циклы. Конечно, очень красиво замечание о том, что всегда осуществим двукратный обход всех мостов. Просматривается, что Эйлер был теоретиком и практиком фортификационных дел. Примечательна методология изложения: «пример — простое — повтор — общее».

Особняком от конкретных решений стоит первый параграф, без которого работа оставалась бы совершенно полноценной. Но именно в нем заключена ее вторая сущность. Этот параграф отражает две вещи. Во-

---

[1)] *Poincaré H.* Analysis situs // J. Ecole Polytech. (2d series). — 1895. — P. 1–211.

[2)] *Wilson.* Analysis Situs, Graph Th. With Appl. // To Algorithms and Computer Scince. — New York: J. Wiley, 1985. — P. 789–800.

[3)] *Stechkin B., Baranov V.* Analysis Correspondence // in «Extremal Combinatorial Problems and Their Application». — London: KEUWER A.P., 1992. — P. 1–6.

первых, большое эмоциональное удивление (если не шок) от конкретной и доступной каждому, вполне земной, головоломки. Как тут не представить себе почтенных жителей славного города Кенигсберга, со вкусом обсуждающих столь ученый вопрос. Эта эмоция не покинула автора даже после сдачи работы в печать. Работа поступила в Академию наук в Санкт-Петербурге 25 августа 1735 г., а 13 марта следующего года в своем письме к Мариони (J. Marioni) Эйлер делится своим удивлением сутью исходной задачи: «Вопрос этот, хотя и банальный, навязался мне, однако достойным внимания тем, что для его решения недостаточны ни геометрия, ни алгебра, ни комбинаторное искусство. Поэтому мне пришла в голову мысль, не относится ли он случайно к геометрии положения, которую в свое время исследовал Лейбниц». [4]) Итак, Geometriam Situs — вот вторая сущность первого параграфа. Эйлер пишет так, как будто читатель ею вполне владеет, но это отнюдь не так, ни тогда, ни сегодня.

Предыстория вопроса относит нас еще на полвека назад (прил. 1). 8 сентября 1679 г. в своем письме Гюйгенсу Лейбниц, в частности, пишет: «Но недоволен я алгеброй, ибо ни кратчайших доказательств, ни красивейших конструкций геометрии не доставляет. Следовательно, исходя из этого, я зрю, что надобен нам еще один анализ, геометрический или линейный, который оперирует с позицией, как алгебра с величиной — анализ положений — Analysis Situs. Помышляю иметь в распоряжении такие средства, коими фигуры и даже машины и движения могут быть представлены, используя символы, как алгебра представляет числа и фигуры».

Лейбниц в этом письме приводит геометрические примеры и рассуждения для описания и поиска формального оперирования с соответствиями. По-существу, он намного опережал свое время. Не было еще формальной теории множеств, но Лейбниц вполне уверенно чувствовал конструктивную перспективность своих замыслов, что, в частности, прямо подтверждал это и через 15 лет в своем письме Лопиталю. Поскольку он использовал только геометрические примеры, более общему и абстрактному Analysis Situs некоторые, в том числе и Эйлер, предпочитали использовать Geometrium Situs. Сам термин «Situs» (позиция, положение) можно понимать как соответствие объекта месту. В этой связи особенно важно иное, еще более раннее, быть может, и известное Лейбницу, использование понятия соответствия, хотя возможно и в более философском смысле. А именно, в малоизвестном определении математики, данным Леонардо да Винчи: «Математика — это соответствие (отношение) необходимостей». [5])

Долог и труден был путь от философского понимания соответствия до его математического смысла, как подмножества некоторого произведения

---

[4]) *Эйлер Л.* Письма к ученым. — М.–Л.: АН СССР, 1963. — С. 153.

[5]) *Реале Дж., Антисери Д.* Западная философия от истоков до наших дней. — С.-Пб.: ТОО ТК «ПЕТРОПОЛИС», 1997. — Т. 3.

множеств. И в этом пути работа Эйлера занимает очень существенное место.

Представляется, что сегодня финальной точкой этого пути может служить определение предмета комбинаторики, как изучение соответствий между свойствами простейших математических объектов, как то числа, множества и фигуры.

5. РУКОПИСЬ, НАЙДЕННАЯ НА ДАЧЕ

«И случай – Бог изобретатель»,
И стихотворная строка,
И незадачливый ваятель,
Бесстрашный натиск дурака.

Жизнь математика, особенно фундаментальщика, бедна; даже приключениями. Многие относятся к математикам, как к столбам, т. е. некоторым неподвижным точкам, на которые можно облокотиться, как на последнюю твердую опору. Происходит это крайне редко и, к сожалению, в тягостные для людей годины. Тем обязателен я описать приключение, которое произошло со мной.

В этом году решил я приобрести дачу в Подмосковье. Поездил много, выбрал и нашел. Поселился. Поскольку это был старый дом, изба, я начал его обшаривать. На чердаке — сено, в нем прошлогодние яблоки и завалы старых журналов. Разбирая их, нашел пожелтелую рукопись. Она состояла из двух частей. Первая часть — это фольклористика конца 30-х годов, поэма «Евгений Неглинкин», довольно популярная среди математической студенческой послевоенной братии. А вторая часть — некая математическая работа без подписи и в плохом, факсимильно невоиспроизводимом, состоянии. Прочитав этот текст, я сперва подумал, что он отдает сумасшедшинкой, но потом понял, что обязан поделиться с читателями. Хочу предуведомить читателя о том, что это было время, когда еще не существовало никаких компьютеров, предвоенное время.

***

Пап, а какие числа самые трудные?
Простые, сыночек, простые.

Есть числа простые, остальные не простые, а какие среди них самые непростые? Все они разлагаются на нетривиальные множители, у одних их много, у других мало. Если множителей много, то их легче обнаружить, если мало, то может быть труднее. Будем изучать разложение числа на два множителя.

Ясно, что если число раскладывается на два сомножителя, то наименьший из них меньше, чем корень из этого числа. Если этот наименьший сомножитель очень маленький или очень большой, т. е. близок к корню, то он легко находится. Именно, мы проверяем все маленькие делители и проверяем все самые большие делители. Какой же самый плохой вариант для этого наименьшего делителя?

Представим себе, что есть два человека. Один из них идет от двойки к корню из числа, другой идет ему навстречу — от корня из числа до двойки. Каждый из них, стоя на очередном числе, проверит, делится наше число нацело на то число, на котором он стоит, или нет. Если делится, то мы нашли искомый делитель. Сколько может продолжаться этот процесс? Покуда они не встретятся. Где же они встретятся на этом сегменте два и корень из числа? Здесь мы должны сделать одно очень важное допущение. Если первый идет от меньшего числа к большему, то ему все труднее и труднее проверять делимость. Если второй всякий раз идет от большего числа к меньшему, то ему легче и легче проверять делимость. Это признается как единственное допущение. Так где же они встретятся?

Есть ли в естествознании задача с подобной ситуацией? Архимед, например, для исчисления квадратур параболы использовал механику взвешиваний на обычных равноплечных рычажных весах. Нашим целям поможет механика Галилея.

Представим себе Галилея на верхах Пизанской башни, проводящего свои знаменитые опыты в 1589 г. Он просто, разжимая свои пальцы, наблюдает за все быстрее падающим камнем, которому ничто не мешает долетать до земли. Легкое облачко пыли точно обозначает место его падения. И если бы не орава голодранцев, жутко орущих при всяком падении, он бы явственно слышал звук удара камня о землю и, возможно, сумел бы оценить разницу по времени между видимым и слышимым. Крики вдруг резко усилились, когда на самое место падения камней вышел местный жонглер, весельчак, балагур и любимец толпы (ну, прямо Баше, или как там его полностью — Клод Гаспар Баше де Мезериак — такой же гуляка, поэт, дуэлист и... вообще, но ведь пишет и считает недурно). Так вот он начал подбрасывать камни вверх, да так сильно и ловко, что долетали они точь-в-точь до самого Галилея. Ну, погоди! И Галилей, ведь 25 лет — простительный возраст, стал продолжать свои опыты, ни мало не смущаясь камнями жонглера, причем старался разжимать свои пальцы тогда, когда видел, что вот-вот уж подбросит свой камень жонглер. Иногда все выходило так ловко — оба камня сталкивались в воздухе, и толпа тогда жутко ревела. И сталкивались они почему-то весьма близко от верха башни. Действительно, ловкач, но работы сегодня не выйдет и надо потихоньку спускаться. Эдак ускорения не исчислишь. И в этом великий Галилей был прав.

Теперь, уже зная законы Галилея, любой старшеклассник быстро докажет, что камни встречались в точности на $\frac{3}{4}$ высоты башни, что действительно близко от вершины. Существенно то, что этот точный ответ совершенно не зависит от величины ускорения свободного падения, так что он будет верен и на Луне, и на Марсе, и вообще всюду, где ускорение свободного падения есть константа. Стало быть, на Земле от столкнувшихся камней ускорения действительно не исчислишь.

Из всего этого мы делаем вывод, что, находясь в рамках нашего единственного не количественного, но лишь качественного допущения о возрастающей трудности и принимая $\sqrt{n}$ за высоту «башни», получаем, что труднейший для нахождения меньший делитель числа n есть $\frac{3}{4}\sqrt{n}$. Стало быть, если $n = pq$, $p < q$, то $p = \frac{3}{4}\sqrt{n}$, $q = \frac{4}{3}\sqrt{n}$ и $q = \frac{16}{9}p$. Конечно, все это не только не простые, но даже не целые числа, но [1]

[1] След. стр. в рукописи отсутствует.— Прим. составителя.

Именно независимость ответа механической задачи от ускорения позволяет приведенное выше рассматривать не только, как аналогию, но модель. Буде иначе, то легче было б считать на Луне. Absurdum situs! Или более «по научному» в стиле той эпохи — Absurdum Situs Pertinentis!

Если теперь мы хотим построить трудноразложимое натуральное число, то можно в качестве p взять простое, а в качестве q — ближайшее простое к числу $\frac{16}{9}p$. Такое построение вполне корректно в том смысле, что таким образом выбранное q будет всегда больше, чем p. Это может быть обосновано Постулатом Бертрана, доказанным П. Л. Чебышевым: между x и $2x$ всегда найдется простое. Поэтому если имеется конкретное число x, то между $\frac{2}{3}x$ и $\frac{4}{3}x$ всегда найдется простое, а значит, и ближайшее простое к x. Так что если $x = \frac{16}{9}p$, то достаточно убедиться в том, что $(\frac{2}{3})(\frac{16}{9}) > 1$. Следовательно, в целях минимизации разницы $\left|\frac{q}{p} - \frac{16}{9}\right|$, получаем, что для всякого простого p найдется простое q, такое, что $\frac{32}{27} < \frac{q}{p} < \frac{64}{27}$. Можно, конечно, действовать и наоборот, именно, начиная с большего простого сомножителя, надеясь, что ближайшее простое для меньших чисел будет ближе. А значит, минимизация разницы $\left|\frac{q}{p} - \frac{16}{9}\right|$ может быть лучше. [2)]

Возникают два естественных вопроса — нельзя ли ускорить процесс вычисления экстремального делителя и насколько устойчив коэффициент $\frac{3}{4}$? Для этого предположим наличие полезной дополнительной информации, например, наличие таблицы простых чисел до $\sqrt{n}$. Повлияет ли это на ситуацию?

Если $\pi(x)$ обозначает число простых, не превосходящих x, то в этом случае высота «башни» будет равна $\pi(\sqrt{n})$, и значит, экстремальной точкой будет $\frac{3}{4}\pi(\sqrt{n})$, и это — не значение, а номер экстремального простого числа. По счастью, имеются достаточно точные формулы для значения k-го простого числа, например, можно использовать совсем недавно полученные Россером двусторонние неравенства:

$$k\ln(k) + k(\ln\ln(k) - 1) - 9k < p(k) < k\ln(k) + k(\ln\ln(k) - 1) + 9k,$$

где $p(k)$ — это значение k-го простого числа. Несложно проверить, применяя стандартную асимптотическую формулу для $\pi(x)$, что

$$\frac{p(\frac{3}{4}\pi(\sqrt{n}))}{\frac{3}{4}\sqrt{n}} \to 1.$$

Значит, ... значит, если все так, то хотя бы отчасти верно и обратное. Именно, что закономерности тяготения суть отражения свойств делимости чисел. Числа правят миром. А кванторы людьми?

***

На этом текст обрывается, но к нему был приложен еще один рукописный листок явно более позднего написания, подписанный аббревиатурой В. М. Тих. Его также воспроизводим здесь.

***

[2)] Но пройдет ли и здесь прием с Постулатом Бертрана? — Прим. составителя.

Вдумайтесь, читатель, в последнюю формулу. Пусть нужно разложить число n на простые множители и предположим, что этих множителей два. Тогда надо делить на любые числа от 2 до $\sqrt{n}$. А допустим теперь, что у вас есть таблица простых чисел от 2 до $\sqrt{n}$. Тогда, конечно, ситуация упрощается, нужно [1 слово неразб.] лишь простые числа. Но последняя формула показывает, что *асимптотически* при больших n выигрыша не происходит.

И еще представляется интересным использование «постулата Бертрана» (а на самом деле теоремы Чебышева) — чисто теоретико-числового результата — в практических подсчетах о числе вычислений.

И третье: самый простой подход к делу — одновременный счет «сверху и снизу» — подсказывает использование работы параллельных процессоров.

В.М.Тих.

***

Конечно, смысл последней формулы совершенно прозрачен — асимптотически ничего не меняется, даже если исключить из перебора все составные числа, да это и понятно, ведь все равно решение будет в простых. Некоторая аналитическая небрежность представляется в какой-то мере оправданной из-за заведомо больших запасов прочности изначальных грубых оценок. Важно и другое, именно, что самый «безкомпъютерный» подход подсказывает использование работы параллельных процессоров — двух или более, уже начинающих проверки от экстремальных точек, рекуррентное распределение которых так же хорошо просматривается. Вокруг которых все вертится. Но это уже тема другого исследования.

Однако, по-моему, качественная сторона текста не в таких тонких моментах, как удачное использование «постулата Бертрана», хотя и весьма редкое практически, и не гармоничное применение оценок Россера, но в том, что после теоремы Евклида видна иная мультипликативная и экстремальная характеризация натурального числа, и в том, что, обращаясь к аналогии, обретаем вполне полноценную модель. А последнее весьма важно методологически.

Действительно, даже если и модифицировать дополнительными количественными характеристиками основное допущение о приращении трудности вычислений с ростом чисел (априорно или экспериментально), то и это может иметь механические трактовки усложнением форм соответствующих дифференциальных уравнений с их теоретическими или численными решениями.

По поводу датировки заметим, что если рукопись довоенная, то написана между 38-м и 41-м годами, поскольку свои неравенства Россер получил в 1938 г. Так что выходит вполне точно.

Осталось еще нечто нематематическое. Там же на чердаке сыскался довольно старый мужской портрет в овальной раме явно деревенской работы. На оборотной стороне холста надпись тем же почерком, что и рукопись: «Математика раскрывает свои тайны тому, кто врачует ее страшные раны, нанесенные ей решением трудных задач без понимания сути дела, без понимания истины». Ниже еще одно имя: И. Анищенко. Что это — имя персоны с портрета, или художника, или художницы? Естественно, постарался у старожилов справиться обо всем этом, но первый же сказал, что довоенных никого не осталось, а они все после войны в пустую деревню вселялись, благо почти что целая была, не то, что ближнее Алешино, которое еще в 41-м дотла немцы сожгли. И подумалось — а может в овальной раме лицо автора записок? Отчего же — нет?

Издатель любезно согласился воспроизвести этот загадочный портрет, за что его специально благодарит составитель —

— *Б.С.*

От издателя. Против обыкновенных правил не вмешиваться в суть авторского текста должна добавить то, что еще не могло быть известно автору довоенной поры. Анализ восприятия самой емкой, визуальной информации, т.е. с экрана, эмпирически привел к двум пропорциям. Именно, теперь широко используются два экрана — обычный, с соотношением сторон 4:3, и широкий, с соотношением сторон 16:9. Воистину, *бывают странные сближения*.

— *М.А.*

БИБЛИОГРАФИЧЕСКИЙ КОММЕНТАРИЙ

Цель настоящего комментария — представить основные источники изложенного в книге материала и дать ссылки на литературу, по которой можно продолжить знакомство с соответствующими тематиками.

Глава 1. Наиболее общие руководства и учебные пособия по комбинаторике см. [4, 15, 20, 28, 42, 46, 53, 55–57, 60, 62, 89, 91, 94, 100, 101, 108–111, 120, 126, 143, 148, 165–167, 178]. Достаточно объемлющей справочной и энциклопедической литературы по комбинаторике, к сожалению, не существует. Задачники по комбинаторике см. [17, 24, 38, 165].

Первичную и вторичную спецификации мультимножеств см. также в [60, 62]. Схема мультимножеств подробно изложена в [77].

С основными понятиями частично упорядоченных множеств можно ознакомиться по классическому руководству [13].

Способ представления простейших комбинаторных схем в виде наглядных таблиц почерпнут из превосходного руководства по вероятности [97]. Схема списка излагается впервые. Общую комбинаторную схему см. в [60, 62, 63]. Формулы для подсчета числа разбиений данного типа можно найти в [100].

Глава 2. Теорему Сильвестра и проблему Фробениуса см. в [187, 126]. Композиции подробно проанализированы в [55, 167]. История теоремы Рамсея подробно изложена в [143].

Вложимость разбиений в данной общности впервые была рассмотрена в [5, 6].

Типы комбинаторных задач и методы их решения см. в [21, 45, 50–52, 58]. Понятия сложности комбинаторных алгоритмов, их эффективности подробно изложены в [21, 50]. Классы комбинаторных задач, их характеристики, а также методы полиномиального сведения задач также см. в [21, 50]. Особый интерес представляют задачи оптимизации. Большое количество примеров постановок таких задач, имеющих конкретное прикладное значение, можно найти в [21, 50].

Лемма о размене и ранговое условие вложимости для частных случаев доказаны в [6]. Принцип полного размещения и его следствия см. в [84, 86, 87]. Вложимость с ограничениями и экстремумы полного размещения рассматриваются впервые. По поводу задачи о гирях см. [12, 18, 22, 80, 90].

Глава 3. Теорему Мантеля см. в [168]; теорема Турана была впервые опубликована в [188]; о точных значениях чисел Турана см. [67]. Лемму 3.1 см. в [38], а лемму 3.2 в [186]. Результаты о запрещенных подграфах весьма полно представлены в [108]. Класс задач о локальных свойствах графов рассматривается сравнительно недавно и представлен результатами работ [31, 32, 76, 84, 88]. Результаты § 3 см. в [38, 76, 88]. Асимптотика для локальных свойств графов изложена в [73, 84]. По теории Рамсея см. [20, 59, 143]. Данные табл. 3.1 можно найти в работах [115, 138, 139, 144, 146, 147, 149, 150, 156, 170, 191].

Задачи о запрещенных подграфах см. в [38, 39, 66, 106, 107, 109, 112–114, 122–125, 132, 145, 157, 160, 161, 165, 166, 181]. Задачу 3.11 можно найти в [131]; 3.15 см. в [66]; 3.16 см. в]142]. Задача 3.17 представляет собой теорему Визинга с ее уточнением А. В. Косточкой, см. [38]. По поводу 3.25 и 3.26 см. [81].

Глава 4. Подробнее о линейных нормированных пространствах см., например, в [37]. По поводу экстремальных геометрических констант и их приложений см. [3, 28, 30, 33–35, 44, 64, 68–72, 79, 88, 119, 128–130, 140, 141, 158, 159, 171, 184, 189, 190]. Метод сферических полиномов и его использование см. в [41, 119, 171]. Лемму 4.1 можно найти в [137], а лемму 4.2 — в [140]; теорема 4.6 усиливает результаты работ [140, 141, 174, 175].

Глава 5. Об организации и управлении вычислительного процесса в системах обработки информации, оценках его эффективности см. в [1, 2, 29, 40, 90, 92, 96, 98]. Подробно о фрагментации памяти, причинах ее возникновения, влиянии на процесс функционирования систем обработки и методах борьбы см. в [5, 23, 41, 95, 116, 121, 135, 153–155, 169, 172, 173, 176, 177, 180, 183]. Алгоритмы распределения памяти ЭВМ, методы управления распределением памяти см. в [7, 8, 23, 40, 41, 116, 121, 153, 169, 172, 177, 183]. Результаты исследования эффективности применения алгоритмов распределения памяти подробно представлены в [117, 169, 173, 177, 180, 183]. Применение комбинаторных моделей и результатов решения экстремальных комбинаторных задач о вложимости разбиений чисел для проектирования алгоритмов распределения памяти ЭВМ, выбора ее размера и исследования структуры программных средств ЭВМ АСУ впервые были представлены в [5, 7–11].

Материал по комбинаторике упорядоченных множеств и ее применениям дан в [16, 36, 74, 82, 85, 93, 105, 134, 151, 152, 163, 164, 178, 179, 192, 194–196].

Исторический материал по тематике книги см. [61, 63], а также тексты «О теории разбиений» из [100] и «О теории Рамсея» из [20, 27, 61, 63, 162, 193]. Об истории контактных чисел см. в [102, 47].

Предметный указатель

СПИСОК ЛИТЕРАТУРЫ

1. *Авен О. И., Коган Я. А.* Управление вычислительным процессом в ЭВМ. — М.: Энергия, 1978.

2. *Авен О. И., Гурин Н. Н., Коган Я. А.* Оценка качества и оптимизация вычислительных систем. — М.: Наука, 1982.

3. *Агаян С. С., Саруханян А. Г.* Рекуррентные формулы построения матриц типа Вильямсона // Мат. заметки. — 1981. Т. 30. № 4. — С. 603–617.

4. *Айгнер М.* Комбинаторная теория . — М.: Мир, 1982.

5. *Баранов В. И.* Комбинаторная модель явления фрагментации памяти // Программирование. — 1978. — № 3. — С. 46–54.

6. *Баранов В. И.* Одна экстремальная задача о разбиениях чисел // Мат. заметки. — 1981. — Т. 29. — № 2. — С. 303–307.

7. *Баранов В. И.* Применение методов комбинаторного анализа при проектировании алгоритмов управления распределением памяти ЭВМ // Программирование. — 1985. — № 4. — С. 33–38.

8. *Баранов В. И.* Применение метода комбинаторного анализа для расчета размера памяти ЭВМ // Вопросы кибернетики (разработка и использование супер-ЭВМ). — 1986. — С. 191–215.

9. *Баранов В. И.* Условия вложимости разбиений в зависимости от числа слагаемых // Материалы Всесоюзного семинара по дискретной математике и ее приложениям. — 1986. — М.: Изд-во МГУ. — С. 62–65.

10. *Баранов В. И.* Комбинаторные модели для выбора размера памяти ЭВМ // Программирование. — 1987. — № 2. — С. 91–102.

11. *Баранов В. И.* Применение комбинаторных моделей для определения требований к размеру оперативной памяти // Программирование. — 1987. — № 6. — С. 69–80.

12. *Баше К. Г.* Игры и задачи, основанные на математике. — С.-Пб., 1877.

13. *Биркгоф Г.* Теория структур. — М.: Наука, 1984.

14. *Блэкман М.* Проектирование систем реального времени. — М.: Мир, 1977.

15. *Виленкин Н. Я.* Комбинаторика. — М.: Наука, 1969.

16. *Виноградов И. М.* Основы теории чисел. — М.: Наука, 1965.

17. *Гаврилов Г. П., Сапоженко А. А.* Сборник задач по дискретной математике. — М.: Наука, 1977.

18. *Гартц В. Ф.* Лучшая система весовых гирь. — С.-Пб., 1910.

19. *Гроппен В. О.* Модели и алгоритмы комбинаторного программирования. — Ростов н/Д: Изд-во Рост. ун-та, 1983.

20. *Грэхем Р.* Начало теории Рамсея. — М.: Мир, 1984.

21. *Гэри М., Джонсон Д.* Вычислительные машины и труднорешаемые задачи. — М.: Мир, 1982.

22. *Давыдов Е. С.* Наименьшие группы чисел для образования натуральных рядов. — С.-Пб., 1903.

23. *Донован Дж.* Системное программирование. — М.: Мир, 1975.

24. *Евстегнеев В. А., Мельников Л. С.* Задачи и упражнения по теории графов и комбинаторике. — Новосибирск: Изд-во НГУ, 1981.

25. *Ершов А. Л.* Сведение задачи распределения памяти при составлении программ к задаче раскраски вершин графов // ДАН СССР. — 1962. — Т. 142. — № 4. — С. 785–787.

26. *Зиглер Л.* Методы проектирования программных систем. — М.: Мир, 1985.

27. Избранные отрывки математических сочинений Лейбница // УМН. — 1948. — Т. 3. — № 1(23). — С. 165–204.

28. *Камерон П. Дж., ван Линт Дж. Х.* Теория графов, теория кодирования и блок-схемы. — М.: Наука, 1980.

29. *Карась В. М.* Устойчивость оптимальной сегментации программ // Программирование. — 1987. — № 5. — С. 75–84.

30. *Катона Д.* Неравенства для распределения длины суммы случайных векторов // Теория вероятн. и ее примен. — 1977. — Т. 22. — № 3. — С. 466–481.

31. *Катона Д., Косточка А., Стечкин Б.* О локально-гамильтоновых графах. Препринт. — Будапешт: МИАН ВНР, 1982.

32. *Катона Д., Косточка А., Пах Я., Стечкин Б.* О локально-гамильтоновых графах // Мат. заметки. — 1989. — Т. 45. — № 1. — С. 36–42.

33. *Катона Д., Сидоренко А. Ф., Стечкин Б. С.* О неравенствах, справедливых в классе всех распределений // Первый всемирный конгресс Общества математической статистики и теории вероятностей им. Бернулли: Тезисы. — М.: Наука. — 1986. — Т. 2. — С. 500.

34. *Катона Д., Стечкин Б. С.* Комбинаторные числа, геометрические константы и вероятностные неравенства // ДАН СССР. — 1980. — Т. 251. — № 6. — С. 1293–1296.

35. *Кашин Б. С., Конягин С. В.* О системах векторов в гильбертовом пространстве // Труды МИАН. — 1989. — Т. 45. — № 1. — С. 36–42.

36. *Кирута А. Я., Рубинов А. М., Яновская Е. Б.* Оптимальный выбор распределений в сложных социально-экономических задачах. — Л.: Наука, 1980.

37. *Колмогоров А. Н., Фомин С. В.* Введение в теорию функций и функциональный анализ. — М.: Наука, 1982.

38. Комбинаторный анализ — задачи и упражнения / Под ред. *К. А. Рыбникова*. — М.: Наука, 1982.

39. *Копылов Г. Н.* О максимальных путях и циклах в графе // ДАН СССР. — 1977. — Т. 234. — № 1. — С. 19–21.

40. *Криницкий Н. А., Миронов Г. А.* Автоматизированные информационные системы. — М.: Наука, 1982.

41. *Кнут Д.* Искусство программирования для ЭВМ. Т. 1.Основные алгоритмы. — М.: Мир, 1976.

42. *Кофман А.* Введение в прикладную комбинаторику. — М.: Мир, 1975.

43. *Ланкастер П.* Теория матриц. — М.: Мир, 1981.

44. *Левенштейн В. И.* О границах для упаковок в n-мерном пространстве // ДАН СССР. — 1979. — Т. 245. — № 6. — С. 1299–1303.

45. *Леонтьев В. К.* Дискретные экстремальные задачи ИНиТ. — 1979. — Т. 16. — С. 39–101.

46. *Липский В.* Комбинаторика для программистов. — М.: Мир, 1988.

47. *Ломоносов М. В.* Рассуждение о твердости и жидкости тел // Полн. собр. соч. — Т. 2.— М.–Л.: Изд-во АН СССР, 1952.— С. 377–410.

48. Мультипроцессорные системы и параллельные вычисления / Под ред. *Ф. Г. Энслоу*. — М.: Мир, 1976.

49. *Матиясевич Ю. В.* Диофантовы множества // УМН. — 1972. — Т. 27. — № 5. — С. 185–222.

50. *Пападимитриу Х., Стайглиц К.* Комбинаторные оптимизации. Алгоритмы и сложность. — М.: Мир, 1985.

51. Перечислительные задачи комбинаторного анализа / Пер. с англ. под ред. *Г. П. Гаврилова*. — М.: Мир, 1979.

52. *Платонов М. Л.* Комбинаторные числа класса отображений и их приложения. — М.: Наука, 1979.

53. *Райзер Дж.* Комбинаторная математика. — М.: Мир, 1966.

54. *Рейнгольд Э., Нивергельт Ю., Део Н.* Комбинаторные алгоритмы. Теория программирования. — М.: 1980.

55. *Риордан Дж.* Введение в комбинаторный анализ. — М.: ИЛ, 1963.

56. *Риордан Дж.* Комбинаторные тождества. — М.: Наука, 1982.

57. *Рыбников К. А.* Введение в комбинаторный анализ. — М.: Изд-во МГУ, 1985.

58. *Саати Т.* Целочисленные методы оптимизации и связанные с ними экстремальные проблемы. — М.: Мир, 1973.

59. *Сальников С. Г.* Локально-рамсеевские свойства графов // Мат. заметки. — 1988. — Т. 43. — № 1. — С. 133–142.

60. *Сачков В. Н.* Введение в комбинаторные методы дискретной математики. — М.: Наука, 1982.

61. *Сачков В. Н.* Комбинаторные задачи классические // Мат. энциклопедия. — Т. 2. — М.: Сов. энциклопедия, 1979.

62. *Сачков В. Н.* Комбинаторные методы дискретной математики. — М.: Наука, 1977.

63. *Сачков В. Н.* Комбинаторный анализ // Мат. энциклопедия. — Т. 2. — М.: Сов. энциклопедия, 1979.

64. *Сидоренко А. Ф.* Классы гиперграфов и вероятностные неравенства // ДАН СССР. — 1980. — Т. 254. — № 3. — С. 540–543.

65. *Сидоренко А. Ф.* О локально-турановском свойстве для гиперграфов // Комб. анализ. — 1986. — № 7. — С. 146–154.

66. *Сидоренко А. Ф.* О максимальном числе ребер в однородном гиперграфе, не содержащем запрещенных подграфов // Мат. заметки. — 1987. — Т. 41. — № 3. — С. 433–455.

67. *Сидоренко А. Ф.* О точных значениях чисел Турана // Мат. заметки. — 1987. — Т. 42. — № 5. — С. 751–760.

68. *Сидоренко А. Ф.* Экстремальные оценки вероятностных мер и их комбинаторная природа // Изв. АН СССР, сер. мат. — 1982. — Т. 46. — № 3. — С. 535–568.

69. *Сидоренко А. Ф., Стечкин Б. С.* О вычислении и применении экстремальных геометрических констант // Первая конференция по комбинаторной геометрии и ее применениям: Тезисы. — Батуми: Изд-во Батум. пед. ин-та, 1985. — С. 59–62.

70. *Сидоренко А. Ф., Стечкин Б. С.* О новом классе вероятностных неравенств // Третья международная вильнюсская конференция по теории вероятностей и математической статистике: Тезисы докладов. — Вильнюс. — 1981. — Т. 2. — С. 149–150.

71. *Сидоренко А. Ф., Стечкин Б. С.* Об одном классе экстремальных геометрических констант и их приложениях // Мат. заметки. — 1988. — Т. 45. — № 3.

72. *Сидоренко А. Ф., Стечкин Б. С.* Экстремальные геометрические константы // Мат. заметки. — 1981. — Т. 29. — № 5. — С. 691–709.

73. *Стечкин Б. С.* Асимптотика для локальных свойств графов // ДАН СССР. — 1984. — Т. 275. — № 6. — С. 1320–1323.

74. *Стечкин Б. С.* Бинарные функции на упорядоченных множествах (теоремы обращения) // Труды МИАН. — 1977. — Т. 143. — С. 178–187.

75. *Стечкин Б. С.* Вложимость разбиений // Препринт / МИАН ВНР. — Будапешт: 1983.

76. *Стечкин Б. С.* Локально-двудольные графы // Мат. заметки. — 1988. — Т. 44. — № 2. — С. 216–224.

77. *Стечкин Б. С.* Наборы и их использование в комбинаторных схемах (об одной комбинаторной формализации) // Комбинаторный и асимптотический анализ. — Красноярск: Изд-во Красноярск. ун-та. — 1977. — Т. 2. — С. 44–54.

78. *Стечкин Б. С.* Неравенство Ямамото и наборы // Мат. заметки. — 1976. — Т. 19. — № 1. — С. 155–160.

79. *Стечкин Б. С.* Несколько комбинаторных проблем // Зборник радова. Мат. Инст. Нов. сер. — Белград: 1977. — Т. 2(10). — С. 129–137.

80. *Стечкин Б. С.* О задаче Баше–Менделеева // Квант. — 1988. — № 8.

81. *Стечкин Б. С.* О монотонных подпоследовательностях в перестановке n натуральных чисел // Мат. заметки. — 1973. — Т. 13. — № 4. — С. 511–514.

82. *Стечкин Б. С.* Об основаниях действительной мебиус-теории // Препринт. — Т. 12М. — Красноярск: Ин-т физики им. Л. В. Киренского СО АН СССР, 1979.

83. *Стечкин Б. С.* Обобщенные валентности // Мат. заметки. — 1975. — Т. 17. — № 3. — С. 432–442.

84. *Стечкин Б. С.* Принцип полного размещения // Грэхэм Р. Начала теории Рамсея. — М.: Мир. — 1984. — С. 87–96.

85. *Стечкин Б. С.* Теоремы вложения для Мебиус-функций // ДАН СССР. — 1981. — Т. 260. — № 1. — С. 40–44.

86. *Стечкин Б. С.* Экстремальные свойства разбиений чисел // ДАН СССР. — 1982. — Т. 264. — № 4. — С. 833–836.

87. *Стечкин Б. С.* Экстремальные свойства разбиений // Эндрюс Г. Теория разбиений. — М.: Наука. — 1982. — С. 249–253.

88. *Стечкин Б. С.* Локально-турановское свойство для k-графов // Мат. заметки. — 1981. — Т. 29. — № 1. — С. 83–94.

89. *Тараканов В. Е.* Комбинаторные задачи и (0,1)-матрицы. — М.: Наука, 1985.

90. *Тироф Р.* Обработка данных в управлении. — М.: Мир, 1976.

91. *Уилсон Р. Дж.* Введение в теорию графов. — М.: Мир, 1977.

92. *Фокс Дж.* Программное обеспечение и его обработка. — М.: Мир, 1985.

93. *Харди Г.* Расходящиеся ряды. — М.: ИЛ, 1951.

94. *Холл М.* Комбинаторика. — М.: Мир, 1970.

95. *Цикрийзис Д., Бернстайн Ф.* Операционные системы. — М.: Мир, 1977.

96. *Шеннон Р.* Имитационное моделирование — искусство и наука. — М.: Мир, 1978.

97. *Ширяев А. Н.* Вероятность. — М.: Наука, 1980.

98. *Шоу А.* Логическое проектирование операционных систем. — М.: Мир, 1981.

99. *Эйлер Л.* Введение в анализ бесконечных. Т. 1–2. — М.: Физматгиз, 1961.

100. *Эндрюс Г.* Теория разбиений. — М.: Наука, 1982.

101. *Эрдеш П., Спенсер Дж.* Вероятностные методы в комбинаторике. — М.: Мир, 1976.

102. *Яглом И. М.* Проблема тринадцати шаров. — Киев: Вища школа, 1975.

103. *Aiello A., Burattini E., Massarotti A., Ventriglla F.* A posteriori evaluation of bin packing approximation algorithms // Discrete Appl. Math. — 1980. — T. 2. — C. 159–161.

104. *Baranyai Zs.* On the factorization of the complete uniform hypergraph // Infinite and finite sets . — Amsterdam: North Holland. — 1975. — T. 1. — C. 91–108.

105. *Bender E. A., Goldman J. R.* On the applications of Mobius inversion in combinatorial analysis // The Amer. Math. Monthly. — 1975. — T. 82. — № 8. — C. 789–802.

106. *Benson C.* Minimal regular graphs of girth eight and twelve // Canad. J. Math. — 1966. — T. 18. — C. 1091–1094.

107. *Bollobas B.* Three-graphs without two triples whose symmetric difference is contained in a third // Discrete Math. — 1974. — T. 8. — № 1. — C. 21–24.

108. *Bollobas B.* Extremal Graph Theory. — London: Academic Press, 1978.

109. *Bollobas B.* Combinatorics: Set Systems, Hypergraphs, Families of Vectors and combinatorial Probability. — N.-Y.: Cambridge Univ. Press, 1986.

110. *Bollobas B.* Graph Theory: an introductory Course. — N.-Y.: Springer-Verlag, 1979.

111. *Bondy J. A., Murty U. S. R.* Graph Theory with Applications. — N.-Y.: North Holland, 1976.

112. *Bondy J. A., Simonovits M.* Cycles of even length in graphs // J. of Comb. Theory. Ser. B. — 1974. — T. 16. — № 2. — C. 97–105.

113. *Brown W. G.* On graphs that do not contain a Thomsen graphs // Canad. Math. Bull. — 1966. — T. 9. — C. 281–285.

114. *Brown W. G., Erdos P., Simonovits M.* Algorithmic solution of extremal digraph problems // Trans. of the Amer. Math. Soc. — 1985. — T. 292. — № 2. — C. 421–449.

115. *Burling J. P., Reyner S. W.* Some lower bounds for the Ramsey numbers // J. Combin. Theory. Ser. B. — 1972. — T. 13. — № 2. — C. 168–169.

116. *Campbell J.* A note on an optimal-fit method for dymamic allocation of storage // Comput. J. — 1971. — T. 14. — № 1.

117. *Chandra A. K., Wong C. K.* Worst-case analysis of a placement algorithm related to storage allocation // SIAM J. Comput. — 1975. — T. 4. — № 3. — C. 249–263.

118. *Coffman E. G., Leung J. Y.-T.* Combinatorial analysis of an efficient algorithm for processor and storage allocation // 18th Annu. Symp. Found Comput. Sci. Providence, R. I.. — N.-Y.: 1977. — C. 214–221.

119. *Delsarte P., Goethals J. M., Seidel J. J.* Spherical codes and designs // Geometricae Dedicata. — 1977. — T. 6. — № 3. — C. 363–388.

120. *Denes J., Keedwell A. D.* Latin Squares and their Applications. — Budapest: Akademiai Kiado, 1974.

121. *Denning P. J.* The working set model for program behavior // Comm. ACM. — 1968. — T. 11. — № 5. — C. 323–333.

122. *Erdos P., Gallai T.* On maximal pathes and circuits of graphs // Acta Math. Acad. Sci. Hungar. — 1959. — T. 10. — C. 337–356.

123. *Erdos P., Simonovits M. A.* A limit theorem in graph theory // Studia Sci. Math. Hungar. — 1966. — T. 1. — № 1, 2. — C. 51–57.

124. *Erdos P., Renyi A., Sos V. T.* On a problem of graph theory // Studia Sci. Math. Hungar. — 1966. — T. 1. — № 1, 2. — C. 215–235.

125. *Erdos P.* The Art of Counting. — Mass.: MIT Press, 1973.

126. *Erdos P., Graham R. L.* Old and new Problems and Results in combinatorial Number Theory. — Geneve: Kunding, 1980.

127. *Erdos P., Guy R. K., Moon J. W.* On refining partitions // J. London Math. Soc. — 1975. — T. 9(2). — № 4. — C. 565–570.

128. *Erdos P., Meir A., Sos V. T., Turan P.* On some applications of graph theory, I // Discrete Math. — 1970. — T. 2. — C. 207–228.

129. *Erdos P., Meir A., Sos V. T., Turan P.* On some applications of graph theory, II // Stusies in pure Math. Acad. Press. — 1971. — C. 89–100.

130. *Erdos P., Meir A., Sos V. T., Turan P.* On some applications of graph theory, III // Canad. Math. Bull. — 1972. — T. 15. — № 1. — C. 27–32.

131. *Erdos P., Moser L.* An extremal problem in graph theory // J. Austral. Math. Soc. — 1970. — T. 11. — C. 42–47.

132. *Erdos P., Simonovits M.* Compactness results in extremal graph theory // Combinatorica. — 1982. — T. 2. — № 3. — C. 275–288.

133. *Fernandez de la Vega W.* Bin packing can be solved within $1 + \varepsilon$ in linear time // Combinatorica. — 1981. — T. 1. — № 4. — C. 349–355.

134. *Finch P. D.* On the Mobius-functions of a non singular binary relation // Bull. Austral. Math. Soc. — 1970. — T. 3. — C. 155–162.

135. *Frakaszek P. A., Considine J. P.* Reduction of storage fragmentation on direct access devices // IBM J. Res. Develop. — 1979. — T. 23. — № 2. — C. 140–148.

136. *Frankl P., Furedi Z.* Exact solution of some Turan type problems // J. of Comb. Theory. Ser. A. — 1987. — T. 45. — C. 226–262.

137. *Gastinel N.* Linear Numerical Analysis. — N.-Y.: Acad Press, 1970.

138. *Girand G.* Majoretien du nombre de Ramsey ternaire-bicolere en (4,4) // Comptes Rendus Acad. des Sci. Ser. A. — 1969. — T. 269. — № 15. — C. 620–622.

139. *Girand G.* Sur le probleme de Goodman pour le guadrangles et la majoretien des nombres de Ramsey // J. Comb. Theory. Ser. B. — 1979. — T. 27. — № 3. — C. 237–253.

140. *Goldberg M., Straus E. G.* Norm properties of C-Numerical Radii // Linear algebra and its appl. — 1979. — T. 24. — C. 113–131.

141. *Goldberg M., Straus E. G.* Combinatorial inequalities, matrix norms, and generalized numerical radii // General Inequalities II, Int. Ser. Numer. Math. — 1980. — T. 47. — C. 37–46.

142. *Goodman A. W.* On the sets acquaintances and strangers at any party // The Amer. Math. Monthly. — 1959. — T. 66. — № 9. — C. 778–783.

143. *Graham R. L., Roihschild B. L., Spencer J. H.* Ramsey Theory. — N.-Y.: J. Wiley, 1980.

144. *Graver J., Yackel J.* Some graph theoretic results associated with Ramsey's theorem // J. Combin. Theory. — 1968. — T. 4. — C. 125–175.

145. *Greene C., Kleitman D.* Proff Techniques in the theory of finite sets // Studies in Combinatories/Ed. G.-C. Rota. M.A.A. — 1978. — C. 22–79.

146. *Greenwood R. E., Gleason A. M.* Combinatorial relatons and chromatic graphs // Canadian J. Math. — 1955. — T. 7. — № 1. — C. 1–7.

147. *Grinstead C. M., Roberts S. M.* On the Ramsey numbers R(3,8) and R(3,9) // J. Com. Theory Ser. B. — 1982. — T. 33. — № 1. — C. 27–51.

148. *Guy R. K.* Unsolved Problems in number Theory. — N.-Y.: Springer-Verlag, 1981.

149. *Hanson D.* Sum-free sets and Ramsey numbers // Discrete Math. — 1976. — T. 14. — C. 57–61.

150. *Hanson D., Hanson J.* Sum-free sets and Ramsey numbers. II // Discrete Math. — 1977. — T. 20. — № 3. — C. 295–296.

151. *Hanlon Ph.* The incidence algebra of a group reduced partially ordered set // Lect. Not. in Math. — 1981. — № 829. — C. 148–156.

152. *Hardy G. H., Wright E. M.* An Introduction to the Theory of Numbers. Oxford at the clarendon Press, 1945.

153. *Hirschberg D. S.* A class of dynamic memory allocation algorithms // Comm. ACM. — 1973. — T. 16. — № 10. — C. 615–618.

154. *Johnson D. S.* Fast algorithms for bin packing // J. of Comp. and Sys. Scien. — 1974. — № 8. — C. 272–314.

155. *Johnson D. S., Demers A., Ullman J. D., Garey M. R., Graham R. L.* Worst-case performance bounds for simple one-dimensional packing algorithms // SIAM J. Comput. — 1974. — T. 3. — № 4. — C. 299–325.

156. *Kalbfleisch J. G., Stanton R. G.* On the maximal trianglefree edge chromatic graphs in three colors // J. Comb. Theory. — 1968. — T. 5. — № 1. — C. 9–20.

157. *Katona Gy.* Extremal problems for hypergraphs // Combinatorics. Math. Centre Trakts. — 1974. — № 56. — C. 13–42.

158. *Katona Gy.* Grafok, vektorok es valoszinusegszamitasi egyenlotlensegek // Mat. Lapok. — 1969. — № 1–2. — C. 123–127.

159. *Katona Gy.* How many sums of vectors can lie in a circle of radius $\sqrt{2}$ // Comb. Th. and its Appl . — Amsterdam; London: North Holland, 1970. — T. 2. — C. 687–694.

160. *Kleitman D. I.* Hypergraphic extremal properties // Surveys in Combinatorics. Math. Soc. Lecture Note Series . — London: 1979. — № 38. — C. 44–65.

161. *Kovari T., Sos V. T., Turan P.* On a problem of Zarankiewicz // Collog. Math. — 1954. — T. 3. — C. 50–57.

162. *Leibniz G. W.* Mathematische Schriften, v. II . — Berlin, 1850.

163. *Lewis D. C.* A generalized Mobius inversion formula // Bull. Amer. Math. Soc. — 1972. — T. 78. — C. 558–561.

164. *Lindstrom B.* On two generalizations of classical Mobius function // Preprint/Math. Inst. Stockholms Univ. — 1975. — № 14.

165. *Lovasz L.* Combinatorial Problems and Exercises. — Budapest: Akademiai Kiado, 1979.

166. *Lovasz L., Plummer M. D.* Matching Theory. — Budapest: Akademiai Kiado, 1986.

167. *MacMahon P. A.* Combinatory analysis. V. 1, 2 (1915, 1916). — N.-Y.: Chelsea P.C., 1960.

168. *Mantel W.* // Wisk. Opgaven. 10. — S. 60, 1907.

169. *Margolin B. H., Pormelee R. P., Schatroff M.* Analysis of free-storage algorithms // IBM Sist. J. — 1971. — T. 10. — № 4. — C. 283–304.

170. *Mathon R.* Lower bounds for Ramsey numbers and assotiation schemes // J. Comb. Theory. Ser. B. — 1987. — T. 42. — № 1. — C. 122–127.

171. *Odlyzko A. M., Sloane N. J. A.* New bound of the number of unit spheares that can touch a unit spheare in n-dimentions // J. of Comb. Theory (A). — 1979. — T. 26. — № 2. — C. 210–214.

172. *Peterson J. L., Normal Th. A.* Buddy Systems // Comm. of the ACM. — 1977. — T. 20. — № 6. — C. 421–430.

173. *Randell B.* A note on storage fragmentation and program segmentation // Comm. of the ACM. — 1969. — T. 12. — № 7. — C. 365–372.

174. *Redheffer R., Smith C.* On a surprizing inequality of Goldberg and Straus // Amer. Math. Monthly. — 1980. — T. 87. — № 5. — C. 387–390.

175. *Redheffer R., Smith C.* The case n-2 of the Goldberg–Straus inequality // General Inequalities II.– Int. Ser. Numer. Math. — 1980. — T. 47. — C. 47–51.

176. *Robson J. M.* A bounded storage algorithm for copying cyclic structures // Comm. of the ACM. — 1977. — T. 20. — № 6. — C. 431–440.

177. *Robson J. M.* Worst-case fragmentation of first-fit and best-fit storage allocation strategies // The Comp. J. — 1979. — T. 20. — № 3. — C. 242–244.

178. *Rota G.-C.* Finite operator calculus. — L., N.-Y.: Acad. Press, 1975.

179. *Rota G.-C.* On the foundations of combinatorial theory. I // Z. Wahr. und Verw. Geb. — 1964. — T. 2. — C. 340–368.

180. *Russell D. L.* Internal fragmentation in class of buddy systems // SIAM J. Comput. — 1977. — T. 6. — № 4. — C. 607–621.

181. *Sauer N.* The largest number of edges of graph such that not more than g intersect in a point or more than n are independent // Comb. Math. and its Appl./Ed. by D.J.A.Welsh. — L., N.-Y.: Academic Press, 1971.

182. *Schroeder M. R.* Number Theory in Sience and Communication. — N.-Y.: Springer-Verlag, 1984.

183. *Shore J. E.* On the extremal storage fragmentation prodused by first-fit and best-fit allocation strategies // Com. ACM. — 1975. — T. 18. — № 8. — C. 433–440.

184. *Sos V. T.* On extremal problems in graph theory // Comb. struct. and their appl. — N.-Y.: Gordon and Breach. — 1970. — C. 407–410.

185. *Stanly R. P.* Theory and Application of Plane partitions. Part 1 // Studies in applied mathematics — V. L., 1972. — № 2.

186. *Stechkin B. S.* On a surprising fact in extremal set theory // J. of Comb. Theory. Ser. A. — 1980. — T. 29. №3. — C. 368–369.

187. *Sylvester J. J.* Math. Questions with their solutions // The Educational Times. — 1884. — T. 41. — C. 21.

188. *Turan P.* Egy grafelmeleti szelsoertekfeladatrol // Math. Lapok. — 1941. — T. 49. — C. 436–453.

189. *Turan P.* Applications of graph theory to geometry and potential theory // Comb. struct. and their appl. — N.-Y.: Gordon and Breach, 1970. — C. 423–434.

190. *Turan P.* On some applications os graph theory to analysis // Proc. Int. conf. on constr. th. — Varna–1970, Sofia–1972. — C. 351–358.

191. *Walker K.* An upper bound for the Ramsey number $M(5,4)$ // J. Comb. Theory. Ser. A. — 1971. — T. 11. № 1. — C. 1–10.

192. *Weisner L.* Abstract theory of inversion of finite series // Trans. AMS. — 1935. — T. 38. № 3. — C. 474–484.

193. *Wilson R. J.* Analysis situs // Graph theory with applications to algorithms and computer science. — N.-Y.: J.Wiley, 1985. — C. 789–800.

194. *Wilson R. J.* The Möbius function in combinatorial mathematics // Comb. Math. and its Appl.. — L., N.-Y.: Academic Press, 1971. — C. 315–333.

195. *Wilson R. J.* The Selberg sieve for a lattice // Comb. Th. and its Apll. — Amsterdam, London: North Holland. — 1970. — T. 3. — C. 1141–1149.

196. *Wilf H. S.* The Mobius function in combinatorial analysis and cromatic graph theory. Proof Techniques in Graph Theory. — N.-Y.: Acad. Press, 1969. — C. 179–188.

197. *Стечкин Б. С.* Взвешивания, размещения и вложимость разбиений // Дискр. матем. — 1990. — T. 2, №16. — C. 113–129.

198. *Баранов В. И., Стечкин Б. С.* Многомерный и инженерный аналоги задачи Баше–Менделеева // Тезисы Межд. конф. по теории чисел. — Тула, 1993.

◎编辑手记

本书是一部版权引进自俄罗斯的俄文版组合数学专著,中文书名可译为《组合极值问题及其应用(第3版)》.

本书的作者是瓦列里·伊万诺维奇·巴拉诺夫,俄罗斯人,莫斯科国立 **A. H.** 柯西金纺织大学教授,主要研究方向包括组合极值问题及其应用等;另一位作者是鲍里斯·谢尔盖耶维奇·斯捷奇金,俄罗斯人,莫斯科的俄罗斯科学院斯捷克洛夫数学研究院高级研究员.

本书提出了组合极值问题的三个大类:整数拆分、集合系统和矢量系统,展示了在信息科学和计算机技术中,极值组合问题解决方案实际使用的可能性.本书特别注重一个新的方向,即有关整数拆分的极值问题,该问题的基础是整数拆分的可嵌入性概念.整数拆分的可嵌入性使得人们可以将重要的实际问题形式化,包括硬件和软件的设计、计算机资源的分配、背包问题、装袋问题、运输问题.本书适用于数学、控制学、信息科学、计算机科学领域的研究人员,以及学生和工程师.本书第1版出版于1989年.

本书的俄文版权编辑佟雨繁女士为了方便国内读者的阅读，特翻译了本书的目录如下：

正如本书作者在第1版前言中所介绍的：

本书是工程师和数学家联手合作的成果，为了开发自动化控制系统的建立所引发问题的解决途径，这一合作的主要成果是书中介绍的组合模型——数字分割的嵌入性.

对数字分割嵌入性的研究发生在对一系列实际问题的分析之前，这些问题是在设计计算机内存分配的有效管理方法、开发自动化管理系统软件结构的分析方法等方面出现的.用于研究的组合模型的选择预先决定了针对实际问题的新的、重要的开发主题——关于数字分割嵌入性的组合极值问题.事实证明，这种组合方向不仅对形式化和解决许多工程问题有重要作用，而且还可用于解决有关图形的一类极值问题.

本书的目的是使工程师和数学家熟悉作者开发的解决许多应用和数学问题的方法.本书的内容分为5章.

第1章是对必要组合概念的简要介绍.特别是除了所有

基本组合方案外,本章还给出了由作者提出的列表方案,借此可以统一最简单的组合方案.

第 2 章包含数字分割嵌入性研究的主要数学成果,并且是这一方向成果目前最全面的总结.为了说明这些结果的适用性,指出了它们与旧加权问题及其他问题的联系.通过练习的形式,给出了有关数字分割嵌入性的问题和命题.

第 3 章专门介绍图形和集合系统的极值问题.显示了它们与数字分割嵌入性结果的联系.

第 4 章介绍了一些极值几何问题及其解决方案的应用.

第 5 章介绍了在设计自动化控制系统时数字分割嵌入性组合极值问题解的结果使用方法.这里给出了用于研究自动化控制系统任务执行管理过程和电子计算机内存分配的组合模型.展示了应用嵌入性原理来计算电子计算机运算存储器大小,给出了一系列新工程概念的定义,这些概念与应用组合分析方法来研究自动化控制系统功能有关,而且还提出了新的方法用于评估极值边界算法的效率.

本书的一个特点是它延续了俄罗斯数学书中重视数学史的传统,在附录中专门收录了西方人眼中的组合数学鼻祖——德国数学家莱布尼兹的早期著作,但在国人的意识中《易经》才是组合学的起源.2020 年 9 月 22 日下午,北京大学人文社会科学研究院第九期邀访学者内部报告会(第一次)在北京大学静园二院 111 会议室举行.北京大学人文社会科学研究院邀访学者、中国科学院大学人文学院科学技术系教授韩琦作主题报告,题目就为《莱布尼兹、康熙帝和二进制——耶稣会士白晋和宫廷的〈易经〉研究》[①].

论坛伊始,韩琦老师对讲题的缘起作了简单回顾.20 世纪 80 年代初,随着计算机在国内的普及,二进制引起了大家的兴趣,由此,莱布尼兹发明的二进制及其与《易经》卦爻的

① 摘自微信公众号“北京大学人文社会科学研究院”.

关系也引起了国内学者的极大关注. 此后，在莱布尼兹、二进制和《易经》研究之间扮演重要角色的法国耶稣会士白晋也进入了学者的视野. 韩琦老师回顾了攻读博士期间，注意到《圣祖实录》中康熙有关《易经》和数学关系的谈话，觉得事出蹊跷，背后一定有传教士在起作用，近三十年来也一直试图破解这段中西交往的历史之谜. 本次报告中，韩琦老师分享了在罗马、巴黎访学期间发现资料和解决问题的喜悦.

报告第一部分，主要是学术史回顾. 韩琦老师谈到了 19 世纪末、20 世纪初欧美学者对莱布尼兹和中国关系的研究，特别是意大利数学家、汉学家华嘉 1899 年对莱布尼兹未刊手稿的研究，继而谈到 20 世纪 20 年代，英国汉学家阿瑟·韦利、法国汉学家伯希和与德国汉学家卫礼贤之子的相关研究，以及 20 世纪 40 年代著名史学家劳端纳的博士论文(17、18 世纪中国对日尔曼的贡献). 最后，韩琦老师梳理了 20 世纪 70 年代之后直至目前国内外对莱布尼兹和中国关系的研究，以及 20 世纪 90 年代之后国内学者对白晋和《易经》关系研究的热潮.

第二部分，韩琦老师简要论及莱布尼兹的学术性格和对不同文化和东西文明借鉴的渴望，特别是对中国的浓厚兴趣. 随后，韩琦老师对莱布尼兹的交流网络，与来华传教士的来往，在罗马与闵明的见面以及之后与白晋等法国耶稣会士通信作了系统的梳理. 在简要介绍白晋的生平之后，韩琦老师详细分析了莱布尼兹二进制和《易经》封爻的关系，指出莱布尼兹研究二进制的动机——从神学观点出发，一切数都可从 1 和 0 创造出来. 在莱布尼兹看来，二进制对中国哲学家会产生很大的影响，甚至康熙皇帝都会对此感兴趣. 莱布尼兹力劝白晋把它献给康熙帝. 依据莱布尼兹中国通信集，韩琦老师对莱布尼兹和白晋的互动作了深入解读. 而新发现的史料，也证明传教士确实响应莱布尼兹的要求，将二进制文章到达北京的消息面告康熙皇帝——这也是目前所知康熙帝听闻莱布尼兹之名的唯一史料. 可惜因为耶稣会士内部意见相左，莱布尼兹的二进制文章并没有被正式翻译成中文献给康熙皇帝.韩琦老师也对二进制传入失败的原因作了简短分析.

第三部分,通过对保存在欧洲的大量中文和拉丁文《易经》研究手稿的研读,韩琦老师分析了白晋研究易学的原因.他首先回顾了明末耶稣会士的传教策略,即康熙所称的"利玛窦规矩",继而讨论白晋研究《易经》的动机——即如何通过阐释《易经》来和《圣经》相附会,以达到使中国人信教的目的.报告还通过一些具体例证,回答了康熙为何让耶稣会士研究《易经》这一问题.白晋对《易经》卦爻中的数学原理和明代《算法统宗》一书的阐释,无疑迎合了热衷数学的康熙皇帝的需求.韩琦老师最后讲述将欧洲所藏档案与满文朱批奏折以及清人文集相结合,分析御制《周易折中》的编纂过程,进而揭示康熙皇帝、大学士李光地及其弟子与白晋的密切互动.通过比对欧洲所藏白晋中文手稿和《周易折中》启蒙附论,结合清人记载,韩琦老师确认白晋对《易经》像数学的研究,确定对《周易折中》的编撰产生了直接影响.报告还提及了中西交往中士人(特别是教徒)在其中扮演的"代笔者"角色,试图通过对中西文献的比对,还原康熙时代中西交流史中一些跨文化的问题.

本书的第3章3.1节重点介绍了三个定理,即蒙泰尔、图兰和斯潘纳尔定理,其中第三个常被称为斯潘纳尔引理,它关联着IMY不等式.

在1993年全国高中数学联赛中,浙江省提供了一道以此为背景的试题(第二试第二题):

试题1 设A是一个包含n个元素的集合,它的m个子集$A_1,A_2,\cdots,A_m$两两互不包含,试证:

(1) $\sum\limits_{i=1}^{m}\frac{1}{C_n^{|A_i|}}\leqslant 1$;

(2) $\sum\limits_{i=1}^{m}C_n^{|A_i|}\geqslant m^2$.

其中,$|A_i|$表示A_i所含元素的个数,$C_n^{|A_i|}$表示从n个不同

元素中取$|A_i|$个的组合数.

证明 (1) 证明的关键在于证明如下不等式

$$\sum_{i=1}^{m}|A_i|!\,(n-|A_i|)!\leqslant n! \tag{1}$$

设$|A_i|=m_i(i=1,2,\cdots,m)$. 一方面$A$中$n$个元素的全排列为$n!$;另一方面,考虑这样一类$n$元排列

$$a_1,a_2,\cdots,a_{m_i},b_1,b_2,\cdots,b_{n-m_i} \tag{2}$$

其中,$a_j\in A_i(1\leqslant j\leqslant m_i)$,$b_j\in A\backslash A_i$(即$\overline{A}_i$)$(1\leqslant j\leqslant n-m_i)$.

我们先证明一个引理.

引理1 若$i\neq j$,则A_i与A_j由上述方法所产生的排列均不相同.

证明 用反证法,假设A_j所对应的一个排列

$$a'_1,a'_2,\cdots,a'_{m_j},b'_1,b'_2,\cdots,b'_{n-m_j}$$

与A_i所对应的一个排列

$$a_1,a_2,\cdots,a_{m_i},b_1,b_2,\cdots,b_{n-m_i}$$

相同,则有以下两种情况:

① 当$|A_i|\leqslant|A_j|$时,有$A_j\supsetneqq A_i$;

② 当$|A_i|>|A_j|$时,有$A_i\supsetneqq A_j$.

而这均与$A_1,A_2,\cdots,A_m$互不包含相矛盾,故引理1成立.

由引理1可知式(1)成立. 由式(1)立即可得

$$\sum_{i=1}^{m}\frac{|A_i|!\,(n-|A_i|)!}{n!}=\sum_{i=1}^{m}\frac{1}{C_n^{|A_i|}}\leqslant 1$$

(2) 利用柯西不等式及式(1)可得

$$m\leqslant\Big(\sum_{i=1}^{m}\frac{1}{C_n^{|A_i|}}\Big)\Big(\sum_{i=1}^{m}C_n^{|A_i|}\Big)\leqslant 1$$

近十几年来,背景法命题在数学奥林匹克中已形成潮流,一道优秀的竞赛试题应有较高深的背景已成为命题者的共识,试题1.1就是一例.

首先就研究对象来看,试题1实际上研究了一个子集族,即A是一个n阶集合,$S=\{A_1,A_2,\cdots,A_m\}$且满足:

(1)$A_i\subsetneqq A(i=1,2,\cdots,m)$;

(2) 对任意的 $A_i, A_j \in S, i \neq j$ 时满足 $A_i \not\subseteq A_j, A_j \not\subseteq A_i$.
那么这样的子集族称为 S 族,S 族中的元素都是集合. 之所以称为 S 族,是因为数学家斯潘纳尔最先研究了这类问题. 1928 年斯潘纳尔证明了一个被许多组合学书中称为斯潘纳尔引理的结果,它是组合集合论中的经典结果之一.

斯潘纳尔引理 设集合

$$X = \{1, 2, \cdots, n\}$$

$A_1, A_2, \cdots, A_p$ 为 X 的不同子集,$E = \{A_1, A_2, \cdots, A_p\}$ 是 X 的子集族. 若 E 为 S 族,则 E 族的势至多为 $C_n^{[\frac{n}{2}]}$(其中$[x]$ 为高斯函数),即 $\max p = C_n^{[\frac{n}{2}]}$.

证明 令 $q_k \triangleq |\{k \mid |A_i| = k, 1 \leqslant i \leqslant p\}|$,则由试题 1 证明中的式(1) 有

$$\sum_{k=1}^{n} q_k k! (m-k)! \leqslant n!$$

由于

$$\max_{1 \leqslant k \leqslant n} C_n^k = C_n^{[\frac{n}{2}]}$$

所以

$$p = \sum_{k=1}^{m} q_k \leqslant C_n^{[\frac{n}{2}]} \sum_{k=1}^{p} q_k \frac{k! (n-k)!}{n!}$$
$$\leqslant C_n^{[\frac{n}{2}]} \sum_{k=1}^{p} q_k \frac{1}{C_n^k} = C_n^{[\frac{n}{2}]} \sum_{k=1}^{p} \frac{1}{C_n^{|A_i|}} \leqslant C_n^{[\frac{n}{2}]}$$

斯潘纳尔引理在数学竞赛中有许多精彩的特例. 再举一个最近的例子.

试题 2 (2017 年中国国家集训队测试三) 设 X 是一个 100 元集合. 求具有下述性质的最小正整数 n:对于任意由 X 的子集构成的长度为 n 的序列

$$A_1, A_2, \cdots, A_n$$

存在 $1 \leqslant i < j < k \leqslant n$,满足

$$A_i \subseteq A_j \subseteq A_k \text{ 或 } A_i \supseteq A_j \supseteq A_k$$

(翟振华供题)

解　答案是 $n = C_{102}^{51} + 1$.

考虑如下的子集序列: $A_1, A_2, \cdots, A_N$, 其中 $N = C_{100}^{50} + C_{100}^{49} + C_{100}^{51} + C_{100}^{50} = C_{102}^{51}$, 第一段 C_{100}^{50} 项是所有 50 元子集, 第二段 C_{100}^{49} 项是所有 49 元子集, 第三段 C_{100}^{51} 项是所有 51 元子集, 第四段 C_{100}^{50} 项是所有 50 元子集. 由于同一段中的集合互不包含, 因此只需考虑三个子集分别取自不同的段, 易知这三个集合 A_i, A_j, A_k 不满足题述条件. 故所求 $n \geqslant C_{102}^{51} + 1$.

下证若子集序列 $A_1, A_2, \cdots, A_m$ 不存在 $A_i, A_j, A_k (i < j < k)$ 满足 $A_i \subseteq A_j \subseteq A_k$, 或者 $A_i \supseteq A_j \supseteq A_k$, 则 $m \leqslant C_{102}^{51}$. 我们给出三个证明.

证法 1(付云皓)　对每个 $1 \leqslant j \leqslant m$, 定义集合 B_j 如下: 另取两个不属于 X 的元素 x, y. 考察是否存在 $i < j$, 满足 $A_i \supseteq A_j$, 以及是否存在 $k > j$, 满足 $A_k \supseteq A_j$. 若两个都是否定, 则令 $B_j = A_j$; 若前者肯定后者否定, 则令 $B_j = A_j \cup \{x\}$; 若前者否定后者肯定, 则令 $B_j = A_j \cup \{y\}$; 若两个都肯定, 则令 $B_j = A_j \cup \{x, y\}$.

下面验证 $B_1, B_2, \cdots, B_m$ 互不包含. 假设 $i < j$, 且 $B_i \subseteq B_j$, 则有 $A_i \subseteq A_j$. 由 B_i 的定义可知 $y \in B_i$, 故 $y \in B_j$, 这样, 存在 $k > j$, 使得 $A_j \subseteq A_k$, 这导致 $A_i \subseteq A_j \subseteq A_k$, 与假设矛盾. 类似可得 $B_i \supseteq B_j$ 也不可能. 这样 $B_1, B_2, \cdots, B_m$ 是 102 元素集合 $X \cup \{x, y\}$ 的互不包含的子集, 由斯潘纳尔引理得 $m \leqslant C_{102}^{51}$.

如果用到爱尔迪希－塞凯赖什定理则有:

证法 2　考虑 $C = \{C_0, C_1, \cdots, C_{100})$, 其中 $C_0, C_1, \cdots, C_{100}$ 是 X 的子集, $|C_i| = i (0 \leqslant i \leqslant 100)$, 且 $C_0 \subset C_1 \subset \cdots \subset C_{100}$, 称这样的 C 为 X 的一条最大链. 对 X 的任意子集 A, 定义 $f(A) = C_{100}^{|A|}$. 用两种方式处理下面的和式

$$S = \sum_{C} \sum_{A_i \in C} f(A_i)$$

其中第一个求和遍历所有 X 的最大链 C, 第二个求和对属于 C 的 A_i 求和.

在每条最大链 C 中, 至多有 4 个 $A_i \in C$. 这是因为, 如果有 5 个 $A_i \in C$, 由于这 5 个集合互相有包含关系, 由爱尔迪希－塞凯赖什定理, 存在三项子列依次包含或者依次被包含, 与假设不符. 并且在同一条最大链上的 A_i, 至多有两个相同. 因此对每条最大链 C, 有

$$\sum_{A_i \in C} f(A_i) \leqslant 2C_{100}^{50} + 2C_{100}^{49} = C_{102}^{51}$$

给定一条最大链等价于给出 X 中所有元素的一个排列，故最大链条数等于 $100!$，于是 $S \leqslant 100!\ C_{102}^{51}$.

另外，通过交换求和符号，有

$$S = \sum_{i=1}^{m} \sum_{C:A_i \in C} f(A_i) = \sum_{i=1}^{m} f(A_i) n(A_i)$$

其中 $n(A_i)$ 表示包含 A_i 的最大链的条数. 包含 A_i 的最大链，其对应的 X 中排列，前 $|A_i|$ 个元素恰为 A_i，因此 $n(A_i) = |A_i|!\ (100 - |A_i|)!$，故 $f(A_i)n(A_i) = 100!$，从而 $S = 100!\ m$. 再结合 $S \leqslant 100!\ C_{102}^{51}$，即得 $m \leqslant C_{102}^{51}$.

如果用上霍尔定理和门格定理则可得到：

证法 3 我们将 X 的全体子集在包含关系下构成的偏序集 $P(X)$ 划分成 C_{100}^{50} 条互不相交的链，使得其中有 $C_{100}^{50} - C_{100}^{49}$ 条链仅由一个集合构成. 若可以做到上述划分，则由证法 2 中的讨论可知，每条链上至多有 4 个 A_i，但在仅有一个集合的链上至多有 2 个 A_i，从而 $m \leqslant 4C_{100}^{49} + 2(C_{100}^{50} - C_{100}^{49}) = C_{102}^{51}$. 设 $P_i(X) \subset P(X)$ 是 X 的所有 i 元集合构成的子集族. 构作简单图 G，其顶点集为 $P(X)$，对 $A \in P_i(X)$ 以及 $B \in P_{i+1}(X)$，A, B 之间用边相连当且仅当 $A \subset B$. G 限制在 $P_i(X) \cup P_{i+1}(X)$ 上是一个二部图，记为 G_i. 对于 $0 \leqslant i < 49$，我们说明 G_i 有一个覆盖 $P_i(X)$ 的匹配. 注意到对 $A \in P_i(X)$，$\deg_{G_i}(A) = 100 - i$，对 $B \in P_{i+1}(X)$，$\deg_{G_i}(B_i) = i + 1 < 100 - i$. 对任意 $V \subseteq P_i(X)$，V 在 G_i 中的邻点个数

$$|N_{G_i}(V)| \geqslant |V| \cdot \frac{100 - i}{i + 1} \geqslant |V|$$

由霍尔定理，在 G_i 中存在覆盖 $P_i(X)$ 的匹配. 对每个 $i = 0, 1, \cdots, 48$，取定 G_i 中覆盖 $P_i(X)$ 的匹配，将其余边删去. 类似地，对每个 $i = 51, 52, \cdots, 99$，在 G_i 中存在覆盖 $P_{i+1}(X)$ 的匹配，取定这样一个匹配，而将其余边删去.

考虑 G 限制在 $P_{49}(X) \cup P_{50}(X) \cup P_{51}(X)$ 得到的三部图 H，我们证明 H 中存在 C_{100}^{49} 条互不相交长度为 2 的链，每条链的三个顶点分别属于 $P_{49}(X)$，$P_{50}(X)$ 和 $P_{51}(X)$. 这需要用到门格定理：设 $G = (V,$

E) 是一个简单图,$U,W\subseteq V$ 是两个不相交的顶点子集.考虑 G 中一组从 U 出发到 W 结束的互不相交的路径,这样的一组路径最大个数记为 k.再考虑从 G 中删去若干个顶点(可以是 U 和 W 中顶点)使得剩下的图中不存在从 U 中顶点出发到 W 中顶点的路径,所需删去的最少顶点数记为 l,则有 $k=l$.

根据门格定理,只需说明从 H 中至少删去 C_{100}^{49} 个顶点才能使得没有从 $P_{49}(X)$ 中顶点到 $P_{51}(X)$ 中顶点的路径.H 中所有这样的长度为 2 的路径共有 $C_{100}^{49}\cdot 51\cdot 50$ 条.一个 $P_{50}(X)$ 中的顶点恰落在 $50\cdot 50$ 条这样的路径上,一个 $P_{49}(X)$ 或 $P_{51}(X)$ 中顶点恰落在 $51\cdot 50$ 条这样的路径上,因此删去一个 $P_{50}(X)$ 中的顶点恰好破坏 50^2 条路径,删去一个 $P_{49}(X)$ 或 $P_{51}(X)$ 中的顶点恰好破坏 $51\cdot 50$ 条路径,于是至少删去 C_{100}^{49} 个顶点才能破坏所有的路径.

将这 C_{100}^{49} 条路径连同之前得到的那些匹配中的边合在一起,便得到了我们所需的链划分.

1981 年 5 月,加拿大举行了第 13 届数学竞赛,其最后一道试题为:

试题 3 共有 11 个剧团参加会演,每天都排定其中某些剧团演出,其余的剧团则跻身于普通观众之列.在会演结束时,每个剧团除了自己的演出日外,至少观看过其他每个剧团的一次表演.问这样的会演至少要安排几天?

试题 3 可以很容易地用斯潘纳尔引理证明.

证法 1 令 $A=\{1,2,\cdots,n\}$,以 $A_i(i=1,2,\cdots,11)$ 表示第 i 个剧团做观众的时间集合,则 $A_i\subseteq A(i=1,2,\cdots,11)$.

由于每个剧团都全面观摩过其他剧团的演出,所以 $A_i,A_j(1\leqslant i,j\leqslant 11)$ 互不包含(第 i 个剧团观摩第 j 个剧团的那一天属于 A_i 而不属于 A_j),故

$$\{A_1,A_2,\cdots,A_{11}\}$$

为 S 族.由斯潘纳尔引理知,只需求

$$n_0=\min\{n\mid C_n^{[\frac{n}{2}]}\geqslant 11\}$$

由于 $f(n)=C_n^{[\frac{n}{2}]}$ 是增函数，故由 $C_5^2=10, C_6^3=20$ 知，$n_0=6$. 证毕.

证法 1 固然简洁明快，但它是以知道斯潘纳尔引理为前提的，不适合于普通中学生，下面给出另一种证法：

证法 2 设共有 m 天，集合 $M=\{1,2,\cdots,m\}$；有 n 个队，$A_i=\{$第 i 个队的演出日期$\}$. 显然 $A_i \subsetneqq M$. 我们将满足全面观摩要求称为具有性质 P.

定义 $f(n) \triangleq \min\{n \mid A_1, A_2, \cdots, A_n$ 具有性质 P$\}$，故我们只需证 $f(11)=6$.

为了便于叙述，先来证明两个简单的引理.

引理 2 以下三个结论是等价的：

(1) $A_1, A_2, \cdots, A_n$ 具有性质 P；

(2) 对任意的 $1 \leqslant i \neq j \leqslant n$, $A_i \overline{A}_j \neq \varnothing$；

(3) $\{A_1, A_2, \cdots, A_n\}$ 是 S 族.

证明 (1)⇒(2) 用反证法：假若存在 $1 \leqslant i \neq j \leqslant n$，使得 A_i，$\overline{A}_j=\varnothing$，则第 j 个队就无法观看第 i 个 队的演出，与(1) 矛盾.

(2)⇒(3) 假若 $\{A_1, A_2, \cdots, A_n\}$ 不是 S 族，则必定存在 $1 \leqslant i \neq j \leqslant n$，使得 $A_i \subsetneqq A_j$，则有 $A_i \overline{A}_j \subsetneqq A_j \overline{A}_j$. 而 $A_j \overline{A}_j=\varnothing$，故 $A_i \overline{A}_j=\varnothing$，与(2) 矛盾.

(3)⇒(1) 如果第 i 个队始终看不到第 j 个队的演出，意味着第 i 个队在演出时，第 j 个队也一定在演出，即 $A_i \subsetneqq A_j$，与(3) 矛盾.

引理 3 若 $\{A_1, A_2, \cdots, A_n\}$ 是具有性质 P 的，则 $\overline{A}_1, \overline{A}_2, \cdots, \overline{A}_n$ 也具有性质 P.

证明 注意到对任意 $1 \leqslant i \neq j \leqslant n$，有关系式

$$\overline{A}_i \overline{\overline{A}}_j=\overline{A}_i \overline{\overline{A}}_j A_j \overline{A}_i$$

故由引理 1 知结论为真.

下面我们来证明试题 2. 首先证明 $f(11) \leqslant 6$. 今构造一个安排如下

$$A_1=\{1,2\}, A_2=\{1,3\}, A_3=\{1,4\}, A_4=\{1,5\}$$

$$A_5=\{2,3\}, A_6=\{2,4\}, A_7=\{2,5\}$$

$$A_8=\{3,4\}, A_9=\{3,5\}$$

$$A_{10}=\{4,5\}$$

$$A_{11}=\{6\}$$

显然这个安排满足引理 2 中的(3),由引理 2 知它满足全面观摩的要求,故 $f(1)\leqslant 6$.

接着证 $f(11)>5$,即对 $M_1=\{1,2,3,4,5\}$ 无法构造出 A_1,A_2,…,A_{11} 使之具有性质 P. 为此我们还需要证明几个引理,对于 M_1 我们有如下的引理:

引理 4 $|A_i|\neq 1(1\leqslant i\leqslant 11)$.

证明 用反证法:假设存在某个 $i(1\leqslant i\leqslant 11)$,使 $|A_i|=1$;不失一般性可设 $|A_1|=1$,$A_1=\{1\}$. 则由引理 2 中(3) 可知 $\{1\}\not\subseteq A_j(2\leqslant j\leqslant 11)$,即它们也具有性质 P. 下面证 $|A_j|\neq 1,2,3(2\leqslant j\leqslant 11)$.

(1) 若存在某个 $2\leqslant i\leqslant 11$,使得 $|A_i|=1$,则不妨设 $|A_2|=1$,且 $A_2=\{2\}$. 由引理 2 可得

$$\{2\}\not\subseteq A_j\quad(3\leqslant j\leqslant 11)$$

于是 $A_j\subsetneqq M_2-A_2=\{3,4,5\}$(记为 M_3)$(3\leqslant j\leqslant 11)$. M_3 的所有真子集共 $2^3-2=6$(个),但 A_3,A_4,…,A_{11} 共有 9 个,故由抽屉原理知至少有两个相同,与引理 2 矛盾.

(2) 假设存在某个 $2\leqslant i\leqslant 11$,使得 $|A_i|=3$,不失一般性可假设 $|A_2|=3$,且 $A_2=\{2,3,4\}$,那么$A_j\subseteq M_2-A_2(3\leqslant j\leqslant 11)$. 而 M_2-A_2 的真子集共有

$$(2^4-2)-(2^3-1)=7(\text{个})$$

由抽屉原理知在 A_2,…,A_{11} 中一定有两个相同,与引理 1 矛盾.

(3) 由(1)(2) 可知,对所有的 $2\leqslant i\leqslant 11$,都有 $|A_i|=2$,而 M_2 的所有二元子集总共只有 $C_4^2=6$(个),由抽屉原理知必有两个 A_i 和 A_j $(2\leqslant i\neq j\leqslant 11)$ 相同,与引理 2 矛盾.

综合(1)(2)(3) 可知引理 4 成立. 证毕.

引理 5 $|A_i|\neq 4(1\leqslant i\leqslant 11)$.

证明 由引理 3 知,若 A_1,A_2,…,A_{11} 具有性质 P,则 $\overline{A}_1$,$\overline{A}_2$,…,$\overline{A}_{11}$ 也具有性质 P,故由引理 3 知

$$|\overline{A}_i|\neq 1\quad(1\leqslant i\leqslant 11)$$

注意到

$$|A_i|=|A_i\cup\overline{A}_i|-|\overline{A}_i|=5-|\overline{A}_i|$$

故 $|A_i|\neq 4$.

引理 6 我们记 $M^{(i)}$ 表示 M 的所有 i 元子集,且

$$\alpha=|\{A_i \mid |A_i|=2,1\leqslant i\leqslant 11\}|=|M^{(2)}|$$

$$\beta=|\{A_i \mid |A_i|=3,1\leqslant i\leqslant 11\}|=|M^{(3)}|$$

则 $\beta\geqslant 6$.

证明 用反证法:假设 $\beta\leqslant 5$.

(1) 先证 $\beta\neq 1$,$|M^{(2)}|=C_5^2=10$,故 $\beta=1$ 时,$\alpha=11-\beta=10$,可以取到,但此时这个唯一的三元集 A_j,一定存在某个 $A_p\in\{A_i \mid |A_i|=2,1\leqslant i\leqslant 11\}$,使$A_p\subsetneqq A_j$,与引理 1 矛盾.所以 $\beta\neq 1$.

(2) 若 $\beta=2$,设 $|A_1|=|A_2|=3$,且 $A_1=\{1,2,3\}$,考虑 $A_1\cap A_2$,$|A_1\cap A_2|=1$ 或 2.

① 若 $|A_1\cap A_2|=1$,则可设 $A_2=\{3,4,5\}$,于是

$$|A_1^{(2)}|+|A_2^{(2)}|=C_3^2+C_3^2=6$$

故 $\alpha\leqslant|\{A_i \mid |A_i|=2,A_i\not\subseteq A_1$ 且 $A_i\subseteq A_2\}|=4$,$\alpha+\beta\leqslant 4+2=6$,与 $\alpha+\beta=11$ 矛盾.

② 若 $|A_1\cap A_2|=2$,则可设 $A_2=\{2,3,4\}$,于是 $|\{B_j \mid |B_j|=2,B_j\subseteq A_1$ 或 $B_j\subseteq A_2\}|=C_3^2+C_3^2-1=5$.由引理 1.1 知 $\alpha\leqslant 10-5=5$,故 $\alpha+\beta\leqslant 5+2=7$,与 $\alpha+\beta=11$ 矛盾.

综合(1)(2) 可知 $\beta\neq 2$.

(3) 若 $\beta=3$,则不妨设 $|A_1|=|A_2|=|A_3|=3$,且 $A_1=\{1,2,3\}$,仍考虑 $A_1\cap A_2$,$|A_1\cap A_2|=1$ 或 2.

① 若 $|A_1\cap A_2|=1$,则可设

$$A_2=\{3,4,5\}$$

$$|A_1^{(2)}\cup A_2^{(2)}|=|A_1^{(2)}|+|A_2^{(2)}|=3+3=6$$

考察 $A_3^{(2)}$.

如果 $A_3^{(2)}\subsetneqq A_1^{(2)}\cup A_2^{(2)}$,则因 $|A_3^{(2)}|=3$,故由抽屉原则可知,存在两个 $Y_1,Y_2\in A_3^{(2)}$,使得 $Y_1,Y_2\in A_1^{(2)}$ 或 $Y_1,Y_2\in A_2^{(2)}$,即 $|A_3^{(2)}\cap A_j^{(2)}|=2(j=1$ 或 $2)$,但这可导致 $A_1=A_j(j=1$ 或 $2)$,矛盾.

② 若 $|A_1\cap A_2|=2$ 也会产生类似矛盾.

由 ①② 可知,$A_3^{(2)}\not\subseteq A_1^{(2)}\cup A_2^{(2)}$,故

$$\begin{aligned}\left|\bigcup_{i=1}^{3}A_i^{(2)}\right| &\geqslant\left|\bigcup_{i=1}^{2}A_i^{(2)}\right|+1\\ &=|A_1^{(2)}|+|A_2^{(2)}|-|A_1^{(2)}\cap A_2^{(2)}|+1\\ &=\begin{cases}7 & |A_1\cap A_2|=1\text{ 时}\\ 6 & |A_1\cap A_2|=2\text{ 时}\end{cases}\end{aligned}$$

由引理 2 的(3) 可知

$$\alpha \leqslant |M_1^{(2)}| - |\bigcup_{i=1}^{3} A_i^{(2)}| \leqslant 10 - 6 = 4$$

因此 $\beta \geqslant 11 - 4 = 7$,这与假设的 $\beta \leqslant 5$ 矛盾,故引理 6 成立.

引理 7 $\alpha \geqslant 6$.

证明 若 $A_1, A_2, \cdots, A_{11}$ 具有性质 P,由引理 3 知 $\overline{A}_1, \overline{A}_2, \cdots, \overline{A}_{11}$ 也具有性质 P. 记

$$\alpha' = |\{\overline{A}_i \mid |\overline{A}_i| = 2, 1 \leqslant i \leqslant 11\}|$$

$$\beta' = |\{\overline{A}_i \mid |\overline{A}_i| = 3, 1 \leqslant i \leqslant 11\}|$$

由于 $|M_1| = 5$,则 $|\overline{A}_i| = 2 \Rightarrow |A_i| = 3$, $|\overline{A}_i| = 3 \Rightarrow |A_i| = 2$, 故 $\beta' = \alpha$, $\alpha' = \beta$.

由引理 6 知,$\beta' \geqslant 6$,故 $\alpha = \beta' \geqslant 6$,证毕.

由引理 6、引理 7 可知 $\alpha + \beta \geqslant 6 + 6 = 12$,与 $\alpha + \beta = 11$ 矛盾. 故对 $M_1 = \{1,2,3,4,5\}$ 不能构造出 $A_1, A_2, \cdots, A_{11}$ 具有性质 P,即 $f(11) > 5$. 再由开始所证 $f(11) \leqslant 6$ 可知 $f(11) = 6$.

证法 2 使用了最少的预备知识,只用到集合的运算,条分缕析,自然流畅,但过程冗长,所以我们希望得到一个精炼却不失于“初等”的解答. 经过对证法 2 的分析,我们可以看到 $f(11) \leqslant 6$ 这步已无法压缩,对 $f(11) > 5$ 却可以通过引入某种特殊的结构加以简化.

定义 1 如果 $X = \{1,2,\cdots,n\}$ 的子集族 $F = \{A_1, A_2, \cdots, A_m\}$ 中的元素满足 $A_1 \subseteq A_2 \subseteq \cdots \subseteq A_m$,并且满足以下两个关系式:

(1) $|A_{i+1}| = |A_i| + 1 (i = 1,2,\cdots,m-1)$;

(2) $|A_1| + |A_m| = n$.

则称链 F 为对称链.

对称链有如下性质:

性质 1 若 $|A_1| = 1$,则 X 中对称链的总条数为 $n!$.

证明 设 $A_1 \subseteq A_2 \subseteq \cdots \subseteq A_m$ 是一条对称链. 若 $|A_1| = 1$,则由定义 1 中(1)(2) 可知

$$|A_2| = 2, |A_3| = 3, \cdots, |A_m| = n - 1$$

若 A_1 选 $\{i\}(1 \leqslant i \leqslant n)$,可有 n 种选法,注意到 $A_2 \supseteq A_1$,则 A_2 为 $\{i,j\}$ 型,$i \neq j$,j 有 $n-1$ 种选法,依此类推,这种链的条数为

$$n \cdot (n-1) \cdot (n-2) \cdot \cdots \cdot 2 \cdot 1 = n!$$

性质 2　若 $A_1 \subseteq A_2 \subseteq \cdots \subseteq A_m$ 是 X 中的一条对称链，那么 $\overline{A}_1 \supseteq \overline{A}_2 \supseteq \cdots \supseteq \overline{A}_m$ 也是 X 中的一条对称链.

证明　由 $A_1 \subseteq A_2 \subseteq \cdots \subseteq A_m$ 是 X 中的一条链，可知 $\overline{A}_m \subseteq \overline{A}_{m-1} \subseteq \cdots \subseteq \overline{A}_2 \subseteq \overline{A}_1$ 也是 X 中的一条链. 另外

$$|\overline{A}_i| = |X - A_i| = |X| - |A_i|$$

$$|\overline{A}_{i+1}| = |X - A_{i+1}| = |X| - |A_{i+1}|$$

$$= |X| - |A_i| - 1$$

所以

$$|\overline{A}_i| = |\overline{A}_{i+1}| + 1$$

且

$$|\overline{A}_1| + |\overline{A}_m| = |X - A_1| + |X - A_m|$$

$$= 2|X| - (|A_1| + |A_m|)$$

$$= 2n - n = n$$

故由定义 1 知，$\overline{A}_m \subseteq \overline{A}_{m-1} \subseteq \cdots \subseteq \overline{A}_2 \subseteq \overline{A}_1$ 也是 X 中的一条对称链.

性质 3　$|A_1| = 1$ 和 $|A_{n-1}| = n-1$ 包含在 $(n-1)!$ 条对称链中.

证明　因为 $|A_1| = 1$，不妨设 $A_1 = \{1\}$，则以 A_1 开始（即 $A_1 \subseteq \cdots \subseteq A_m$ 型）的每条链都包含 1，故 $H = \{A_2 - \{1\}, A_3 - \{1\}, \cdots, A_{n-1} - \{1\}\}$ 是一条长为 $n-2$ 的对称链. 由性质 1 知 H 的种数为 $(n-1)!$.

同理可证，满足 $|A_{n-1}| = n-1$ 的对称链有 $(n-1)!$ 种. 证毕.

用以上性质 1 及性质 3 我们可有如下证法：

证法 3　$f(11) \leqslant 6$ 的证法同证法 2. 以下证明 $f(11) > 5$. 因为每个剧团标号是一个子集 $A \subseteq \{1,2,3,4,5\}$，并且显然 $1 \leqslant |A| \leqslant 4$. 定义一条对称链 $A_1 \subseteq A_2 \subseteq A_3 \subseteq A_4$，其中 $|A_i| = i (1 \leqslant i \leqslant 4)$. 由性质 1 可知这种链的总条数为 120. 由性质 3 知每个满足 $|A_i| = 1$ 或 4 的子集出现在 $(5-1)! = 24$（条）链中，而每个满足 $|A_i| = 2, 3$ 的子集出现在 $2 \times 3 \times 2 = 12$（条）链中（例如 A_2 含有两数，则 A_1 含有这两数之一，A_3 含有其余三数之一，A_4 含有其余两数之一）. 由于共有 11 个剧团，每个剧团的标号在 120 条链中出现 24 次或 12 次，所以 11 个标号总共至少出现 $11 \times 12 = 132$（次）. 根据抽屉原理，至少有两个标号（记为 A 和 B）出现在同一条链中，但这与 A, B 属于斯潘纳尔族矛盾.

利用对称链的方法我们还可以给出斯潘纳尔引理的一个新证明.

定义 2 如果 $F_1,F_2,\cdots,F_n$ 是 $X=\{1,2,\cdots,n\}$ 的 m 条对称链，且对每个 $A\subseteq X$：

(1) 存在一个 $i(1\leqslant i\leqslant m)$，使得 $A\in F_i$；

(2) 不存在 $i,j(1\leqslant i\neq j\leqslant m)$，使得 $A\in F_i\cap F_j$.

则称 $F_1,F_2,\cdots,F_m$ 为 m 条互不相交的对称链.

对不相交对称链的条数，我们有如下定理：

定理 1 设 $F_i(i=1,2,\cdots,m)$ 为 $X=\{1,2,\cdots,n\}$ 的对称链，$F=\{F_1,F_2,\cdots,F_m\}$，则 $|F|=C_n^{[\frac{n}{2}]}$.

证明 对 n 用数学归纳法：

(1) 当 $n=1$ 时，结论显然成立.

(2) 假设当 $n=k$ 时结论成立，即 $\{1,2,\cdots,n-1\}$ 的全体子集可以分拆为 $C_n^{[\frac{n}{2}]}$ 条互不相交的对称链.

(3) 设 $F_j=\{A_1,A_2,\cdots,A_t\}$ 为其中任一条

$$A_1\subseteq A_2\subseteq\cdots\subseteq A_t \tag{3}$$

考察链

$$A_1\subseteq A_2\subseteq\cdots\subseteq A_t\subseteq A_t\cup\{n\} \tag{4}$$

与

$$A_1\cup\{n\}\subseteq A_2\cup\{n\}\subseteq\cdots\subseteq A_{t-1}\cup\{n\} \tag{5}$$

显然链(4)(5) 都是 X 的对称链，设 $A\subseteq X$，则有以下两种情况：

① 若 $n\notin A$，那么 n 必恰在一条形如式(3) 的链中，从而也必在一条形如式(4) 的链中，但它一定不在形如(5) 的链中.

② 若 $n\in A$，那么 $A-\{n\}$ 必恰在一条形如式(3) 的链中；在 $A-\{n\}=A_t$ 时，它恰在一条形如(4) 的链中；在 $A-\{n\}\neq A_t$ 时，它恰在一条形如(5) 的链中.

于是 X 的全部子集被分拆成若干条互不相交的对称链，显然每个对称链都含有一个 $[\frac{n}{2}]$ 元子集，所以所有不相交对称链的条数为 $C_n^{[\frac{n}{2}]}$.

我们从每条链中至多只能选出一个集合组成 S 链，故 S 链中元素个数最多为 $C_n^{[\frac{n}{2}]}$，即给出了斯潘纳尔引理的又一证明.

其实当链不是对称链时，链的条数不一定恰好等于 S 族的元素个

数的最大值.一般地,有如下定理:

Dilworth 定理 集族 $A=\{A_1,A_2,\cdots,A_p\}$,$F=\{F_1,F_2,\cdots,F_q\}$ 是 A 中的 q 条不相交链,若 $A=\bigcup_{i=1}^{q}F_i$,则 $\min|F|=\max|\{A_i\mid A_i\in S\}|$.

即当集族 A 被分拆为不相交链时,所需用的最少条数为 A 中元素个数最多的 S 族的元素个数.

在 1977 年苏联大学生数学竞赛试题中也出现过斯潘纳尔引理的特例:

试题 4 由 10 名大学生按照下列条件组织运动队:

(1) 每个人可以同时报名参加几个运动队;

(2) 任一运动队不能完全包含在另一个队中或者与其他队重合(但允许部分地重合).

在这两个条件下,最多可以组织多少个队?各队包含多少人?

解 设 $M\triangleq$ {满足条件 (1)(2),且所含队数最多的运动队的集合},则

$$M_i\in M,\ |M_i|=i$$
$$r=\min\{i\mid M_i\neq\varnothing\}$$
$$s=\max\{i\mid M_i\neq\varnothing\}$$

(1) 如果 $s>5$,设 $N\triangleq\{M_s$ | 去掉一名运动员所得到的一切可能的运动队$\}$,则 $|N|=s-1$,故对任意的 $A\in M_s$,都存在 $B_j\in N(1\leqslant j\leqslant s)$,使得 $B_j\subsetneqq A(1\leqslant j\leqslant s)$($B_j$ 是由 A 去掉 s 个人之中一个所得到的);而对每个 $B\in N$,则存在不多于 $11-s$ 个

$$A_j(1\leqslant j\leqslant 11-s)$$

使 $B\subsetneqq A_j$(加上至多 $10-(s-1)=11-s$(个) 不在 N 中的运动队中的人之一得到的运动队有可能不在 M_s 中),因此 $(11-s)|N|\geqslant s|M_s|$,故

$$|N|\geqslant\frac{s}{11-s}|M_s|\geqslant\frac{6}{5}|M_s|>|M_s|$$

$$\sum_{j=r}^{s-1} |M_j| + |N| > \sum_{j=r}^{s-1} |M_j| + |M_s|$$
$$= \sum_{j=r}^{s} |M_j| = |M|$$

下面我们证明$M_j(r\leqslant j\leqslant s-1)$,$N$都满足条件(1)(2).满足条件(1)是显然的;再看条件(2),若存在$X\in M_i$,且$X\in N$,由N的定义知,存在一个$Y\in M_s$,使得$X\subsetneqq Y$,与M的定义矛盾.又注意到,对任意$P\in N,Q\in M_i$都有$|P|\geqslant|Q|$,故不能有$P\subsetneqq Q$,而这与M的最大性假设矛盾,故$s\leqslant 5$.

(2) 同理可证$r\geqslant 5$,从而$r=s=5$,即运动队全由5个人组成,由5个人组成的运动队有C_{10}^5个,显然满足条件(1)(2),故最多有$C_{10}^5=252$(个)队,每队含5人.

用这种方法我们还可以给出斯潘纳尔引理的另一种证法.先证一个引理.

引理 8 设$X=\{1,2,\cdots,n\}$,$A=\{A_i \mid |A_i|=k,A_i\subseteq X\}$,$B=\{B_i \mid |B_i|=k+1,B_i\subseteq X\}$,且满足:

(1) 对于每个$B_i\in B$,一定有某个$A_j\in A$,使得$B_i\supseteq A_j$;

(2) 对于每个$A_i\in A$,对所有$B_l\supseteq A_i$,有$B_l\in B$,则

$$|B|\geqslant\frac{n-k}{k+1}|A|$$

证明 由条件(2)可知

$$m_i=|\{B_l \mid B_l\supseteq A_i,B_l\in B,A_i\in A\}|=n-k$$
$$\sum_{i=1}^{|A|}m_i=\sum_{i=1}^{|A|}(n-k)=|A|(n-k)$$

反过来,对每个$B_j\supseteq B$,$\max|\{A_i \mid A_i\supseteq B_j\}|$,故

$$(k+1)|B|\geqslant(n-k)|A|$$

即

$$|B|\geqslant\frac{n-k}{k+1}|A|$$

利用引理8我们有斯潘纳尔引理的如下证法:

证明 记K_0为n阶集合X的S类子集族中阶数最高的,并记$n=2m$(对$n=2m+1$的情形我们可类似证明).设$F=\{A_i \mid A_i\subseteq X,|A_i|=m\}$,我们将证明$K_0=F$.

(1) 先证$K_0\subsetneqq F$.

用反证法：设 K_0 中有 $r \geqslant 1$ 个元素 $A_1, A_2, \cdots, A_r$ 是 A 的 $k \geqslant m+1$ 阶子集，记

$$K_3 = \{B_i \mid |B_i| = k-1, B_i \subseteq A_j, 1 \leqslant j \leqslant r\}$$

即 K_3 也是 X 的子集族，$|K_3| = s$. 由于每个 k 阶集合皆含 k 个不同 $k-1$ 阶子集，所以 $B_1, B_2, \cdots, B_s$ 连同重复出现的次数共 kr 个，但每个 $k-1$ 阶子集可包含于 A 的 $n-(k-1)$ 个不同的 k 阶子集中，故从整体来看，$B_1, B_2, \cdots, B_s$ 连同重复出现的次数不会超过 $s(n-k+1)$ 个，因此有

$$kr \leqslant s(n-k+1) \tag{6}$$

由于

$$k \geqslant m+1 = \frac{n+2}{2} > \frac{n+1}{2}$$

故由式(6)知

$$s \geqslant \frac{k}{n-k+1} r > r$$

用 $B_1, B_2, \cdots, B_s$ 取代 K_0 中的 $A_1, A_2, \cdots, A_r$ 得一新子集族 K_1，易见 K_1 仍为 S 类. 但由 $s > r$，知 $|K_1| > |K_0|$，此与 K_0 的最大性矛盾.

(2) 再证 $K_0 \supsetneqq F$.

设 K_0 中含有 $r_1 \geqslant 1$ 个 $k \leqslant m-1$ 阶的 A 的子集 $A'_1, A'_2, \cdots, A'_{r_1}$，记 $K'_1 = \{A'_1, A'_2, \cdots, A'_{r_1}\}$.

按引理 8 中的方式构造相应的

$$K'_2 = \{B'_1, B'_2, \cdots, B'_{s_1}\}$$

并以 $B'_1, B'_2, \cdots, B'_{s_1}$ 取代 K_0 中的 $A'_1, A'_2, \cdots, A'_{r_1}$ 得到一新子集族 K_2. 当然 K_2 也是一个 S 族，由引理8及 $k \leqslant m-1 = \frac{n-2}{2} < \frac{n-1}{2}$，知 $s_1 \geqslant \frac{n-k}{k+1} r_1 > r_1$，又得出 $|K_2| > |K_0|$，所以 K_0 中的元素都应为 A 的不低于 m 阶的子集，即 $K_0 \supsetneqq F$.

综合(1)(2)可知 $K_0 = F$，且

$$|F| = C_n^m = C_n^{[\frac{n}{2}]}$$

对 $n = 2m+1$ 的情形，可同理证明.

布尔矩阵和图论证法

美籍朝鲜学者金基恒 1982 年出版了第一部有关布尔矩阵理论和

应用方面的专著 *Boolean Matrix Theory and Applications*，其中令人信服地用布尔矩阵证明了其他分支的大量问题，其中我们也发现了斯潘纳尔引理的证明. 下面我们就介绍这一堪称精品的证明.

斯潘纳尔引理 从 V_n 中取出一个向量集合，使得这个集合中没有任何一个向量小于另外某一个向量，这种向量集合最大的就是 $C_n^{[\frac{n}{2}]}$.

证法1 定义 $S_{w(k)} \triangleq U_m$ 中权为 k 的向量集合，构造一个函数 g：$S_{w(k)} \to S_{w(k-1)}$，$a_i \triangleq \boldsymbol{v}$ 中第 i 个分量以前的 0 的个数，$p \triangleq \min\{\sum_{i=1}^{k} a_i \pmod k\}$. 令 $g(\boldsymbol{v})$ 是把 $\boldsymbol{v}$ 中的第 p 个 1 改为 0 而得到的向量，假定 $g(\boldsymbol{v}) = g(\boldsymbol{v}')$，除了在一个位置上的 0 被 1 替换了以外，$\boldsymbol{v}$ 和 $\boldsymbol{v}'$ 中的每一个都与 $g(\boldsymbol{v})$ 相同.

假定这种替换在 $\boldsymbol{v}$ 中发生在 x 位置上，在 $\boldsymbol{v}'$ 中发生在 y 位置上，这样位置 y 一定是 $\boldsymbol{v}'$ 中第 p' 个 1 的位置.

记 $a_i(\boldsymbol{v}) \triangleq$ 向量 $\boldsymbol{v}$ 中的第 i 个分量. 不妨设 $y > x$，则 $a_i(\boldsymbol{v}) = a_i(\boldsymbol{v}')$，除非 $p \leqslant i \leqslant p'$，$1 + a_i(\boldsymbol{v}) = a_{i-1}(\boldsymbol{v})$. 对 $p \leqslant i \leqslant p'$，有 $a_p(\boldsymbol{v}) = x - p$ 及 $a'_p(\boldsymbol{v}') = y - p'$.

将这些方程相加得

$$\sum_{i=1}^{k} a_i(\boldsymbol{v}) + (p' - p) - (x - p) + (y - p') = \sum_{i=1}^{k} a_i(\boldsymbol{v}')$$

$$\sum_{i=1}^{k} a_i(\boldsymbol{v}) + y - x = \sum_{i=1}^{k} a_i(\boldsymbol{v}')$$

$$x - p \equiv y - p' \pmod k$$

由于位置 x 是 $\boldsymbol{v}$ 中第 p 个 1 的位置，$x - p$ 是 $\boldsymbol{v}$ 中这个位置之前 0 的个数. 一个向量中第 p 个 1 以前的 0 的个数与另外向量中第 p' 个 1 以前的 0 的个数同余，这两个数的差 z 比每一个向量中位置 p 和位置 p' 之间的 0 的个数多，因而 $z \equiv 0 \pmod k$，$1 \leqslant z \leqslant n - k$，这是因为总共只有 $n - k$ 个 0，对于 $n - k < k$，这是一个矛盾，因此 g 是一一对应的.

现令 C 为向量的规模最大的一个反链，将 g 作用于 C 中权数最高的向量，只要这个权数 $k > n - k$，我们就可以得到一个新的反链，这个反链的元素个数与原来的反链相同. 重复这种“操作”，我们就可以保

证在反链中的一个向量的最高权数不超过$\left[\frac{n}{2}\right]$. 对权数量低的那些向量应用一个与g对偶的函数,我们就能保证不会出现权数小于$\left[\frac{n}{2}\right]$的向量,因此 $\max|C|=C_n^{\left[\frac{n}{2}\right]}$.

近些年来随着图论的迅速发展,对许多已经给出证明的数学定理,图论专家们往往还要别出心裁地用图论的方法再给出一个证明来. 著名图论专家博洛巴斯在其1985年出版的名著《随机图》中用图论方法给出了斯潘纳尔引理的一个十分简单且巧妙的证明.

证法 2 设A是一个正则二部图,并且V_1,V_2是两顶点集,$|V_1|\leqslant|V_2|$,从V_1到V_2存在一个匹配,因此当$k<\frac{n}{2}$和$l<\frac{n}{2}$时有一个单射

$$f:Z^{(k)}\rightarrow Z^{(k+1)}$$
$$g:Z^{(l)}\rightarrow Z^{(l+1)}$$

满足$A\subseteq f(A)$和$g(B)\subseteq B$,对于$A\in Z^{(k)}$和$B\in Z^{(l)}$,这里$Z^{(j)}$表示Z的j元子集,因此Z的所有子集能够覆盖$C_n^{\left[\frac{n}{2}\right]}$条链. 由于定义每条链包含多于一个$S$族的子集,故斯潘纳尔引理正确. 证毕.

沿着斯潘纳尔引理再发展下去就是所谓的迪尔沃思定理和极集理论①.

一个偏序集(简记为 poset)就是一个集合S连同S上的一个二元关系$\leqslant$(有时用$\subseteq$),使其满足:

(1) 对一切$a\in S$有$a\leqslant a$(反射性);

(2) 若$a\leqslant b$,$b\leqslant c$,则$a\leqslant c$(传递性);

(3) 若$a\leqslant b$且$b\leqslant a$,则$a=b$(反对称性).

如果对S中任意两个元素a和b,或者$a\leqslant b$或者$b\leqslant a$,则这个偏序称为全序或线性序. 如果$a\leqslant b$且$a\neq b$,那么记为$a<b$. 例如,整数集及整数间的通常的大小关系就构成一个偏序集;一个集的子集及集合的包含关系也构成一个偏序集. 如果集合S的一个子集是全序的,

① 选自 J. H. Vanliut(荷兰),R. M. Wilson(美国).《组合数学教程》(第2版). 刘振宏,刘振江译. 机械工业出版社.

那么这个子集就称为是一条链.若一个集合中的元素是两两不可比较的,则这个集合称为反链.

下述定理归功于R.迪尔沃思(1950),下述的证明是H.特维伯格(1967)给出的.

定理 2　令P是一个有限偏序集,P中元素划分为不相交链的最小个数m等于P的一个反链所含元素的最大个数M.

证明　(1) 显然有$m \geqslant M$.

(2) 对$|P|$使用归纳法.若$|P|=0$,显然定理为真.令C是P的一条极大链.若$P\backslash C$中每一个反链包含最多$M-1$个元素,则定理成立.因此,假设$\{a_1,a_2,\cdots,a_M\}$是$P\backslash C$中的一个反链.我们定义$S^- \triangleq \{x \in P \mid \exists_i[x \leqslant a_i]\}$,类似地定义$S^+$.因为$C$是极大链,所以$C$中的最大元不在$S^-$里,故按归纳假设,对$S^-$定理成立.因此$S^-$是$M$个不交的链$S_1^-$,$S_2^-$,$\cdots$,$S_M^-$的并,其中$a_i \in S_i^-$.假设$x \in S_i^-$且$x > a_i$.因为存在$j$,使$x \leqslant a_j$,从而有$a_i < a_j$,这与$\{a_1,a_2,\cdots,a_M\}$是反链矛盾.这样就证明了$a_i$是$S_i^-$的极大元,其中$i=1,2,\cdots,M$[①].我们可同样地对$S^+$进行讨论.与链联系起来,这个定理就得到了证明.

米尔斯基(1971)给出了迪尔沃思定理的对偶.

定理 3　令P是一个偏序集.如果P不具有$m+1$个元素的链,则P是m个反链的并.

证明　对$m=1$,定理显然成立.令$m \geqslant 2$且假定对$m-1$定理为真.令P是一个偏序集且没有$m+1$个元素的链.令M是P的极大元集合,则M是一个反链.假设$x_1 < x_2 < \cdots < x_m$是$P\backslash M$中的一条链,那么它也是P的极大链,因此$x_m \in M$,故得矛盾.所以$P\backslash M$没有m个元素的链.故按归纳假设,$P\backslash M$是$m-1$个反链的并.定理得证.

下述的著名定理归功于斯潘纳尔(1928),它与上述定理有相似的性质,这个定理的下述证明是卢贝尔(1966)给出的.

定理 4　如果$A_1,A_2,\cdots,A_m$是$N \triangleq \{1,2,\cdots,n\}$的一些子集,且满足对任意$i \neq j$,$A_i$不是$A_j$的子集,那么$m \leqslant \binom{n}{[n/2]}$.

① 这里原文为m,与上下文不合.——译者注

证明 考虑由 N 的子集构成的偏序集. $\mathscr{A} \triangleq \{A_1, A_2, \cdots, A_m\}$ 是这个偏序集的一个反链.

这个偏序集的一个极大链 $\mathscr{C}$ 由元素个数为 i 的子集组成,其中 $i=0,1,\cdots,n$,它可按下述方法得到:开始的一个是空集,然后是包含一个单一元素的子集(有 n 种选取),接下来是包含前面子集的2— 子集(有 $n-1$ 种选取),再接下来是包含前面子集的 3-子集(有 $n-2$ 种选取),如此等等.因此有 $n!$ 个极大链.类似地,给定 N 的一个 k- 子集 A,恰有 $k!\ (n-k)!$ 个极大链包含 A.

现在计算有序对 $(A,\mathscr{C})$ 的个数,其中 $A \in \mathscr{A}$,$\mathscr{C}$ 是极大链,而 $A \in \mathscr{C}$.因为每一个极大链 $\mathscr{C}$ 最多包含一个反链中的一个成员,因此有序对的个数最多为 $n!$ 个.若令 $A \in \mathscr{A}$ 且 $|A|=k$ 的子集的个数为 α_k,那么有序对的个数为 $\sum_{k=0}^{n} \alpha_k k!\ (n-k)!$.因此

$$\sum_{k=0}^{n} \alpha_k k!\ (n-k)! \leqslant n!$$

或等价于

$$\sum_{k=0}^{n} \frac{\alpha_k}{\binom{n}{k}} \leqslant 1$$

因为 $k=[n/2]$ 时,$\binom{n}{k}$ 达到最大,以及 $\sum \alpha_k = m$,由此可得到定理的结论.

如果我们取 N 的所有$[n/2]$— 子集作为反链,则定理 4 中的等式成立.

现在我们讨论由 n— 集 N 的所有子集(2^n 个)在集合包含关系下组成的偏序集 B_n. N 的 i— 子集的集合用 $\mathscr{A}_i$ 表示. B_n 的一条对称链定义为顶点的一个序列 $P_k, P_{k+1}, \cdots, P_{n-k}$,使得对 $i=k, k+1, \cdots, n-k-1$ 有 $P_i \in \mathscr{A}_i$ 和 $P_i \subseteq P_{i+1}$.现在我们叙述由德布勒蕴,Van Ebbenhorst Tengbergen 和 Kruyswijk(1949) 给出的把 B_n 分裂为(不相交)对称链的算法.

算法 从 B_1 开始,归纳地进行.如果 B_n 已被分裂为对称链,那么对每一个这样的对称链 $P_k, \cdots, P_{n-k}$,定义 B_{n+1} 中的两个对称链,即 $P_{k+1}, \cdots, P_{n-k}$ 和 P_k, $P_k \cup \{n+1\}, P_{k+1} \cup \{n+1\}, \cdots, P_{n-k} \cup$

$\{n+1\}$.

容易看出，这个算法确实把 B_n 分裂为对称链，进而还提供了 B_n 的 k- 子集和 $(n-k)$— 子集之间的一个自然的匹配.

问题 A　令 $a_1, a_2, \cdots, a_{n^2+1}$ 是整数 $1, 2, \cdots, n^2+1$ 的一个置换. 证明由迪尔沃思定理可推出，这个序列中有一个长为 $n+1$ 的单调子序列.

下述是问题 A 的一个优美的直接证明. 假设不存在 $n+1$ 项的递增子序列. 令 b_i 是自 a_i 项开始的最长递增子序列的长度. 那么按抽屉原理，在这些 b_i— 序列里至少有 $n+1$ 个有相同的长度. 因为 $i<j$ 且 $b_i=b_j$，则必有 $a_i>a_j$，因此我们就得到长为 $n+1$ 的递减子序列.

定理 3 是通常称之为极集理论领域里的一个相当容易的例子，而极集理论中的问题通常是十分困难的. 下面我们再给出一个例子作为简单练习.

问题 B　令 $A_i(1 \leqslant i \leqslant k)$ 是集合 $\{1, 2, \cdots, n\}$ 的 k 个不同的子集. 假设对所有的 i 和 j 有 $A_i \cap A_j \neq \varnothing$，证明 $k \leqslant 2^{n-1}$，并给出使等式成立的一个例子.

我们再介绍一个典型的方法，该方法在证明斯潘纳尔定理时使用过. 证明爱尔迪希 － 柯召 － 拉多定理(1961).

定理 5　令 $A=\{A_1, \cdots, A_m\}$ 是集合 $\{1, 2, \cdots, n\}$ 的 m 个不同 $k-$ 子集的集合，使得任何两个子集有非空的交，其中 $k \leqslant n/2$. 证明 $m \leqslant \binom{n-1}{k-1}$.

证明　将 1 到 n 这 n 个整数由小到大排成一个圆圈，令 F_i 表示集合 $\{i, i+1, \cdots, i+k-1\}$，其中这些整数取模 n. 记 $F \triangleq \{F_1, F_2, \cdots, F_n\}$ 为圈上所有 k 个相继元素集合的总体. 由于如果某个 F_i 等于某个 A_j，那么集合 $\{l, l+1, \cdots, l+k-1\}$ 和 $\{l-k, \cdots, l-1\}(i<l<i+k)$ 中最多有一个在 A 中，所以 $|A \cap F| \leqslant k$. 对 $\{1, 2, \cdots, n\}$ 应用一个置换 π，则由 F 得到 F^π，那么对 F^π 上述结论同样成立. 因此有

$$\Sigma \triangleq \sum_{\pi \in S_n} |A \cap F^\pi| \leqslant k \cdot n!$$

我们固定 $A_j \in A$ 和 $F_i \in F$，计算这个和，并注意到使 $F_i^\pi=A_j$ 的置换有 $k!(n-k)!$ 个. 因此

$$\Sigma = m \cdot n \cdot k! \cdot (n-k)!$$

这样定理就得到了证明.

如果假定 A 中每一个集合最多含有 k 个元素,并且它们构成一条反链,那么对上述证明略加修改,就能证明在这种条件下该定理仍然成立.

定理 6 令 $A=\{A_1,\cdots,A_m\}$ 是集合 $N \triangleq \{1,2,\cdots,n\}$ 的 m 个子集的集合,使得对 $i \neq j$ 有 $A_i \not\subseteq A_j$ 且 $A_i \cap A_j \neq \varnothing$ 以及对一切 i 有 $|A_i| \leqslant k \leqslant n/2$,则 $m \leqslant \binom{n-1}{k-1}$.

证明 (1) 如果所有子集都有 k 个元素,则按定理 5 结论成立.

(2) 令 $A_1,\cdots,A_s$ 是基数最小的子集,设其基数为 $l \leqslant \frac{n}{2}-1$. 考虑 N 的包含一个或多个 $A_i(1 \leqslant i \leqslant s)$ 的所有 $(l+1)$- 子集 B_j. 显然这些 B_j 均不在 A 里. 每一个集合 $A_i(i \leqslant j \leqslant s)$ 恰在 $n-l$ 个 B_j 里,并且每一个 B_j 最多包含 $l+1 \leqslant n-l$ 个 A_i. 因此,可以选取 s 个不同的集合,比如 $B_1,\cdots,B_s$,使得 $A_i \subseteq B_i$. 如果用 B_i 替换 A_i,那么新的集合 A' 满足定理的条件,且最小基数的子集有大于 l 个元素. 按归纳法,可归结为情况(1).

把定理 5 证明中的计数论证改为赋权子集的计数论证,这样,我们就能证明下述推广,它属于 B. 博洛巴斯(1973).

定理 7 令 $A=\{A_1,\cdots,A_m\}$ 是$\{1,2,\cdots,n\}$ 的m 个不同子集的集合,其中对 $i=1,\cdots,m$,有$|A_i| \leqslant n/2$. 如果任何两个子集都有非空的交,则

$$\sum_{i=1}^{m} \frac{1}{\binom{n-1}{|A_i|-1}} \leqslant 1$$

证明 设 π 是排成一个圈的 $1,2,\cdots,n$ 的一个置换,如果 A_i 中的元素相继地出现在该圈的某一段,则称 $A_i \in \pi$. 与定理 5 的证明相同,我们可证,若 $A_i \in \pi$,则所有满足 $A_j \in \pi$ 的 j 最多有 $|A_i|$ 个.

定义

$$f(\pi,i) \triangleq \begin{cases} \frac{1}{|A_i|} & 若\ A_i \in \pi \\ 0 & 其他 \end{cases}$$

根据上述论证$\sum_{\pi \in S_n}\sum_{i=1}^{m} f(\pi, i) \leqslant n!$. 改变和的次序，对于固定的$A_i$，我们必须计算置换$\pi$排成一个圈使$A_i \in \pi$的$\pi$的个数. 这个数(用定理5的相同论证)是$n \cdot |A_i|!(n-|A_i|)!$. 因此有

$$\sum_{i=1}^{m} \frac{1}{|A_i|} \cdot n \cdot |A_i|!(n-|A_i|)! \leqslant n!$$

由此可得所需结果.

问题 C　令$A=\{A_1,\cdots,A_m\}$是$N \triangleq \{1,2,\cdots,n\}$的$m$个不同的子集的集合，使得若$i \neq j$，则$A_i \not\subseteq A_j$，$A_i \cap A_j \neq \varnothing$，$A_i \cup A_j \neq N$. 证明

$$m \leqslant \binom{n-1}{[\frac{n}{2}]-1}$$

问题 D　考虑把B_n按上述描述分解为对称链. 证明定理4是这种分解的一个直接结果. 证明定理6通过这种分解能归结为定理5. 使链的最小元在A_i里的链有多少个?

问题 E　给定偏序集B_n的一个元素S($\{1,2,\cdots,n\}$的一个子集)，构造B_n包含S的对称链的算法. 用$\boldsymbol{x}$表示S的特征向量. 例如$n=7$，$S=\{3,4,7\}$，那么$\boldsymbol{x}=(0,0,1,1,0,0,1)$. 标记所有相继的10对，暂时去掉这些标记的对，然后再标记所有相继的10对，重复这个过程，一直到剩下的数串为形式00…01…11为止. 在我们的例子里，我们得到$00\dot{1}\dot{1}\dot{0}\dot{0}1$，其中对$i=3,4,5,6$，第$i$个坐标被标记，当去掉这些被标记的坐标后，剩余数串为001. 这条链上的诸子集的特征向量可如下得到：固定所有被标记的坐标，然后让其余坐标组成的数串取遍0…000，0…001，0…011，…，1…111. 在我们的例子里，这些特征向量为

$$(0,0,\dot{1},\dot{1},\dot{0},\dot{0},0)$$

$$(0,0,\dot{1},\dot{1},\dot{0},\dot{0},1)$$

$$(0,1,\dot{1},\dot{1},\dot{0},\dot{0},1)$$

$$(1,1,\dot{1},\dot{1},\dot{0},\dot{0},1)$$

它们对应的子集为

$$\{3,4\},\{3,4,7\},\{2,3,4,7\},\{1,2,3,4,7\}$$

证明这个算法生成的包含 S 的对称链，与下述德布鲁因等归纳算法所得到的对称链恰好相同.

评注 斯潘纳尔(1905—1980)是以组合拓扑学中的一个引理而出名的，通常把这个引理称之为“斯潘纳尔引理”. 该引理出现在他的毕业论文里(1928)，被用于证明布劳威尔的不动点定理.(与组合学的另一个联系是他最先在哥尼斯堡大学取得教授资格！)他是著名的 Oberwolfach 研究所的创始人之一.

本书第 3 章 3.5 节则介绍了著名的拉姆塞理论，大多数读者可能都知道弗朗克·拉姆塞是以他的名字命名的拉姆塞数和拉姆塞理论的发现者和奠基人，但也许仅此而已. 可是他的其他成就，其中有些同样是用他的名字来命名的，也并不逊色，而且其涉及范围之广更引人注目：逻辑学、数学基础、经济学、概率论、判定理论、认知心理学、语义学、科学方法论，以及形而上学. 最不寻常的是他在如此短暂的一生中做出了这么多开创性的工作——他在1930年因黄疸病去世时年仅26岁. 我相信对这位非常人物的生平和工作即便做一很简略的概述，也会引起那些仍在钻研他的天才成果的人们的兴趣.

弗朗克·拉姆塞出生于一个杰出的剑桥家庭. 他的父亲 A. S. 拉姆塞也是数学家，并曾经担任麦格达林学院院长；他的弟弟迈克尔担任过坎特伯雷大主教. 拉姆塞是无神论者，但兄弟俩一直很亲近. 年青的拉姆塞早在进三一学院攻读数学之前就通过家庭和麦格达林学院接触到剑桥的一群卓越的思想家：著名的贝尔特兰德·罗素和他的哲学同事摩尔和路特维希·维特根斯坦以及经济学家和概率的哲学理论家约翰·梅纳德·凯因斯，他们激发了拉姆塞以后的志趣.

罗素和维特根斯坦给予拉姆塞早期研究形而上学、逻辑学和数学哲学等学科的原动力. 在 1925 年，也就是拉姆塞作为剑桥大学的数学拔尖学生毕业后两年，他写出了论文《数学的基础》，此文通过消除其主要缺陷来为罗素的《数学原理》把数学化归成逻辑做辩护. 例如，论文简化了罗素的使人难以置信的、复杂的类型理论；通过要求它们也是在维特根斯坦的《逻辑哲学论》意义上的同义反复，把罗素关于数学命题的弱定义加强成为纯一般的定义. 尽管逻辑学家对数学的这种化归从此不受数学家的欢迎，但它近来却得到了有力的辩护，这也增加了拉姆塞对很多事情有先见之明的记录,也使得认为他的逻辑主义已被宣告埋葬的说法现在看来是过于轻率了.

凯因斯对拉姆塞的影响使他从事概率论和经济学这两门学科的研究.凯因斯在1921年出版的《论概率》一书至今仍有影响,该书把概率当作从演绎逻辑(确定性推断的逻辑)到归纳逻辑(合理的非确定性推断的逻辑)的一种推广.它诉诸一种所谓"部分继承"的根本逻辑关系,在可以度量时,后者用概率来说明从两个相关的命题中的一个推出另一个的推断有多强.拉姆塞对这个理论的批评是如此有效,以致凯因斯本人也放弃了它,尽管后来它又重现于卡尔纳普和其他人的工作中.拉姆塞在其1926年的论文《真理与概率》中提出了自己的理论,这种理论指出如何用赌博行为来度量人们的期望(主观概率)和需要(效用),从而为主观概率和贝叶斯决策的近代理论奠定了基础.

尽管拉姆塞搞垮了他的《论概率》,凯因斯仍然使拉姆塞成为剑桥皇家学院的研究员,并鼓励他研究经济学中的问题,当时拉姆塞21岁,正当成熟期.其结果是拉姆塞完成了论文《对征税理论的一点贡献》和《储蓄的一种数学理论》,分别发表在1927年和1928年的《经济学杂志》(*The Economic Journal*)上.在凯因斯撰写的对拉姆塞的讣告中,凯因斯把这两项工作赞誉为"数学经济学所取得的最杰出的成就之一".从1960年以来,这两篇论文的每一篇都发展成为经济学理论的繁荣分支:最优征税和最优积累.

值得指出的是,这些经济学论文和拉姆塞的几乎所有工作一样,发表后几十年才被人了解并得到进一步发展.其部分原因在于拉姆塞的工作都是高度独创性的,从而难以被理解.而且,拉姆塞的非常质朴明快的散文体也倾向于掩藏其思想的深刻和精确.他的文章不爱用行话,不矫揉造作,以致使人在试图自己去思索其所说内容之前往往低估了它.此外,拉姆塞不爱争论.正如他早年的老师和后来成为朋友的评论家和诗人理查兹在关于拉姆塞的无线电广播节目中所说:"他从来不想引人注意,丝毫没有突出自己的表现,非常平易近人,而且几乎从不参加争辩性的对话…….我想,他在自己的心里觉得事情非常清楚,没必要去驳倒别人".他的妻子和还在世的朋友都确认这种说法符合实际情况.所以在他去世后的几十年中,一些光辉夺人的强手的名声遮盖了他,并且分散了人们对其工作的注意也就不足为奇了.

上述现象肯定发生在哲学方面，在20世纪30年代和40年代，维特根斯坦处于剑桥哲学界的支配地位，所以拉姆塞的大部分哲学工作没有直接引起注意，而直到后来通过他的主要著作的影响才重新——主要在美国——被发现，是由拉姆塞的朋友勃雷特怀特——现在是剑桥的骑士桥荣誉教授——在1931年整理出版的. 正如勃雷特怀特所说，哲学即使不是拉姆塞的专业也是他的“天职(vocation)”. 这里不可能总结他的哲学成果，更不用说这些成果在现今的影响和分支情况了. 为了对拉姆塞类型的实用主义哲学的现况有所了解，可参看为悼念他逝世五十周年而编写的文集中的论文. 下面用两个例子来说明拉姆塞的哲学思想的惊人的独创性和深刻的质朴性.

第一个例子是拉姆塞关于真理的理论，它后来被称作“冗余理论”. 比拉多是公元一世纪罗马帝国驻犹太的总督. 据《新约全书》记载，耶稣由他判决钉死在十字架上的大名鼎鼎的问题“真理是什么？”——把一种信念或断言叫作“真”是什么意思？——是哲学中最古老和令人困惑的问题之一. 在关于实用主义语义学的论文《事实和命题》中，拉姆塞用两页文字讲清了这一问题. 他写道：“显然，说‘恺撒被谋杀’是真，无非是说恺撒被谋杀.”认为别人的信念是真就是觉得自己也有这种信念；所以，正如拉姆塞所说，并没有单独的真理问题，要问的问题是“信念是什么？”：信念和其他态度，如希望和忧虑，一般有什么不同；一个具体的信念和另一个又有什么区别. 不过直到最近，大多数哲学家才从比拉多的问题中解脱出来，并开始用拉姆塞所明白无误地概述的想法解决真正的问题.

第二个例子是在他死后发表的“理论”中，拉姆塞惊人地预见到很多才出现的关于科学地建立起理论的思想. 他比大部分同代人早得多地注意到，以可观察或可操作(operational)的方式定义理论实体(比如基本粒子)无助于理解所发展的理论实际上如何用于新现象及其解释. 拉姆塞说，理论的谓词实际上可当作存在量词的变元那样来处理——对理论的这种表述现在因此得名为“拉姆塞语句”. 所以理论的各部分不能通过自身来推断或评价其真伪，因为它们含有约束变元；正如拉姆塞所写的那样，“对于我们的理论，我们必须考虑我们可能会添加些什么，或者希望添加些什么，并考虑理论是否一定与所加的内容相符.”因此，对立的理论也就可能对其理论性概念给出它们似乎具有的完全不同的含义，比如像牛顿理论的物质和相对论的物质，所以把对立的理论说成“无公度”比说成“不相容”更为恰当. 用拉姆塞的话来说：“对立理论的追随者可以充分地争辩，尽管每一方都无法肯定另一方所否认的任何东西.”大约从 1960 年开始，很多有关科学的方法论和历史的文献所论及的正是关于在科学的发展中比较和评价理论的问题；不过对于为什么会产生这类问题，至今还没有比拉姆塞更好的阐述.

考虑到拉姆塞在逻辑学、哲学和经济学上所做的相对来说大量的工作，读者得知事实上无论从他所从事的职业和所受的训练来说都是一位数学家时，也许会觉得意外. 他在 1926 年成为剑桥大学数学讲师，并一直任职到四年后去世. 不过使人奇怪的不是他为什么去做那个使他在数学上成名的工作，因为他在剑桥的数学院主要讲授数学基础而不是数学本身，倒是他的著名数学定理与论文内容相当不协调，而且这篇论文本身现在看来颇有讽刺意味.

拉姆塞是在一篇共 20 页的论文《论形式逻辑的一个问题》的前 8 页证明了他的定理，这篇论文解决了带同异性的一阶谓词演算的判定问题的一种特殊情形. 有讽刺意味的是，尽管拉姆塞用他的定理来帮助解决这个问题，但事实上后者却可以不用这个定理而得到解决；再者，拉姆塞把解决这一特殊情形仅仅作为促成解决一般判定问题的一点贡献. 而在拉姆塞去世后一年，哥德尔事实上证明了解决一般判定问题的目标是不可企及的. 所以，拉姆塞在数学 —— 他的职业上的不朽名声乃是基于他并不需要的一个定理，而这个定理又是在试图去完成现已得知无法完成的任务的过程中证明的！

我们无法断言拉姆塞对哥德尔的结果会做出什么反应，但他未能亲眼见到并进而开发哥德尔的结果无疑是他英年早逝悲剧的重要一幕. 正如勃雷特怀特在前面提及的广播节目中所说：“哥德尔的论文使得数理逻辑在事实上成为一门专门学问和一个特殊而又活跃的数学分支.”他又补充说：“这将会使拉姆塞非常激动，以致他也可能在这个领域驰骋一年.”考虑到自从拉姆塞提出 8 页数学论文以来的情况，我们只能推测我们的损失是何等巨大.

下面我们再摘录拉姆塞本人在 1925 年的一段自白，这段文字反映了他的热情洋溢的世界观：

“和我的一些朋友不同，我不看重有形的大小．面对浩瀚太空我丝毫不感到卑微．星球可以很大，但它们不能想或爱，而这些对我来说远比有形的大小更加使人感动．我的大约有238磅的体重并没给我带来声誉．

我的世界图景是一幅透视图，而不是按比例的模型．最受注意的前景是人类，星球都像三便士的小钱币．我不大相信天文学，只把它看作是关于人类（可能包括动物）感知的部分过程的一种复杂的描述，我的透视图不仅适用于空间，而且也适用于时间，地球迟早要冷寂，万物也将死去；但这是很久以后的事，几乎毫无现时价值，并不会因一切终将死寂而使现时失去意义．我发觉遍布于前景的人类很有意思，而且从总体上看也值得赞赏，我觉得至少在此时此刻，地球是令人愉快和动人的地方．”

拉姆塞，1925年

拉姆塞定理应用十分广泛，我们仅举几例．

我们先从一道冬令营试题的背景谈起．

1986年年初全国冬令营的竞赛试题中有下题：

用任意方式给平面上每点染上黑色或白色，求证：一定存在一个边长为1或$\sqrt{3}$的正三角形，它的三个顶点是同色的．

试题及解答均见《数学通讯》1986年第5期．

武汉大学数学系的樊恽教授介绍了与此题有关的问题及背景．

1. 直线上的问题

为简单起见，当用r种颜色对集合A中的每点着上r种颜色之一时，称A为$r-$着色．

给直线$2-$着色，那么当然总存在两点同色．这太容易了．因而对所求两点无任何其他要求. 考察直线上顺次相距 1 的三点 A,B,C(图 1),会发现,2－着色直线上可找到相距 1 或 2 的两点同色. 如果限制更强,在 2－着色直线上是否总能找到相距 1 的两点同色呢? 答案是否定的(图 2). 我们给出一种着色法如下:在坐标直线上给任意点 x,当 $[x]$ 为偶数时,着上黑色;当 $[x]$ 为奇数时,着上白色. 这里 $[x]$ 表示数 x 的整数部分. 那么任意两个相距 1 的点必落在不同色的区间. 我们得到了下述命题:

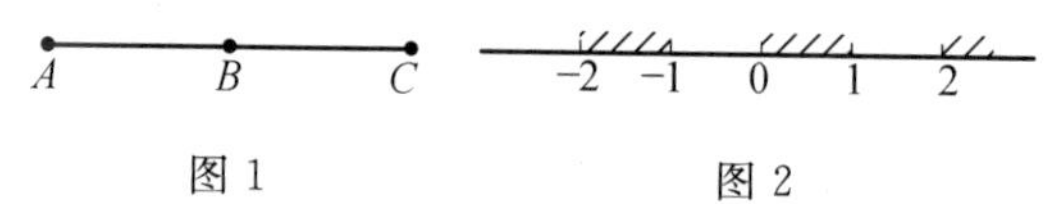

图 1　　图 2

命题 1　在 2－着色直线上恒存在相距 1 或 2 的同色两点;但有这样的 2－着色直线,其上不存在相距 1 的同色两点.

考虑三点时则有:

命题 2　在 2－着色直线上恒存在成等差数列的三点同色.

证明　如图 3,取 A,B 同色,不妨设为黑. 若 AB 的中点为黑,则已获证. 不妨设 C 为白,取 D,E 使 $DA=AB=BE$. 若 D,E 中有黑,比如 D,则 D,A,B 同为黑;若 D,E 均为白,则 D,C,E 同为白.

D　A　C　B　E

图 3

与命题 2 有关的一个惊人的近代结果是:

范・德・瓦尔登定理　设 r,l 是任意自然数. 若对整数集 r－着色,则恒可找到 l 个同色的整数构成等差数列.

2. 平面上的问题

在 2－着色平面上任取边长为 1 的正 $\triangle ABC$,由抽屉原理马上知 A,B,C 三点中至少有两点同色.

进一步可给出更强的命题如下:

命题 3　在 3－着色平面上,必有相距 1 的两点同色.

证明　如图 4,取共一边的两个边长为 1 的正 $\triangle ABC$ 与 $\triangle A'BC$,再绕点 A 将两个三角形旋转成四边形 $AB'A''C'$,使 $A'A''=1$. 若 A,B,C 中无两点同色,则不妨设三点分别着 a 色、b 色及 c 色. 若 A' 着 b 色或 c 色,则相距 1 的同色两点已找到,故可设 A' 着 a 色. 同理,若 A'' 不着

a 色,则相距 1 的同色两点已找到.若 A'' 着 a 色,则 A',A'' 即是相距 1 的同色两点.

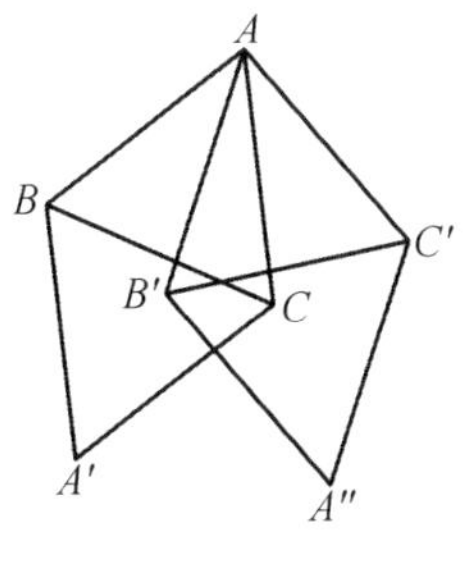

图 4

习题 1 有这样的 7 - 着色平面,其上不存在相距 1 的同色两点.(提示:用直径为 1 的正六边形覆盖平面.)

对 4,5,6 - 着色平面,类似问题的答案尚不知.

以下为简便,称三顶点同色的三角形为单色三角形.

命题 4 在 2 - 着色平面上存在边长为 1 或$\sqrt{3}$ 的单色三角形;但有这样的 2 - 着色平面,其上不存在边长为 1 的单色三角形.

证明 前一断言即是本节开头引的试题,已指出查找其证明的地方.对后一断言,我们类似于命题 1,构造一个 2 - 着色坐标平面如下(图 5).对平面上任意点(x,y),若$\left[\frac{2x}{\sqrt{3}}\right]$为偶数,则着上黑色;若$\left[\frac{2x}{\sqrt{3}}\right]$为奇数,则着上白色.那么任意边长为 1 的正三角形的三顶点不会同落入同色区域(为什么?请读者证明,这是一个很好的几何练习).

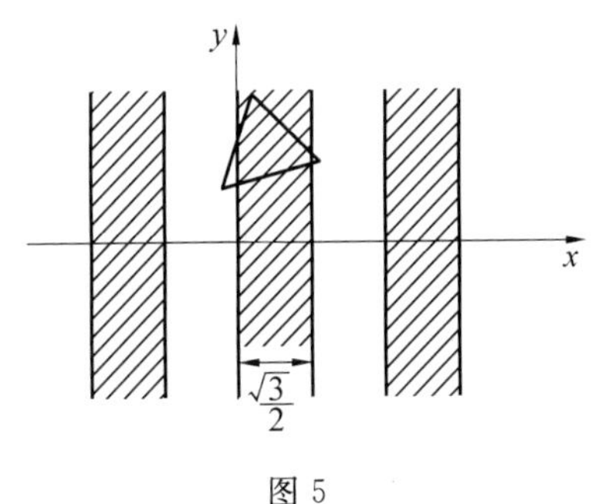

图 5

现在可以给出一个很强的也很有意思的结果.

命题 5　设 T_1，T_2 是两个三角形，T_1 有一边长为 1，T_2 有一边长为 $\sqrt{3}$. 将平面 2－着色，则恒可找到一个全等于 T_1 或 T_2 的单色三角形.

证明　按命题 4 可找到边长为 1 或 $\sqrt{3}$ 的正 $\triangle ABC$，其顶点同色，不妨设为黑色. 如 $AB=1$，构造如图 6 的图形使四边形 $BCEF$ 是平行四边形，$\triangle ABC$，$\triangle CDE$，$\triangle EFG$，$\triangle BFH$ 都是正三角形，且使 $\triangle ACD$ 全等于三角形 T_1，那么图中共有六个三角形：$\triangle ACD$，$\triangle ABF$，$\triangle BCH$，$\triangle GFH$，$\triangle GEC$，$\triangle FED$，它们都全等于三角形 T_1. 若前三个三角形都不是单色三角形，则推出 D，F，H 全为白色，那么无论 E，G 是什么色，在后三个三角形中就总会出现单色三角形.

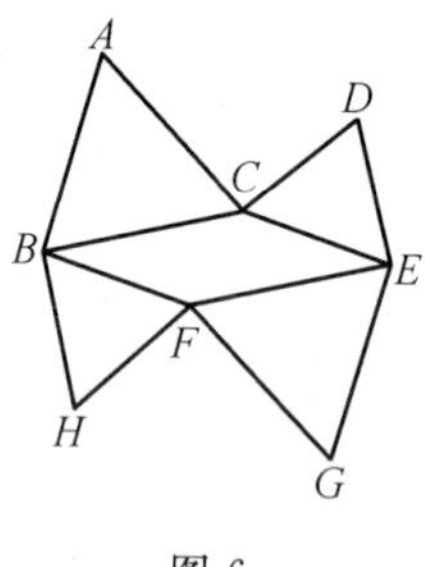

图 6

如果 $AB=\sqrt{3}$，显然可按同样的方法证明有一单色三角形全等于三角形 T_2.

一个有趣的推论：

推论　若三角形 T 有两边分别为 1 与 $\sqrt{3}$，则在2－着色平面上可找到一个全等于 T 的单色三角形.

以上内容基本上取材于著名数学家爱尔迪希等四人于 1973 年发表于《组合论杂志》的一篇文章（见 *Journal of Combinatorics Theory*（A 系列），14 卷（1973 年）341 ～ 363 页）的部分例子. 针对以上内容（读者可将命题 4 与推论对照），他们有两个猜想：

猜想 1　设 T 是一个给定的三角形，只要 T 不是正三角形，在任何 2－着色平面上就一定可找到全等于 T 的单色三角形.

猜想 2　在 2－着色平面上，若不存在边长为 d 的单色正三角形，则对任意 $d' \neq d$，可找到边长为 d' 的单色正三角形.

但是，若把条件“全等”放宽为相似，则结论很好. 著名的加莱定理断言:"对任意自然数 m, r,设 G 是平面上 m 个点构成的几何图形,则在任意 $r-$ 着色平面上可找到 m 个单色点,它们构成的图形相似于 G."加莱定理实际上对空间乃至任意 n 维空间都成立.

3. 其他问题一例

例 如图 7,正 $\triangle ABC$ 的三条边的每点着黑白两色之一,则必可在 $\triangle ABC$ 的边上找到同色三点构成直角三角形.

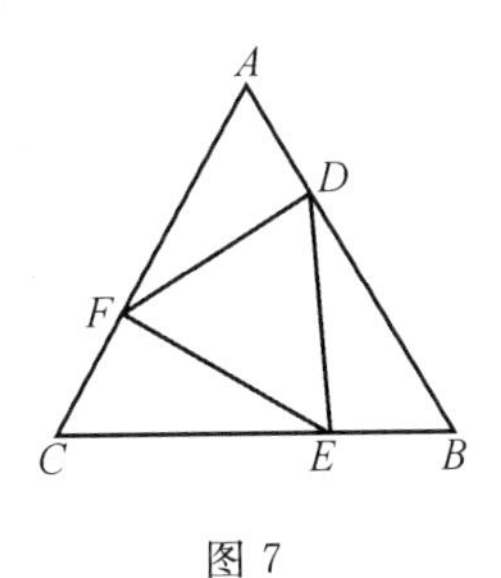

图 7

证明 分别取 AB, BC, CA 的三等分点 D, E, F,则 $DE \perp BC$, $EF \perp CA$, $FD \perp AB$. D, E, F 三点中至少两点同色,不妨设 D, E 同为黑点.若 BC 上除 E 以外还有黑点,则该黑点就与 D, E 构成单色直角三角形.所以以下设 BC 上除 E 以外全为白点.若 AC 边上除 C 以外有其他白点,则这个点可与 BC 边上两个白点构成直角三角形.所以可以再设 AC 边除 C 以外全为黑点.那么点 D 就可与 AC 边上的两点构成单色直角三角形.

做了以下习题后读者就可知道这个例子的结论可推广到什么程度.

习题 2 设 $\triangle ABC$ 为锐角三角形,证明:可在三边上分别找三点使得构成的内接三角形的三边分别垂直于 $\triangle ABC$ 的三边.当 $\triangle ABC$ 为直角或钝角三角形时,结论如何?

读者可在空间中考虑各种类似以上内容的问题,其中有的问题好解决,有的问题至今尚不知答案.

然后再来看几个经典的例子.

4. 舒尔定理

舒尔定理被认为是拉姆塞理论中最早问世的著名定理,它是德国数学家舒尔在 1916 年研究有限域上的费马定理时发现的.现在用拉姆塞定理可以很轻松地加以证明.

定理 8 对任意给定的正整数 k，存在数 n_0，使得只要 $n \geqslant n_0$，则把$[n]$任意$k-$染色后，必有同色的 $x,y,z \in [n]$ 满足 $x+y=z$，这里的 x,y 和 z 不一定互不相同.

证明 取 $n_0 = R_k(3)-1$ 即可，这里的 $R_k(3)=R^{(2)}(\overbrace{3,3,\cdots,3}^{k个})$ 是拉姆塞定理中定义的数.

设 $n \geqslant n_0$，$[n]$ 的一个 $k-$染色为 $f:[n] \to [k]$. 通过 f 可以产生 $[n+1]^{(2)}$ 的一个如下定义的 $k-$染色 f^*：对 $1 \leqslant i < j \leqslant n+1$，定义

$$f^*(\{i,j\}) = f(j-i) \in [k]$$

因为 $n+1 \geqslant R_k(3)$，根据拉姆塞定理，$[n+1]$ 中一定有 3 元子集 $\{a,b,c\}$，它的 3 个 2 元子集被 f^* 染成同色. 不妨设 $a<b<c$，则上述性质可以写成

$$f^*(\{a,b\}) = f^*(\{b,c\}) = f^*(\{a,c\})$$

根据 f^* 的定义，上式就是

$$f(b-a) = f(c-b) = f(c-a)$$

令 $x=b-a, y=c-b$ 和 $z=c-a$，即合于所求.

通常把定理 8 中的数 n_0 的最小可能值记成 s_k+1，称 s_k 为舒尔数. 和拉姆塞数一样，人们对舒尔数所知很少. 迄今已完全确定的 s_k 只有 4 个：$s_1=1, s_2=4, s_3=13$ 和 $s_4=44$，而且 $s_4=44$ 还是在 1965 年借助计算机最终确定的.

5. 一个几何定理

虽然拉姆塞早在 1928 年就证明了现在以他命名的定理，并在 1930 年他不幸去世的那一年发表了他的论文，但这个定理并未引起注意. 它的广为传播在很大程度上始于爱尔迪希和塞克尔斯在 1935 年发表的一篇题为《几何中的一个组合问题》的论文. 他们在论文中证明了这样一个几何定理：

定理 9 对任意给定的整数 $m \geqslant 3$，一定存在数 n_0，使得在平面上无 3 点共线的任意 n_0 个点中，一定有 m 个点是凸 m 边形的顶点. 具有上述性质的数 n_0 的最小者记为 $ES(m)$.

他们的研究起始于一个简单而又新奇的几何命题：

引理 9 平面上无 3 点共线的任意 5 点中，一定有 4 点是凸四边形的顶点.

用定理 9 的记号，这正是 $m=4$ 的情形，而且这里的数 5 显然不能再小了，所以引理 9 的结论正是 $ES(4)=5$. 我们先承认引理 9 的结论，再利用拉姆塞定理给出定理 9 的证明.

定理 9 的证明 当 $m=3$ 时定理显然成立，这时 $ES(3)=3$. 现证当 $m \geqslant 4$ 时，令 $n_0=R^{(4)}(m,5)$，即合于所求.

对平面上任意给定的无 3 点共线的 n_0 个点，可以把这 n_0 个点的所有 4 点子集分成两类：如果 4 个点是凸四边形的 4 个顶点，则此 4 点集规定为第一类，其余的 4 点集都算成第二类. 根据数 $n_0=R^{(4)}(m,5)$ 的定义(这时设想这 n_0 个点标记成 $1,2,\cdots,n_0$，从而用$[n_0]$来代表，所有 4 点子集分成两类就是$[n_0]^{(4)}$ 的一个 $2-$染色)，或者其中有 m 点，它的每个 4 点子集都属于第一类；或者其中有 5 点，它的每个 4 点子集属于第二类，即都不是凸四边形的 4 个顶点. 但根据引理 9，后一种情形不可能发生. 所以我们只要再证明这样的结论：如果平面上 m 个点中无 3 点共线，且其中任意 4 点都是凸四边形的顶点，则这 m 个点一定是凸 m 边形的顶点. 下面对 m 用归纳法来证明这个结论.

当 $m=4$ 时结论自然成立. 设 $m>4$，首先不难证明这 m 个点中一定有 3 点 A,B 和 C，使得其余 $m-3$ 个点都位于 $\angle BAC$ 区域的内部，这时在 $\triangle ABC$ 内一定没有所给的点. 现在考察这 m 个点中除去 A 的 $m-1$ 个点，根据归纳假设，它们是某个凸 $m-1$ 边形的顶点. 又易知 BC 一定是这个 $m-1$ 边形的一边. 把边 BC 换成 AB 和 AC 两边后得到的凸 m 边形即合于结论所求.

现在回过来看引理 9，相信读到这里的每位读者都能给出其证明.

定理 9 又一次体现了“任何一个足够大的结构中必定包含一个给定大小的规则子结构”的思想. 当然，爱尔迪希和塞克尔斯当年根本不知道拉姆塞定理，所以他们实际上重新发现了这个定理.

和拉姆塞数以及舒尔数一样，要确定数 $ES(m)$ 也极其困难. 除了 $ES(3)=3$ 和 $ES(4)=5$，还不难证明 $ES(5)=9$. 但还不知道 $m>5$ 时的任一 $ES(m)$ 值. 不过爱尔迪希和塞克尔斯当年就得到了 $ES(m)$ 的界

$$2^{m-2}+1 \leqslant ES(m) \leqslant \binom{2m-4}{m-2}+1$$

他们猜想其中的下界就是精确值.

在存在性方面还有一个与上述定理紧密相关的未解决难题:对 $m \geqslant 5$,是否存在正整数 N,使得在平面上无三点共线的任意 $n \geqslant N$ 个点中,一定有 m 个点是凸 m 边形的顶点,而且其余 $n-m$ 个点都在此凸 m 边形的外部?即使对 $m=5$,这种数 N 的存在性尚未得到肯定或否定的回答.

6. 范・德・瓦尔登定理

前面所讲的定理 8 和定理 9 现在看来可以说成是拉姆塞定理的精彩应用.下面要讲的定理 3 则不能这样简单地证明,它是荷兰数学家范・德・瓦尔登在 1928 年首先证明的一个著名结果.

定理 10 对任意给定的正整数 l 和 k,必存在具有如下性质的数 $W=W(l,k)$:对 $[W]$ 的任一 $k-$ 染色,$[W]$ 中有各项同色的 l 项等差数列.

当 $l=2$ 时,因为任意两数都构成等差数列,所以由抽屉原理显然可取 $W(2,k)=k+1$.范・德・瓦尔登当初给出的证明写起来很烦琐,以后一直有人给出新证明.下面我们讲述美国数学家格雷厄姆和罗斯柴尔德在 1974 年发表的一个简短证明,他们实际上证明了比定理 10 更一般的结论.为了叙述他们的结论和证明,先规定一些符号和名词.以下的 l,m 都是正整数

$$[0,l]^m=\{(x_1,x_2,\cdots,x_m) \mid x_i \in \{0,1,\cdots,l\}, i=1,2,\cdots,m\}$$

在 $[0,l]^m$ 中定义 $m+1$ 个子集 $C_j(j=0,1,\cdots,m)$,称为 $[0,l]^m$ 的 $m+1$ 个临界类

$$C_j=\{(x_1,\cdots,x_m) \in [0,l]^m \mid x_1=\cdots=x_j=l, x_{j+1},\cdots,x_m<l\}$$

例如,$[0,l]^1$ 的两个临界类是 $C_0=\{0,1,\cdots,l-1\}$,$C_1=\{l\}$,这里记 (i) 为 i. $[0,3]^2$ 的三个临界类是

$$C_0=\{(0,0),(0,1),(0,2),(1,0),(1,1),(1,2),(2,0),(2,1),(2,2)\}$$

$$C_1=\{(3,0),(3,1),(3,2)\}$$
$$C_2=\{(3,3)\}$$

下面就是比定理 10 更一般的结论，简记为 $S(l,m)$：

“对任意给定的正整数 l,m 和 k，必存在具有如下性质的正整数 $N=N(l,m,k)$：对$[N]$的任一 k－染色 $f:[N]\to[k]$，有正整数 $a,d_1,d_2,\cdots,d_m$，使得 $a+\sum_{i=1}^{m}ld_i\leqslant N$，且 $f\left(a+\sum_{i=1}^{m}x_id_i\right)$ 当$(x_1,x_2,\cdots,x_m)$属于$[0,l]^m$ 的同一临界类时同值.”

从记号的定义可知结论 $S(l,1)$ 就是定理 10，因为 $a+x_1d_1$ 当 $x_1\in C_0=\{0,1,\cdots,l-1\}$ 时构成 l 项等差数列.

我们证明下述两个归纳步骤：

（ⅰ）若 $S(l,1)$ 和 $S(l,m)$ 成立，则 $S(l,m+1)$ 成立；

（ⅱ）若 $S(l,m)$ 对所有 m 成立，则 $S(l+1,1)$ 成立.

归纳地证明结论 $S(l,m)$ 对所有 $l,m\geqslant 1$ 成立. 因为 $S(1,1)$ 显然成立，从而由对 m 的归纳法以及（ⅰ）可知 $S(1,m)$ 对 $m\geqslant 1$ 成立，再由（ⅱ）得 $S(2,1)$ 成立. 同样由对 m 的归纳法以及（ⅰ）又可知 $S(2,m)$ 对 $m\geqslant 1$ 成立，再由（ⅱ）得 $S(3,1)$ 成立，等等. 现在证明（ⅰ）（ⅱ）.

证明　（ⅰ）对任意给定的数 k，因设 $S(l,1)$ 和 $S(l,m)$ 都成立，故有数 $N=N(l,m,k)$ 和 $N'=N(l,1,k^N)$. 现在证明只要取 $N(l,m+1,k)=NN'$ 就能保证 $S(l,m+1)$ 成立. 也就是证明对任一 k－染色 $f:[NN']\to[k]$，有正整数 $a,d_1,\cdots,d_m,d_{m+1}$ 使得 $a+\sum_{i=1}^{m+1}ld_i\leqslant NN'$，而且 $f\left(a+\sum_{i=1}^{m+1}x_id_i\right)$ 当$(x_1,\cdots,x_m,x_{m+1})$ 属于$[0,l]^{m+1}$ 的同一临界类时同值.

对 $j=1,2,\cdots,N'$，记 $I_j=[(j-1)N+1,jN]$（以下对整数 $a\leqslant b$，用$[a,b]$ 表示$\{a,a+1,\cdots,b\}$）. 根据 f 限制在每个 N 数段 I_j 上的 k－染色可以这样来定义$[N']$ 的一个 k^N－染色 $f':[N']\to[k]^N$，这里取 $[k]^N=\{(c_1,c_2,\cdots,c_N)\mid c_i\in[k],i=1,2,\cdots,N\}$ 为颜色集，$f'(j)=(f((j-1)N+1),f((j-1)N+2),\cdots,f(jN-1),f(jN))$. 因 $S(l,1)$ 成立，而且 $N'=N(l,1,k^N)$，故有正整数 a' 和 d'，使得 $a'+ld'\leqslant N'$，而且有

$$f'(a')=f'(a'+d')=\cdots=f'(a'+(l-1)d') \tag{7}$$

式(7) 相当于说 f 在 l 个 N 数段 $I_{a'},I_{a'+d'},\cdots,I_{a'+(l-1)d'}$ 上的限制都(在平移下)相等.

现在来考虑 $I_{a'}=[(a'-1)N+1,a'N]$ 以及其上的 $k-$ 染色 f. 因 $S(l,m)$ 成立,而且 $N=N(l,m,k)$,故有正整数 $a,d_1,\cdots,d_m$,使得

$$(a'-1)N+1\leqslant a<a+\sum_{i=1}^{m}ld_i\leqslant a'N$$

且 $f\left(a+\sum\limits_{i=1}^{m}x_id_i\right)$ 当 $(x_1,x_2,\cdots,x_m)$ 属于 $[0,l]^m$ 的同一临界类时同值. 现令 $d_{m+1}=d'N$,则 $a,d_1,\cdots,d_m,d_{m+1}$ 使得

$$a+\sum_{i=1}^{m+1}ld_i\leqslant NN'$$

且 $f\left(a+\sum\limits_{i=1}^{m+1}x_id_i\right)$ 当 $(x_1,\cdots,x_m,x_{m+1})$ 属于 $[0,l]^{m+1}$ 的同一临界类时同值. 这是因为当 $(x_1,x_2,\cdots,x_m)\in[0,l]^m$ 时,已知 $a+\sum\limits_{i=1}^{m}x_id_i\in I_{a'}$. 再从式(7) 又可知有

$$f\left(a+\sum_{i=1}^{m}x_id_i\right)=f\left(a+\sum_{i=1}^{m}x_id_i+d'N\right)$$

$$=\cdots=f\left(a+\sum_{i=1}^{m}x_id_i+(l-1)d'N\right)$$

下面是说明最后一步论证的示意图(图 8).

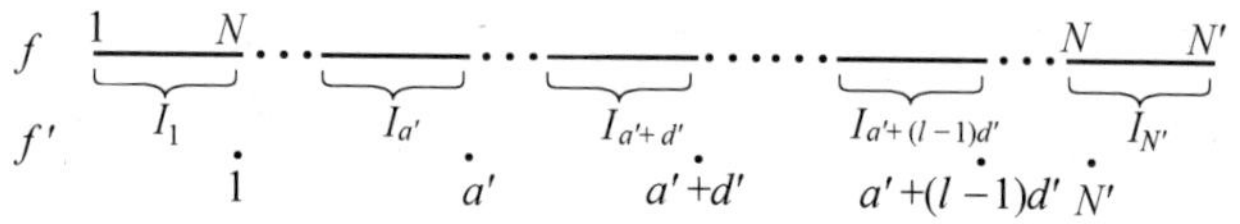

图 8

(ⅱ) 对所给定的 k,只要取 $N(l+1,1,k)=N(l,k,k)$ 即合于所求. 设 $f:[N(l,k,k)]\to[k]$ 是任一 $k-$ 染色. 根据 $S(l,k)$ 成立和数 $N(l,k,k)$ 的性质,可知有正整数 $a,d_1,\cdots,d_k$,使得 $a+\sum\limits_{i=1}^{k}ld_i\leqslant N(l,$

$k,k)$，而且 $f(a+\sum_{i=1}^{k}x_i d_i)$ 当 $(x_1,x_2,\cdots,x_k)$ 属于 $[0,l]^k$ 的同一临界类时同值.

在 $[0,l]^k$ 的 $k+1$ 个临界类中各取一个代表元 $(0,0,\cdots,0)$，$(l,0,\cdots,0)$，$(l,l,0,\cdots,0)$，$\cdots$，$(l,l,\cdots,l)$. 则由抽屉原理可知有 $0\leqslant u<v\leqslant k$，使

$$f(a+\sum_{i=1}^{u}ld_i)=f(a+\sum_{i=1}^{v}ld_i)$$

令 $a'=a+\sum_{i=1}^{u}ld_i, d'=\sum_{j=u+1}^{v}d_j$，则当 $x=0,1,\cdots,l-1$ 时 $f(a'+xd')$ 同值. 再加上已有的等式 $f(a')=f(a'+ld')$，即可知 $f(a'+xd')$ 当 x 属于 $[0,l+1]^1$ 的同一临界类时同值.

和前面几个定理一样，定理 10 仅仅肯定了数 $W(l,k)$ 的存在性. 如果把这种数 $W(l,k)$ 的最小者仍记为 $W(l,k)$，可以预料，要想确定这些数(实际上是函数)将非常难. 事实上也是如此. 已知的全部非平凡 $W(l,k)$ 的精确值只有表 1 所列出的 5 个，而且除 $W(3,2)=9$ 这个不难求得的值外，其余都是借助计算机得到的.

表 1

l \ k	2	3	4
3	9	27	76
4	35		
5	178		

至于 $W(l,k)$ 的界，是近期研究的一个热点，原因在于所求得的上、下界有天壤之别. 已求得的 $W(l,2)$ 的下界是 l 的指数函数

$$W(l,2)\geqslant\frac{2^l}{2el}-\frac{1}{l}$$

但自从 1928 年以来，$W(l,2)$ 上界的估计一直居高不下，直到 1988 年才取得突破. 但所得的上界仍然大得惊人. 用记号来表示，先定义函数(称为 2 的塔幂函数) $T(n)$ 为

$$T(1)=2, T(n)=2^{T(n-1)}$$

$T(n)$ 的递增速度远超过指数函数. 但 $W(l,2)$ 的上界的递增速度更上一层楼,它可以写成递推形式

$$W(l,2) \leqslant T(2W(l-1,2))$$

格雷厄姆提出下述猜想

$$W(l,2) \leqslant T(l)$$

即使这一猜想获得证实,$W(l,2)$ 的这个上界和已知的下界比起来仍然相差极大. 范·德·瓦尔登定理中肯定其存在的数 $W(l,k)$ 的定量性质仍然是数学家的一大挑战.

7. 小结

迄今我们在前面所论述的定理,包括抽屉原理在内,都可以用一种统一的模式来概括:设 X 是一个(有限或无限) 集,$\mathscr{F}$ 是 X 上的一个(简单) 集系. 那么所研究的问题是:

"对正整数 k 和一个特定的集系 $(X,\mathscr{F})$ 来说,是否对 X 的任一 $k-$ 染色都有各元同色的 $E \in \mathscr{F}$? "

我们提到一个集系 $(X,\mathscr{F})$ 也称作超图,X 的元和 $\mathscr{F}$ 的元分别称为超图的顶点和边. 超图 $(X,\mathscr{F})$ 的一个顶点 $k-$ 染色 $f:X \to [k]$ 称为正常 $k-$ 染色,如果对这个染色来说 $\mathscr{F}$ 中没有单色边(即没有边使得其中各顶点同色). 定义 $(X,\mathscr{F})$ 的色数为使 $(X,\mathscr{F})$ 具有顶点的正常 $k-$ 染色的最小正整数 k,记为 $\chi(X,\mathscr{F})$. 用超图及其色数的语言可把上述问题叙述为:

"对正整数 k 和给定的超图 $(X,\mathscr{F})$,是否有 $\chi(X,\mathscr{F}) > k$? "

为排除平凡情形,以下都假定 $(X,\mathscr{F})$ 的每一边的规模大于 1. 因为如果有一边只含一个顶点,则 $(X,\mathscr{F})$ 的任一顶点 $k-$ 染色都是正常的,从而 $\chi(X,\mathscr{F})=1$. 如果 $(X,\mathscr{F})$ 是简单图,这里所定义的顶点正常染色和色数的概念与图论中所给出的完全一样.

当 X 是无限集时称 $(X,\mathscr{F})$ 是无限超图,这时拉姆塞理论所探求的结论通常有这种模式:

"无限超图没有有限色数(即其色数大于任一给定的正整数)."

我们用无限形式的范·德·瓦尔登定理来说明,它是有限形式(即定理 10) 的简单推论:

定理 11 对任意给定的正整数 k,l 以及 N 的任一 k－染色,N 中一定有单色的 l 项等差数列.

用超图和色数的语言来说:

定理 12 对任意给定的正整数 k,l,超图$(N,\mathscr{F}_l)$ 的色数大于 k.这里 $\mathscr{F}_l$ 是所有 l 项正整数等差数列的集系.

注意在定理 11 中没有断言 N 中一定有单色的无限项等差数列,事实上这一结论不成立.这与拉姆塞定理的无限形式的结论不同.后者可以叙述如下:

定理 13 对任意给定的正整数 k,r,超图$(\mathbf{N}^{(r)},\mathscr{F})$ 的色数大于 k.这里 $\mathscr{F}=\{S^{(r)} \mid S$ 是 $\mathbf{N}$ 的无限子集$\}$.

下面再用一个经典定理来说明上述模式.在舒尔的指导下,拉多在他 1933 年的学位论文和随后的一系列研究成果中,对舒尔的定理(定理 8)做出了深刻的推广.拉多把一个整数系数齐次方程组

$$\sum_{j=1}^{n} a_{ij}x_j=0 \quad (i=1,2,\cdots,m)$$

称作正则的,如果对 $\mathbf{N}$ 的任一有限染色,此方程组一定有单色的正整数解 $x_1,x_2,\cdots,x_n$.如定义超图$(X,\mathscr{F})$ 为 $X=\mathbf{N}$,$\mathscr{F}=\{$方程组的正整数解$\}$,那么方程组正则就是超图$(X,\mathscr{F})$ 没有有限色数.舒尔定理断言方程

$$x_1+x_2-x_3=0$$

是正则的,而拉多则给出了一般的整系数线性齐次方程正则的充分必要条件.拉多的结果的一个简单特例是:

"整系数方程 $a_1x_1+a_2x_2+\cdots+a_nx_n=0$($a_1,a_2,\cdots,a_n$ 是非零整数)正则的充分必要条件是方程的某些系数 a_i 之和等于零."

舒尔定理显然是这一特例的简单特例.而上述简单特例的证明并不简单,拉多的一般结论也不能简单地表述.但我们从问题和结论来看,它完全合于前面所说的模式.

对有限超图$(X,\mathscr{F})$ 来说,拉姆塞理论所探求的结论的通常模式是:

"设$(X_n,\mathscr{F}_n)$ 是有限超图序列.对任一给定的正整数 k,存在 n_0,使得当 $n\geqslant n_0$ 时超图$(X_n,\mathscr{F}_n)$ 的色数$\chi(X_n,\mathscr{F}_n)>k$."

拉姆塞定理可以这样叙述:

“对任意给定的正整数 $q > r$，令 $X_n = [n]^{(r)}, \mathscr{F}_n = \{S^{(r)} \mid S \in [n]^{(q)}\}$. 则对任一给定的 k，存在 n_0，使得当 $n \geqslant n_0$ 时 $\chi(X_n, \mathscr{F}_n) > k$.”

再叙述一个由格雷厄姆等在 1971 年证明的重要定理，它肯定地回答了罗塔提出的一个猜想.

定理 14 对任意给定的正整数 l, r, k 和有限域 F，存在 n_0，使得当 $n \geqslant n_0$ 时，对 F 上 n 维线性空间 F^n 的所有 r 维线性子空间的任一 k — 染色，F^n 中一定有某个 l 维线性子空间，它的所有 r 维线性子空间都同色.

读者不难用超图及其色数的模式来表述这个定理.

下面我们讨论这种问题模式的一种具体实现形式，对此类问题的研究构成了拉姆塞理论的一个比较新的分支，称为欧氏空间的拉姆塞理论，简称为欧氏拉姆塞理论.

8. 性质 $R(C, n, k)$

所谓欧氏拉姆塞理论要研究的问题可以很自然地纳入前面提出的一般模式：

“对正整数 k, n 以及 n 维欧氏空间 $\mathbf{E}^n$ 的一个给定有限点集 C，超图 $(\mathbf{E}^n, \mathscr{F})$ 对 $\mathbf{E}^n$ 的任一 k — 染色是否都有单色边？这里的 $\mathscr{F} = \mathscr{F}(C) = \mathbf{E}^n$ 是与 C 在欧氏运动下合同的所有点集的集.”

我们把上述问题记为“性质 $R(C, n, k)$ 是否成立？”由于所论超图的顶点集是欧氏空间 $\mathbf{E}^n$ 的点集，它的边又是通过欧氏空间的合同来定义的，故冠以“欧氏拉姆塞”这一定语很恰当. 下面先举一个很容易说明的例.

令 $n = 2$，对 $C = \mathbf{E}^2$ 上相距 1 的两点集 S_2，我们来考察 $R(S_2, 2, k)$. 即研究这样的平面几何问题：把平面上所有点任意 k — 染色后，是否一定有同色的两点，它们之间的距离是单位长 1？

当 $k = 2$ 时很容易做出肯定回答：只要在平面上任取一个边长是 1 的正三角形，则其三个顶点中必有两点同色. 当 $k = 3$ 时回答也是肯定的：在平面上作一个如图 9 所示的 7 点 11 边构图，其中 11 条边的长都是 1. 则其中必有一边的两个端点同色. 因为假设其中每一边的两端点都不同色，记 A 为 1 色，则 B, C 分别是 2,3 色，从而 F 是 1 色；同理 D，E 分别是 2,3 色，从而 G 也是 1 色，导致矛盾.

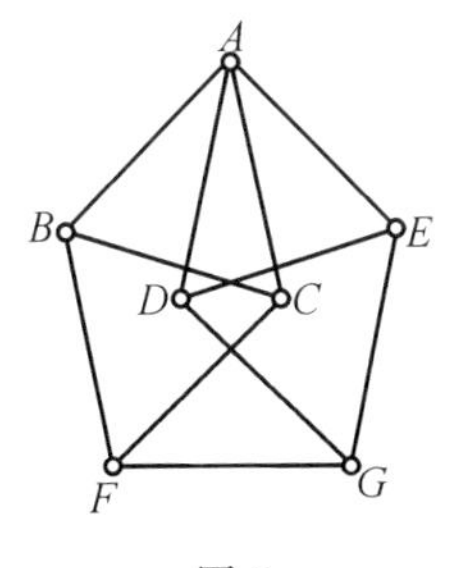

图 9

但 $k=7$ 时回答是否定的，我们用图 10 来说明：先用边长是 a 的正六边形铺盖全平面，再按图 10 所示方式把这些六边形中的点分别染成色 1,2,3,4,5,6,7. 因同一正六边形中两点距离至多是 $2a$，位于同色的两个不同正六边形中两点距离大于$\sqrt{7}a$. 所以如取 $a=0.4$，所示 7－染色就说明 $R(S_2,2,7)$ 不成立.

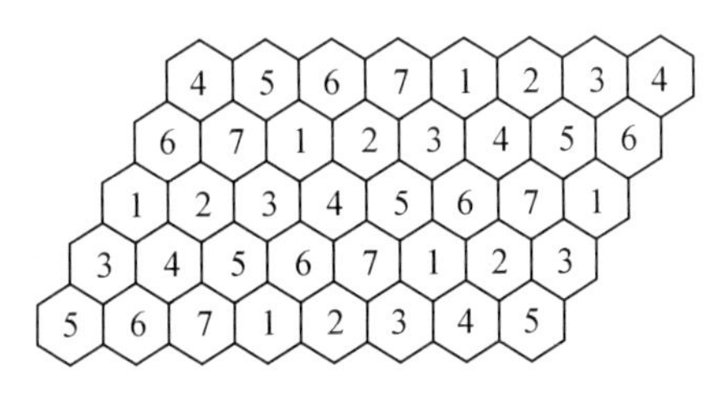

图 10

用超图色数的语言，使 $R(S_2,2,k)$ 不成立的最小 k 称为$(\mathbf{E}^2,\mathscr{F}(S_2))$ 的色数，简记为$\chi(\mathbf{E}^2)$. 上面这些结论可以叙述为

$$4\leqslant\chi(\mathbf{E}^2)\leqslant 7$$

至于$\chi(\mathbf{E}^2)$ 的精确值，则到目前为止仍是一个尚待解开的谜.

现在来考察三点集.

定理 15 记一个单位边长正三角形的顶点集为 S_3. 则 $R(S_3,2,2)$ 不成立，但 $R(S_3,3,2)$ 成立.

证明 $R(S_3,2,2)$ 不成立很容易从 $\mathbf{E}^2$ 的下述 2－染色得到证明：用一族水平线把平面分成带状区域，每个带状区域的高是$\frac{\sqrt{3}}{2}$，相邻带状不同色，每个带状区域上开下闭，其中点同色. 则对平面的这种 2－

染色来说,任一单位边长的正三角形的三个顶点不可能同色.

现在来证明 $R(S_3,3,2)$ 成立.设空间 $\mathbf{E}^3$ 的点已染成红或蓝色.从 $R(S_2,2,2)$ 成立可知必有一对相距1的同色点,设点 A 和 B 都是红色,$|AB|=1$,如果 $\mathbf{E}^3$ 中有红点与 A 和 B 的距离都是1,则已得结论.故设与 A 和 B 的距离都是1的所有点——它们构成了一个位于线段 AB 的中垂面上的半径为 $\frac{\sqrt{3}}{2}$ 的圆周 γ_1——都是蓝点.任取 γ_1 的一条长为1的弦 CD.同理,若 $\mathbf{E}^2$ 中与 C 和 D 的距离都等于1的圆周 γ_2 上有一蓝点,则已得到结论,故设 γ_2 是$\left(\text{半径也是}\frac{\sqrt{3}}{2}\text{的}\right)$红圆周.设想弦 CD 紧贴着 γ_1 连续转动,则红圆周 γ_2 在空间随之连续运动,其轨迹是中间没有空洞的"圆环面"T,T 上的点都是红的.不难算出 T 的最大外圆周(即外赤道)的半径是 $\frac{\sqrt{2}+\sqrt{3}}{2}$(见图11,此圆周记为 γ_3,AB 和 CD 的中点分别记为 O 和 F,E 是 OF 的延长线与 γ_3 的交点).再任取红圆周 γ_3 的一个内接正三角形,易知其边长是 $\frac{\sqrt{6}+3}{2}$.

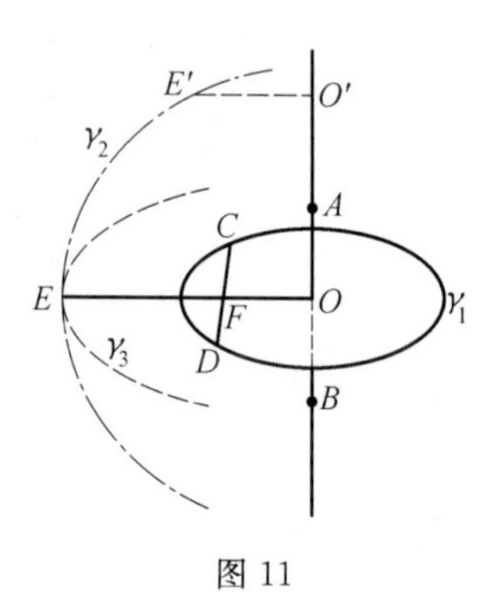

图 11

进一步设想赤道 γ_3 沿"圆环面"T 均匀向上收缩,则其半径逐渐变小,内接正三角形的三个顶点也随之沿 T 向上往中心方向靠拢.这一过程到达某一时刻,当 E 到达某一点 E' 时,E' 到 AB 的距离 $|E'O'|=\frac{\sqrt{3}}{3}$,从而内接正三角形的边长等于1,这样得到了一个单位边长的红顶点三角形.

在定理 15 的基础上可以证明更一般的结论.

定理 16 $R(S,3,2)$ 对任意给定的三点集 S 成立.

证明 设 S 是边长为 a,b,c 的三角形的顶点集,$a+b\geqslant c,a,b,c>0$(当 $a+b=c$ 时,S 的三点共线,它们是退化三角形的顶点集).

假设 $\mathbf{E}^3$ 的点已作红蓝染色. 根据定理 15,一定有顶点同色的边长为 a 的正 $\triangle ABC$,设 A,B 和 C 都是红的. 我们把 $\triangle ABC$ 在它所在的平面上扩充成一组正三角形(图 12),其中 $\angle EBC$ 待定.

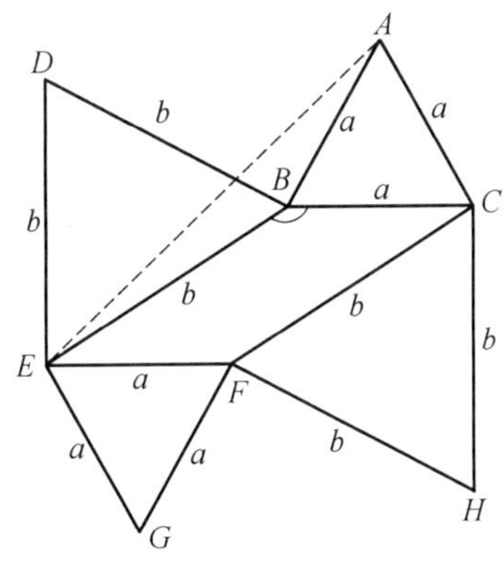

图 12

不难证明六个 $\triangle ABE,\triangle DBC,\triangle EBC,\triangle EFH,\triangle GFC,\triangle HCA$ 全等. 通过适当取定 $\angle EBC$,一定可使上述六个三角形都全等于以 S 为顶点的三角形(包括退化情形). 假设这六个全等三角形中每一个的三个顶点都不同色,则将导出如下矛盾

$$\left.\begin{array}{l}A,B,C\text{ 红}\Rightarrow E,D\text{ 蓝}\Rightarrow G\text{ 红}\\ A,C\text{ 红}\Rightarrow H\text{ 蓝}\end{array}\right\}\Rightarrow F\text{ 非红又非蓝}$$

所以六个全等三角形中必有一个的顶点同色.

比较定理 15 和定理 16,人们自然会提出这样的问题:对什么样的三点集 S 性质 $R(S,2,2)$ 成立? 定理 15 说明 S 不能是正三角形的顶点集. 在 1973 年,格雷厄姆等还证明了当 S 是 $30°,60°,90°$ 的三角形顶点集时 $R(S,2,2)$ 成立. 爱尔迪希和格雷厄姆等还提出这样的猜想:“只要三点集 S 不是正三角形的顶点集,$R(S,2,2)$ 必成立.”到 1976 年有人证明了当 S 是直角三角形的顶点集时 $R(S,2,2)$ 成立. 但上述猜想仍未得到回答.

定理 15 还揭示了一种可以说是意料之中的现象：在讨论性质 $R(C,n,k)$ 时，可能当 n 较小时不成立，而当 n 大到一定程度时就成立了. 很容易看到，如果 $R(C,n_0,k)$ 成立，则对 $n \geqslant n_0$ 来说 $R(C,n,k)$ 一定成立. 是否存在这种 n_0 呢？这是欧氏拉姆塞理论的一个基本概念，即使对很简单的 C 来说，存在性问题也还没有解决.

9. 拉姆塞点集

定义 3 设 C 是欧氏空间 $\mathbf{E}^n$ 的一个有限点集. 如果对任一正整数 k，一定存在 $n=n(C,k)$ 使得 $R(C,n,k)$ 成立，则称 C 为拉姆塞点集.

最简单的拉姆塞点集有两点集 C_2 和正三角形的顶点集 C_3^*. 很容易证明它们是拉姆塞点集：对任一 $k \geqslant 2$，事实上 $R(C_2,k,k)$ 和 $R(C_3^*,2k,k)$ 都成立. 因为如果 C_2 中两点的距离是 d，在 $\mathbf{E}^k$ 中任取一个各边长都是 d 的 k 维单纯形. $\mathbf{E}^k$ 的 $k-$ 染色也确定了这个 k 维单纯形的 $k+1$ 个顶点的 $k-$ 染色，由抽屉原理即可知这 $k+1$ 点中必有两点同色. 类似的，如果 C_3^* 是边长为 d 的正三角形的顶点集，则在 $\mathbf{E}^{2k}$ 中任取一个各边长都是 d 的 $2k$ 维单纯形，同上推导可知 $R(C_3^*,2k,k)$ 成立.

下面给出一个最简单，同时也最有代表意义的非拉姆塞点集.

定理 17 设三点集 $L=\{A,B,C\}$ 中 B 是线段 AC 的中点. 则 $R(L,n,4)$ 对每个正整数 n 都不成立，从而 L 不是拉姆塞点集.

证明 在 $\mathbf{E}^n$ 中引入坐标后，我们这样把 $\mathbf{E}^n$ 中的点 $M=(x_1,x_2,\cdots,x_n)$ 染成色 $i \in \{0,1,2,3\}$，即

$$i \equiv [(x_1^2+x_2^2+\cdots+x_n^2)] \pmod 4$$

假设在 $\mathbf{E}^n$ 的如上 $4-$ 染色下有三点 A,B,C 同为 i 色，其中 B 是 AC 的中点. 不妨设 $|AB|=|BC|=1$，$|OA|=a$，$|OB|=b$，$|OC|=c$，$\angle ABO=\theta$，$O=(0,0,\cdots,0)$（图 13）. 则有

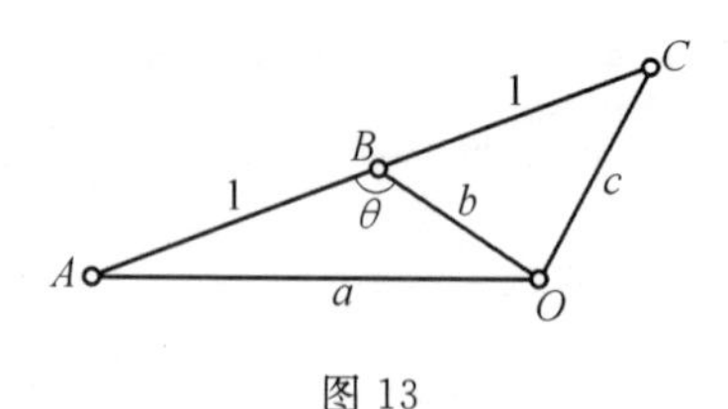

图 13

$$\begin{cases}a^2=b^2+1-2b\cos\theta\\c^2=b^2+1+2b\cos\theta\end{cases}$$

从而

$$a^2+c^2=2b^2+2$$

但因 A,B 和 C 同为 i 色，故有整数 q_a,q_b 和 q_c，使

$$\begin{cases}a^2=4q_a+i+r_a\\b^2=4q_b+i+r_b\quad(0\leqslant r_a,r_b,r_c<1)\\c^2=4q_c+i+r_c\end{cases}$$

以此代入前式得

$$4(q_a+q_c-2q_b)-2=2r_b-r_a-r_c$$

因上式左边是 2 的整数倍而右边肯定不是，这个矛盾证明了 $R(L,n,4)$ 不成立.

对拉姆塞点集的特征刻画无疑是欧氏拉姆塞理论的一个中心问题. 对此目前主要只得到两个一般性结论：一个给出了点集是拉姆塞点集的充分条件，另一个则给出了必要条件. 它们都是 1973 年得到的，至今仍是关于拉姆塞点集的特征刻画问题的最强的结论.

充分条件是说拉姆塞点集的积也是拉姆塞点集. 两个集合的积集和通常的定义一样，不过作为欧氏空间中点集的积，我们采用下面的记号：

设 $X_1\subsetneqq\mathbf{E}^{n_1}$，$X_2\subsetneqq\mathbf{E}^{n_2}$，则定义 $X_1\times X_2\subsetneqq\mathbf{E}^{n_1+n_2}$ 为

$$X_1\times X_2=\{(x_1,\cdots,x_{n_1},x_{n_1+1},\cdots,x_{n_1+n_2})\in\mathbf{E}^{n_1+n_2}\mid (x_1,\cdots,x_{n_1})\in X_1,(x_{n_1+1},\cdots,x_{n_1+n_2})\in X_2\}$$

定理 18　设 R_1 和 R_2 都是拉姆塞点集，则它们的积集 $R_1\times R_2$ 也是.

证明　我们要证明对任一给定的正整数 k，有正整数 m 和 n 使得 $R(R_1,m,k)$ 和 $R(R_1,n,k)$ 成立，而且对 $\mathbf{E}^{m+n}=\mathbf{E}^m\times\mathbf{E}^n$ 的任一 k 一染色 $f:\mathbf{E}^m\times\mathbf{E}^n\to[k]$，在 $\mathbf{E}^m$ 和 $\mathbf{E}^n$ 中分别有与 R_1 和 R_2 合同的点集 R_1' 和 R_2'，使得 $R_1'\times R_2'$ 在 f 下同色.

首先，因 R_1 是拉姆塞点集，故有 m 使 $R(R_1,m,k)$ 成立. 利用所谓紧性原理可知有 $\mathbf{E}^m$ 的有限子集 T，使得对 T 的任一 k 一染色，T 中必有与 R_1 合同的单色点集，后一性质现记为 $R(R_1,T,k)$ 成立. 记 $|T|=$

t,再令 $l=t^k$. 因 R_2 也是拉姆塞点集,故有 n 使 $R(R_2,n,l)$ 成立. 现在再来考虑 $\mathbf{E}^m\times\mathbf{E}^n$ 的 k — 染色 f.

f 在 $T\times\mathbf{E}^n\subsetneqq\mathbf{E}^m\times\mathbf{E}^n$ 上的限制自然地确定了这个子集的 k — 染色 $f^*:T\times\mathbf{E}^n\to[k]$. 通过 f^* 又可以建立 $\mathbf{E}^n$ 的一个 l — 染色 f^{**},这时我们用 T 到 $[k]$ 的总共 $k^t=l$ 个映射来标记 l 种颜色,f^{**} 把点 $y_0\in\mathbf{E}^n$ 染成的色 —— 注意它是 T 到 $[k]$ 的一个映射 —— 记为 $f_{y_0}^{**}$,它定义为 $f_{y_0}^{**}(x)=f^*(x,y_0)$,$x\in T$. 由 $R(R_2,n,f)$ 成立可知,在 $\mathbf{E}^n$ 的这个染色 f^{**} 下,$\mathbf{E}^n$ 中有单色的子集 R'_2 与 R_2 合同,也就是说,对任一给定的 $x\in T$,当 y 在 R'_2 中变动时,值 $f_y^{**}(x)=f^*(x,y)=f(x,y)\in[k]$ 不变,它由 x 唯一确定,我们把这个值记成 $f(x,R'_2)$. 于是得到了 T 的一个 k — 染色 $f(\cdot,R'_2):T\to[k]$,对它来说,由 $R(R_1,T,k)$ 成立可知 T 中有单色子集 R'_1 与 R_1 合同,从而根据定义,在 k — 染色 f 下点集 $R'_1\times R'_2\subsetneqq\mathbf{E}^m\times\mathbf{E}^n$ 中各点同色.

设 $a_1,a_2,\cdots,a_n$ 是正数,则 $\mathbf{E}^n$ 中的点集

$$
\begin{aligned}
B(a_1,\cdots,a_n)&=\{(\varepsilon_1a_1,\cdots,\varepsilon_na_n)\mid\varepsilon_1,\cdots,\varepsilon_n=0\text{ 或 }1\}\\
&=\{0,a_1\}\times\cdots\times\{0,a_n\}
\end{aligned}
$$

称为一块 n 维砖的顶点集,简称砖顶集. 因为两点集是拉姆塞的,故多次利用定理 18 即可得下述重要推论.

推论 任一砖顶集以及砖顶集的任一子集都是拉姆塞点集.

这一推论貌似平常,它却包含了到目前为止有关拉姆塞点集的全部肯定性结论. 换句话说,迄今还没有发现任何一个不是砖顶集的子集的拉姆塞点集!

例如,各边之长都等于 d 的 n 维单纯形是 n 维方砖顶集 $B(\frac{d}{\sqrt{2}},\cdots,\frac{d}{\sqrt{2}})$ 的子集,从而是拉姆塞点集. 与此直接相关的一个未解决的几何问题是:什么样的单纯形其顶点集是砖顶集的子集? 有一个明显的必要条件:这种单纯形的任意三个顶点不构成钝角三角形. 当 $n=2,3$ 时,可以证明这个条件也是充分的. 但当 $n=4$ 时,已发现有 4 维单纯形,它的任意两边间的夹角都是锐角,但该单纯形的顶点集却不是砖顶集的子集.

最后再叙述必要条件.

定理 19 拉姆塞点集 C 一定位于某一欧氏空间 $\mathbf{E}^n$ 的某个球面上.

这个定理的证明比较长,故证略. 它的一个简单推论是:共线的三点肯定不是拉姆塞点集,因为共线的三点一定不共球面. 定理 17 是这一简单推论的简单情形.

总之,现已证明如下蕴涵关系:

砖顶集的子集 $\Rightarrow$ 拉姆塞点集 $\Rightarrow$ 共球面点集.

由于论证某个点集是否是拉姆塞点集非常困难,所以对上述关系至今没有得到多少实质性补充. 值得提出的一个进展是弗兰克尔和罗德尔在 1986 年证明了任一不共线的三点集一定是拉姆塞点集. 因为钝角三角形的顶点集不是砖顶集的子集,所以这个结果说明左边的蕴涵关系反过来不成立.

对拉姆塞点集 C 来说还可以定义“拉姆塞数”$R(c,k)=\min\{n \mid R(c,n,k)$ 成立$\}$. 例如,由前面的讨论可知 $R(S_2,2)=2$,$R(S_3,2)=3$. 但对单位边长的正方形的顶点集 S_4 来说,现在只知道 $3 \leqslant R(S_4,2) \leqslant 6$,而尚未求得其精确值. 前面提到的爱尔迪希和格雷厄姆等人的猜想也可以叙述为:“设三点集 S 不是正三角形的顶点集,则 $R(S,2)=2$.”

有读者质疑:为什么中国数学已经很强了,你们还要花钱从国外引进这么多数学著作,笔者无言以对,只好借同济大学的一位教授对一篇报道的点评来回答,不知可否.

曲阜师范大学数学系排名力压北京大学、清华大学

近日,US News 发布了 2021 年世界大学排名数据. 排名中,曲阜师范大学数学学科力压北京大学、清华大学,位列中国第 1、全球第 19 位. 在这份排名中,曲阜师范大学数学学科的指标优势在于论文及论文引用数,其引用影响力、论文总被引数、前 1% 论文数及比例、前 10% 论文数及比例等排名遥遥领先,而国际学术声誉、地区学术声誉、国际合作论文排名等相对靠后.

点评:该榜单暴露出大学教育评价体系中“唯数量论”的一面. 教育指标是质量和数量两者相结合的完整统一体,只看数量、不看质量就会导致高校为了指标数量、排名去刷数据，这种量并不能反映教育、科研真正的水平和办学质量.排行榜说到底是以论文为主，这次事件同时也暴露出学术共同体引领能力偏弱的问题.

另外，排行榜本身的指标也不能自洽，如此高频率的被引可能就是自引、互引，或发表时被期刊要求引用某些论文.无论是哪种被引，都背离了科学研究的本质.科学研究在于创新，用非学术的手段造数据，实际上就是一种学术不端，同时也浪费了时间、金钱、精力.

——同济大学教育评估研究中心主任樊秀娣

刘培杰

2021.3.7

于哈工大

刘培杰数学工作室
已出版(即将出版)图书目录——原版影印

书　　名	出版时间	定　价	编号
数学物理大百科全书.第1卷	2016—01	418.00	508
数学物理大百科全书.第2卷	2016—01	408.00	509
数学物理大百科全书.第3卷	2016—01	396.00	510
数学物理大百科全书.第4卷	2016—01	408.00	511
数学物理大百科全书.第5卷	2016—01	368.00	512
zeta 函数,q-zeta 函数,相伴级数与积分	2015—08	88.00	513
微分形式:理论与练习	2015—08	58.00	514
离散与微分包含的逼近和优化	2015—08	58.00	515
艾伦・图灵:他的工作与影响	2016—01	98.00	560
测度理论概率导论,第2版	2016—01	88.00	561
带有潜在故障恢复系统的半马尔柯夫模型控制	2016—01	98.00	562
数学分析原理	2016—01	88.00	563
随机偏微分方程的有效动力学	2016—01	88.00	564
图的谱半径	2016—01	58.00	565
量子机器学习中数据挖掘的量子计算方法	2016—01	98.00	566
量子物理的非常规方法	2016—01	118.00	567
运输过程的统一非局部理论:广义波尔兹曼物理动力学,第2版	2016—01	198.00	568
量子力学与经典力学之间的联系在原子、分子及电动力学系统建模中的应用	2016—01	58.00	569
算术域	2018—01	158.00	821
高等数学竞赛:1962—1991年的米洛克斯・史怀哲竞赛	2018—01	128.00	822
用数学奥林匹克精神解决数论问题	2018—01	108.00	823
代数几何(德文)	2018—04	68.00	824
丢番图逼近论	2018—01	78.00	825
代数几何学基础教程	2018—01	98.00	826
解析数论入门课程	2018—01	78.00	827
数论中的丢番图问题	2018—01	78.00	829
数论(梦幻之旅):第五届中日数论研讨会演讲集	2018—01	68.00	830
数论新应用	2018—01	68.00	831
数论	2018—01	78.00	832

刘培杰数学工作室
已出版(即将出版)图书目录——原版影印

书　　名	出版时间	定　价	编号
湍流十讲	2018－04	108.00	886
无穷维李代数:第3版	2018－04	98.00	887
等值、不变量和对称性:英文	2018－04	78.00	888
解析数论	2018－09	78.00	889
《数学原理》的演化:伯特兰·罗素撰写第二版时的手稿与笔记	2018－04	108.00	890
哈密尔顿数学论文集(第4卷):几何学、分析学、天文学、概率和有限差分等	2019－05	108.00	891
偏微分方程全局吸引子的特性:英文	2018－09	108.00	979
整函数与下调和函数:英文	2018－09	118.00	980
幂等分析:英文	2018－09	118.00	981
李群,离散子群与不变量理论:英文	2018－09	108.00	982
动力系统与统计力学:英文	2018－09	118.00	983
表示论与动力系统:英文	2018－09	118.00	984
分析学练习.第1部分	2021－01	88.00	1247
分析学练习.第2部分,非线性分析	2021－01	88.00	1248
初级统计学:循序渐进的方法:第10版	2019－05	68.00	1067
工程师与科学家微分方程用书:第4版	2019－07	58.00	1068
大学代数与三角学	2019－06	78.00	1069
培养数学能力的途径	2019－07	38.00	1070
工程师与科学家统计学:第4版	2019－06	58.00	1071
贸易与经济中的应用统计学:第6版	2019－06	58.00	1072
傅立叶级数和边值问题:第8版	2019－05	48.00	1073
通往天文学的途径:第5版	2019－05	58.00	1074
拉马努金笔记.第1卷	2019－06	165.00	1078
拉马努金笔记.第2卷	2019－06	165.00	1079
拉马努金笔记.第3卷	2019－06	165.00	1080
拉马努金笔记.第4卷	2019－06	165.00	1081
拉马努金笔记.第5卷	2019－06	165.00	1082
拉马努金遗失笔记.第1卷	2019－06	109.00	1083
拉马努金遗失笔记.第2卷	2019－06	109.00	1084
拉马努金遗失笔记.第3卷	2019－06	109.00	1085
拉马努金遗失笔记.第4卷	2019－06	109.00	1086
数论:1976年纽约洛克菲勒大学数论会议记录	2020－06	68.00	1145
数论:卡本代尔1979:1979年在南伊利诺伊卡本代尔大学举行的数论会议记录	2020－06	78.00	1146
数论:诺德韦克豪特1983:1983年在诺德韦克豪特举行的Journees Arithmetiques数论大会会议记录	2020－06	68.00	1147
数论:1985－1988年在纽约城市大学研究生院和大学中心举办的研讨会	2020－06	68.00	1148

刘培杰数学工作室

已出版(即将出版)图书目录——原版影印

书　　名	出版时间	定　价	编号
数论:1987 年在乌尔姆举行的 Journees Arithmetiques 数论大会会议记录	2020－06	68.00	1149
数论:马德拉斯 1987:1987 年在马德拉斯安娜大学举行的国际拉马努金百年纪念大会会议记录	2020－06	68.00	1150
解析数论:1988 年在东京举行的日法研讨会会议记录	2020－06	68.00	1151
解析数论:2002 年在意大利切特拉罗举行的 C.I.M.E. 暑期班演讲集	2020－06	68.00	1152
量子世界中的蝴蝶:最迷人的量子分形故事	2020－06	118.00	1157
走进量子力学	2020－06	118.00	1158
计算物理学概论	2020－06	48.00	1159
物质,空间和时间的理论:量子理论	2020－10	48.00	1160
物质,空间和时间的理论:经典理论	2020－10	48.00	1161
量子场理论:解释世界的神秘背景	2020－07	38.00	1162
计算物理学概论	2020－06	48.00	1163
行星状星云	2020－10	38.00	1164
基本宇宙学:从亚里士多德的宇宙到大爆炸	2020－08	58.00	1165
数学磁流体力学	2020－07	58.00	1166
计算科学:第 1 卷,计算的科学(日文)	2020－07	88.00	1167
计算科学:第 2 卷,计算与宇宙(日文)	2020－07	88.00	1168
计算科学:第 3 卷,计算与物质(日文)	2020－07	88.00	1169
计算科学:第 4 卷,计算与生命(日文)	2020－07	88.00	1170
计算科学:第 5 卷,计算与地球环境(日文)	2020－07	88.00	1171
计算科学:第 6 卷,计算与社会(日文)	2020－07	88.00	1172
计算科学.别卷,超级计算机(日文)	2020－07	88.00	1173
代数与数论:综合方法	2020－10	78.00	1185
复分析:现代函数理论第一课	2020－07	58.00	1186
斐波那契数列和卡特兰数:导论	2020－10	68.00	1187
组合推理:计数艺术介绍	2020－07	88.00	1188
二次互反律的傅里叶分析证明	2020－07	48.00	1189
旋瓦兹分布的希尔伯特变换与应用	2020－07	58.00	1190
泛函分析:巴拿赫空间理论入门	2020－07	48.00	1191
卡塔兰数入门	2019－05	68.00	1060
测度与积分	2019－04	68.00	1059
组合学手册.第一卷	2020－06	128.00	1153
*一代数、局部紧群和巴拿赫*一代数丛的表示.第一卷,群和代数的基本表示理论	2020－05	148.00	1154
电磁理论	2020－08	48.00	1193
连续介质力学中的非线性问题	2020－09	78.00	1195

刘培杰数学工作室
已出版(即将出版)图书目录——原版影印

书　　名	出版时间	定　价	编号
典型群,错排与素数	2020－11	58.00	1204
李代数的表示:通过 gln 进行介绍	2020－10	38.00	1205
实分析演讲集	2020－10	38.00	1206
现代分析及其应用的课程	2020－10	58.00	1207
运动中的抛射物数学	2020－10	38.00	1208
2－纽结与它们的群	2020－10	38.00	1209
概率,策略和选择:博弈与选举中的数学	2020－11	58.00	1210
分析学引论	2020－11	58.00	1211
量子群:通往流代数的路径	2020－11	38.00	1212
集合论入门	2020－10	48.00	1213
酉反射群	2020－11	58.00	1214
探索数学:吸引人的证明方式	2020－11	58.00	1215
微分拓扑短期课程	2020－10	48.00	1216

书　　名	出版时间	定　价	编号
抽象凸分析	2020－11	68.00	1222
费马大定理笔记	即将出版		1223
高斯与雅可比和	2021－03	78.00	1224
π 与算术几何平均:关于解析数论和计算复杂性的研究	2021－01	58.00	1225
复分析入门	2021－03	48.00	1226
爱德华·卢卡斯与素性测定	2021－03	78.00	1227

书　　名	出版时间	定　价	编号
通往凸分析及其应用的简单路径	2021－01	68.00	1229
微分几何的各个方面.第一卷	2021－01	58.00	1230
微分几何的各个方面.第二卷	2020－12	58.00	1231
微分几何的各个方面.第三卷	2020－12	58.00	1232
沃克流形几何学	2020－11	58.00	1233
彷射和韦尔几何应用	2020－12	58.00	1234
双曲几何学的旋转向量空间方法	2021－02	58.00	1235
积分:分析学的关键	2020－12	48.00	1236
为有天分的新生准备的分析学基础教材	2020－11	48.00	1237

书　　名	出版时间	定　价	编号
代数、生物信息和机器人技术的算法问题.第四卷,独立恒等式系统(俄文)	2020－08	118.00	1119
代数、生物信息和机器人技术的算法问题.第五卷,相对覆盖性和独立可拆分恒等式系统(俄文)	2020－08	118.00	1200
代数、生物信息和机器人技术的算法问题.第六卷,恒等式和准恒等式的相等 问题、可推导性和可实现性(俄文)	2020－08	128.00	1201

刘培杰数学工作室
已出版(即将出版)图书目录——原版影印

书　　名	出版时间	定　价	编号
分数阶微积分的应用:非局部动态过程,分数阶导热系数(俄文)	2021-01	68.00	1241
泛函分析问题与练习:第2版(俄文)	2021-01	98.00	1242
集合论、数学逻辑和算法论问题:第5版(俄文)	2021-01	98.00	1243
微分几何和拓扑短期课程(俄文)	2021-01	98.00	1244
素数规律(俄文)	2021-01	88.00	1245
无穷边值问题解的递减:无界域中的拟线性椭圆和抛物方程(俄文)	2021-01	48.00	1246

书　　名	出版时间	定　价	编号
微分几何讲义(俄文)	2020-12	98.00	1253
二次型和矩阵(俄文)	2021-01	98.00	1255
积分和级数. 第2卷,特殊函数(俄文)	2021-01	168.00	1258
几何图上的微分方程(俄文)	2021-01	138.00	1259
数论教程:第2版(俄文)	2021-01	98.00	1260
非阿基米德分析及其应用(俄文)	2021-03	98.00	1261

联系地址:哈尔滨市南岗区复华四道街10号　哈尔滨工业大学出版社刘培杰数学工作室
网　　址:http://lpj.hit.edu.cn/
邮　　编:150006
联系电话:0451-86281378　　13904613167
E-mail:lpj1378@163.com